化粧品技術者のための
処方開発ハンドブック
Formulas, Ingredients and Productions of Cosmetics

岩田 宏 著

シーエムシー出版

発刊に寄せて

　日本一低い山として有名なのは標高 4.53m の大阪の天保山。江戸時代に安治川の浚渫土で造成された人工の山である。では，日本一低い自然の山は？　答えは標高 6.1m の徳島市方上町の弁天山である。この根拠は，国土地理院が発行する 2 万 5 千分の 1 の地形地図に記載されている山の中で一番低い。弁天山も天保山も，しっかりと名前の記載がある。「最小の山」とはいかにもイメージが悪いが，今に至るまで遭難したという話を聞いたことがなく，見方を変えれば，「最小」とはこれ以上低いところはないということである。あとは上がっていくだけ，実に縁起がいいと思う。

　同様に，私がよく知る㈱恵理化は，失礼ながら本当に小さな存在である。訪問させていただいた時に，岩田氏が創業し現在に至るまで，孤軍奮闘しているさまざまな話を伺うことができた。企業研究員のような組織的バックアップがない中で，他人では真似のできない素晴らしい知識と知恵を創造し化粧品業界に貢献してこられた。

　極論でいえば，化粧品業界は芸能界のようなものだと思う。「何故売れないの」と聞かれても，価格，機能，容器，品質，宣伝とその理由は一つではない。あるいは，まったく理由はみつからない。お客さまがダメというものはダメで正義や努力が通じない，良いから買ってとはいえない世界で，それが通用しない世界である。岩田氏の仕事も商品が売れればコンサルタントの依頼が広がるし，売れなければそこで仕事が終わる世界かもしれない。そうした処方開発実践の苦労人の執筆内容が，読者諸氏の広い支持を得て 2011 年 12 月に発行した第 1 弾『化粧品開発者のための処方と実践』（シーエムシー出版）は大変好評だった。つまり，個人で研鑽した"踏み込んだノウハウを開示したこと"が大きいと思う。基礎ではなく単に知識や理論の遊びでもなく，実際の処方設計での悩みを解決することに力点をおいて執筆されたと聞いている。

　しかし，氏のスキルをよく知る私は「こんなもんじゃない，もっと情報をもっている」と思っていた。今回シーエムシー出版編集部の深澤郁恵女史からの依頼を快諾され，加筆された第 2 弾が上梓されることは，私にとって本当に喜ばしいことである。

　1893 年ラジウムを発見したポーランドのキュリー（Curie）夫妻は，その精製法に対する莫大な報酬が得られたはずの特許を取得せずに一般公開した。そのために何の妨げもなくフランスの実業家アルメ・ド・リール（Emile Armet de Lisle）はラジウムの工業的生産に乗り出し，夫妻の協力を仰ぎ医療分野への提供を始めた。知的財産権を否定するものではないが，技術は伝承されるもので，個人の占有物ではないと思う。この実践書を手にされた処方開発研究者が，この本から何らかの新しい技術を得て，感動を与えるような製品開発への一助となれば幸いである。

2014 年 3 月吉日

東京農業大学　客員教授
島田邦男

はじめに

　化粧品はそれ自体が，有機化学，無機化学，材料科学，界面化学，物理化学いった多様な技術を基礎に，アカデミックよりも産業界で醸成されてきたために，「化粧品学」といった分野は体系化されているとは言い難い。とくに化粧品処方については，化粧品メーカーのノウハウに触れる部分でもあり，実際の研究室で役の立つような情報や書籍は皆無に近いだろう。

　著者はこれまで，化粧品処方の作成に25年以上携わり，また，化粧品開発に関わる方々を対象とした研修を多く開催してきた。その多くは研究室，工場での製造など実地によるもので，知見を資料としてまとめたことはほとんどなかった。クライアント企業や受講者にとって化粧品処方の手引きとなる書籍の発行は要望の多かったところであり，2011年にシーエムシー出版から発行した『化粧品開発者のための処方の基礎と実践』は，折しも，島田邦男氏より出版を勧められ，筆を執るに至った。第2弾となる本書はさらに化粧品の安全性と安定性についてあらたな章を設け，より全般にわたり詳しく解説するようにした。

　化粧品の処方開発は，関連法規の遵守，安全性，安定性の確保ができたうえで目的に合った使用感と性状を作り上げることである。本書籍では化粧品処方の開発の手助けになればと考え，第1章は「化粧品の処方開発にあたって」と題し，化粧品のアウトラインと販売広告等法規制について，第2章「化粧品の安全性」は薬事法，化粧品基準，実際の安全性について，第3章「化粧品の原料」は重要な原料の実践を詳しく解説，第4章「エマルジョン」は乳化についての問題点の検討，第5章「化粧品の安定性」は安定性確保と実際の知見，第6章「化粧品の使用感」は使用感の評価方法と化粧品成分の使用感の知見，本書のポイントである実際の処方は，第7章にまとめた。化粧品の種類ごとに，処方例と解説を掲載している。処方に従って，化粧品を試作し，実践を詰めることは，本書の大きな目的の一つであり，掲載されている処方は，いずれも筆者自身によって作成されたものである。しかし，必ずしもそのまま製品化し，販売することを念頭に置いた使用感評価，安全性試験を行っていないものが多い。その点をよく注意していただきたい。

　本書の内容が，少しでも多くの方々のお役に立てれば幸いである。

2014年3月

岩田　宏

目　　次

第1章　化粧品の処方開発にあたって

1　化粧品の定義 …………………………… 1
2　使用目的 ………………………………… 1
3　分類 ……………………………………… 1
4　使用部位 ………………………………… 2
5　使用方法 ………………………………… 2
6　効能・効果 ……………………………… 2
7　化粧品の効能・効果とコンセプト …… 2
　7.1　コンセプトと表現・標榜 ………… 3
　7.2　コンセプトと効能・効果 ………… 4
　7.3　効能・効果と配合量 ……………… 4
　7.4　効能・効果の表現方法 …………… 4

第2章　化粧品の安全性

1　はじめに ………………………………… 7
2　安全性試験 ……………………………… 7
　2.1　単回投与毒性試験 ………………… 8
　2.2　皮膚一次刺激試験 ………………… 8
　2.3　連続皮膚刺激性試験 ……………… 8
　2.4　皮膚感作性試験 …………………… 8
　2.5　光毒性試験 ………………………… 8
　2.6　光感作性試験 ……………………… 8
　2.7　眼粘膜刺激性 ……………………… 8
　2.8　遺伝毒性試験 ……………………… 9
　2.9　ヒトパッチ試験 …………………… 9
3　化粧品成分の安全性 …………………… 9
　3.1　化粧品基準 ………………………… 9
　　3.1.1　配合禁止成分 ………………… 9
　　3.1.2　防腐剤，紫外線吸収剤，タール系色素以外の配合禁止成分 …… 9
　　3.1.3　配合制限成分 ………………… 10
　　3.1.4　防腐剤 ………………………… 10
　　3.1.5　紫外線吸収剤 ………………… 10
　　3.1.6　タール系色素 ………………… 10
　3.2　生物由来製品基準 ………………… 15
　3.3　化粧品に配合可能な医薬品成分 … 16
　3.4　旧化粧品種別配合成分基準 ……… 16
　3.5　動植物由来成分 …………………… 20
　3.6　新成分 ……………………………… 20
　3.7　香料 ………………………………… 20
4　情報の収集と蓄積 ……………………… 21
5　成分の選択 ……………………………… 21
6　製品の安全性 …………………………… 22
7　クレームの対応 ………………………… 22
　7.1　消費者からの問い合わせ ………… 22
　7.2　医師からの問い合わせの実際 …… 22

第3章　化粧品の原料

1　はじめに ………………………………… 25
2　油性成分 ………………………………… 26
　2.1　炭化水素 …………………………… 26
　2.2　天然油脂 …………………………… 28

I

	2.2.1	ケン化価が低くヨウ素価が高い液状油脂	29
	2.2.2	ケン化価が低くヨウ素価が低い液状油脂	29
	2.2.3	ケン化価が高くヨウ素価が低い固体油脂	32
	2.2.4	固体油脂	32
	2.2.5	その他油脂	32
2.3	ロウ		32
2.4	エステル		34
2.5	高級アルコール		36
	2.5.1	直鎖アルコール	37
	2.5.2	不飽和アルコール	37
	2.5.3	分岐型アルコール	38
	2.5.4	ステロール骨格を持つアルコール	38
2.6	脂肪酸		38
3	界面活性剤		40
3.1	アニオン性活性剤		40
	3.1.1	構造と特性	41
	3.1.2	アルキル硫酸塩，ポリオキシエチレンアルキル硫酸塩	43
	3.1.3	PEG 脂肪酸アミド MEA 硫酸塩	44
	3.1.4	アルキルメチルタウリン塩	45
	3.1.5	オレフィンスルホン酸塩	45
	3.1.6	アルキルスルホコハク酸塩	45
	3.1.7	アルキルリン酸エステル塩	46
	3.1.8	脂肪酸塩	46
	3.1.9	アシルアミノ酸塩	46
	3.1.10	アルキル乳酸塩	48
	3.1.11	アルキルイセチオン酸塩	48
3.2	カチオン性界面活性剤		48
	3.2.1	4 級カチオン性活性剤のアルキル基と対イオンの特性	49
	3.2.2	モノアルキルタイプ	50
	3.2.3	ジアルキルタイプ	52
	3.2.4	その他の 4 級アンモニウム塩	53
	3.2.5	3 級アミン	54
3.3	両性活性剤		55
	3.3.1	アルキルベタイン型	55
	3.3.2	アミドベタイン型	55
	3.3.3	カルボキシベタイン型	56
	3.3.4	アミドスルホベタイン型	56
	3.3.5	イミダゾリニウムベタイン型	56
	3.3.6	プロピオン酸型	57
	3.3.7	アミンオキシド型	57
	3.3.8	アミノ酸型	57
3.4	ノニオン性界面活性剤		57
	3.4.1	ノニオン性界面活性剤の構造と曇点	58
	3.4.2	アルキル基の長さと粘度	58
	3.4.3	モノグリセリン脂肪酸エステル型	58
	3.4.4	ポリグリセリン脂肪酸エステル型	58
	3.4.5	ソルビタン及びポリオキシエチレンソルビタン型	58
	3.4.6	テトラオレイン酸ポリオキシエチレンソルビット型	59
	3.4.7	ポリオキシエチレン硬化ヒマシ油型	59
	3.4.8	PCA イソステアリン酸ポリオキシエチレン硬化ヒマシ油型	59
	3.4.9	ポリオキシエチレン脂肪酸型	59
	3.4.10	ポリオキシエチレン脂肪酸グリセリル型	59
	3.4.11	ポリオキシエチレンアルキルエーテル型	60
	3.4.12	ポリオキシエチレン・ポリオキ	

シプロピレンアルキルエーテル型 …………………… 60	5.3.3 溶解剤，溶剤 …………… 71
3.4.13 ポリオキシエチレン・ポリオキシプロピレンブロックポリマー型 ……………………… 60	5.3.4 香料の可溶化助剤 ………… 71
	5.3.5 高分子の分散剤 …………… 71
	5.3.6 防腐剤 ……………………… 72
	5.4 糖類 ……………………………… 72
3.4.14 アルカノールアミド型 …… 60	6 粉体 …………………………………… 72
3.4.15 ショ糖エステル型 ………… 60	6.1 無機粉体 ………………………… 72
3.4.16 アルキルグルコシド型 …… 61	6.2 有機粉体 ………………………… 74
3.4.17 ジステアリン酸PEG型 …… 61	7 シリコーン …………………………… 74
4 高分子 …………………………………… 62	7.1 ジメチルポリシロキサン ……… 74
4.1 高分子の分類と構造 …………… 62	7.2 ジメチルシクロペンタシロキサン … 74
4.2 高分子の用途 …………………… 62	7.3 ポリオキシエチレン，ポリオキシプロピレンジメチルポリシロキサン… 75
4.2.1 増粘用高分子 ……………… 62	
4.2.2 感触向上用高分子 ………… 63	7.4 アミノ変性シリコーン ………… 75
4.2.3 セット剤用高分子 ………… 66	7.5 アルキル変性シリコーン ……… 75
4.2.4 乳化物の安定剤 …………… 66	8 有用性，有効性，コンセプトとなる成分 …………………………………… 75
4.3 粉末高分子の溶解方法 ………… 66	
4.3.1 高速撹拌で溶解する方法 … 69	8.1 植物抽出液，生薬成分 ………… 75
4.3.2 pH変化を利用して溶解する方法 …………………………… 69	8.2 微生物由来成分 ………………… 76
	8.3 タンパク質，アミノ酸 ………… 76
4.3.3 グリコール類に分散して溶解する方法 …………………… 69	8.4 セラミド類 ……………………… 76
	8.5 ビタミン類 ……………………… 77
4.3.4 温度差を利用して溶解する方法 ………………………… 69	8.6 抗炎症剤 ………………………… 77
	8.7 紫外線吸収剤 …………………… 77
4.3.5 他の粉体と混合して溶解する方法 ………………………… 69	9 感覚にうったえる成分 ……………… 77
	9.1 着色剤 …………………………… 77
4.3.6 液状油性成分に分散して溶解する方法 …………………… 69	9.2 着香剤 …………………………… 79
	10 製品の安定性を確保する成分 ……… 83
4.4 注意事項 ………………………… 70	10.1 防腐剤 …………………………… 83
5 多価アルコール ……………………… 70	10.2 pH調整剤 ……………………… 83
5.1 グリコールの種類 ……………… 70	10.3 酸化防止剤 ……………………… 83
5.2 グリコールの性質 ……………… 70	10.4 キレート剤 ……………………… 84
5.3 グリコールの用途 ……………… 70	10.4.1 エチレンジアミン四酢酸塩（EDTA）……………………… 84
5.3.1 保湿剤，湿潤剤 ……………… 70	
5.3.2 安定剤 ………………………… 71	10.4.2 ジエチレントリアミン五酢酸五

III

ナトリウム（DTPA）………… 85	（HEDP）…………………… 85
10.4.3　ヒドロキシエチルエチレンジアミン三酢酸三ナトリウム（HEDTA）……………… 85	10.4.5　フイチン酸 ……………… 85
	10.4.6　クエン酸 ………………… 85
	10.4.7　グルコン酸 ……………… 85
10.4.4　ヒドロキシエタンジホスホン酸	

第4章　エマルジョン

1　エマルジョンの処方の組み方 ………… 87	3.1　高温時の分離・粘度低下を防ぐ方法 …………………………………………… 93
1.1　エマルジョンの型を決める因子 … 87	
1.2　界面活性剤の選択 ………………… 88	3.2　室温経時の粘度上昇を抑える方法 …………………………………………… 93
1.3　界面活性剤の組み合わせ ………… 88	
1.3.1　乳化剤としてのノニオン性活性剤の組み合わせと量…… 88	3.3　エマルジョンのキメ，外観の変化を抑える方法 ……………………… 94
1.3.2　イオン性活性剤を使った場合の活性剤の組み合わせと量……… 88	3.4　塩類の添加対応策 ………………… 95
	塩類の添加による粘度の低下… 95
1.4　油性成分の選択 …………………… 90	3.5　不安定原因と予防策 ……………… 96
1.4.1　粘度からみた油性成分の構造と極性と粘度……………………… 90	4　乳化操作方法 …………………………… 96
	4.1　乳化方法の検討 …………………… 96
1.4.2　粘度と油性成分，ノニオン性活性剤の選択…………………… 92	4.2　乳化装置 …………………………… 97
	4.3　乳化条件 …………………………… 97
2　安定性からみた成分の選択 …………… 92	4.3.1　乳化条件と粘度 ……………… 97
2.1　融点と極性の組み合わせ ………… 92	4.3.2　乳化条件の一定化 …………… 98
2.2　高分子の添加 ……………………… 93	5　研究から製造に移す時の検討項目（スケールアップ時の注意点）………………… 99
3　粘度，安定性に影響を与える要素と対応策 ………………………………………… 93	

第5章　化粧品の安定性

1　はじめに ………………………………… 101	…………………………………………… 104
2　安定性試験の期間と条件 ……………… 101	7　安定性を確保する成分と方法 ………… 104
3　不安定の条件と原因 …………………… 102	7.1　pH調整 ……………………………… 105
4　不安定現象とその原因の推測 ………… 102	7.2　酸化防止 …………………………… 105
5　成分に由来する不安定要素の検討 …… 103	7.3　キレート …………………………… 105
6　安定性に注意を要する成分の組み合わせ	8　防腐 ……………………………………… 106

9 充填される製品容器と製剤の安定性試験 ……………………………… 106

第6章　化粧品の使用感

1 使用感の表現 ……………… 107
　1.1 表現の分類 ……………… 107
　1.2 好まれる使用感の違い …… 108
　　1.2.1 使用目的による違い … 108
　　1.2.2 使用者による違い …… 108
　1.3 加齢に対応する場合 ……… 108
2 使用感の評価 ……………… 109
　2.1 人による評価の注意点 …… 109
　　2.1.1 化粧品の類別と使用者に好まれる使用感 ……………… 109
3 化粧品成分の使用感 ……… 112
　3.1 アルキル基の構造と使用感 …… 112
　3.2 油性成分の使用感 ………… 112
　3.3 界面活性剤の使用感 ……… 113
　3.4 多価アルコールの使用感 … 114
　　3.4.1 グリコール類の使用感 … 114
　　3.4.2 糖類の使用感 …………… 114

第7章　化粧品処方の実践

化粧品の性状・剤型及び類別 ……… 117
1 石鹸及び洗浄用化粧品 ……… 117
　1.1 成分の組み合わせと製剤 … 117
　1.2 化粧石鹸 ………………… 118
　1.3 クリーム状石鹸 …………… 118
　1.4 液体石鹸 ………………… 119
　1.5 透明化粧石鹸 …………… 121
　　1.5.1 pHと遊離アルカリ …… 121
　　1.5.2 石油エーテル可溶分 … 121
　　1.5.3 キレート剤の効果 …… 122
　1.6 洗浄用化粧品 …………… 122
2 シャンプー …………………… 125
　2.1 シャンプーの処方目的と成分 …… 125
　2.2 シャンプーに使われるアニオン性活性剤 ………………… 125
　2.3 シャンプーに使われる両性活性剤 ………………………… 129
　2.4 カチオン化高分子 ………… 129
　　2.4.1 マーコートの配合 …… 129
　　2.4.2 ポリクオタニウム-10の代替 … 132
　2.5 パール化剤 ……………… 132
　2.6 塩の影響 ………………… 132
　2.7 増粘剤, 泡安定剤 ………… 132
　2.8 感触をよくする物質 ……… 133
　2.9 有用性成分, コンセプト成分 …… 133
　2.10 安定剤・防腐剤・pH調整剤 …… 133
　2.11 シャンプーの感触評価 …… 134
　2.12 香料の添加方法 ………… 134
　2.13 処方の組み立て ………… 135
3 リンス ……………………… 143
　3.1 リンスの使用感 …………… 143
　3.2 リンスの粘度の調整 ……… 143
　3.3 リンスの基本処方と成分 … 144
　　3.3.1 カチオン性活性剤 …… 146
　　3.3.2 高級アルコール ……… 146
　　3.3.3 シリコーン …………… 148
　　3.3.4 天然油脂 ……………… 149
　　3.3.5 エステル ……………… 149

3.3.6	ロウ	149
3.3.7	炭化水素	150
3.3.8	高分子を配合する場合	150
3.3.9	リンスにグリコール類を配合する場合	153
3.3.10	タンパク質，アミノ酸	153
3.4	使用感，感触の評価と作りこみ	153
3.5	使用感の異なるリンスの処方	157
4	スキンクリーム	163
4.1	スキンクリームの構成成分	163
4.2	油性成分の検討	163
4.3	乳化剤の選択	165
4.3.1	脂肪酸とノニオン性活性剤	165
4.3.2	アニオン性活性剤とノニオン性活性剤	167
4.3.3	ノニオン性活性剤	168
4.4	高分子の添加	169
4.5	多価アルコールの選択	170
4.6	粘度の低いクリームを作る場合	171
4.7	ゲル状クリームを作る場合	171
4.8	マッサージクリームを作る場合	172
5	頭髪用化粧品	174
5.1	クリーム状	174
5.2	カチオントリートメント	180
5.3	ヘアワックス	185
5.3.1	ヘアワックスの硬さ・pHの調整	186
5.3.2	ヒドロキシステアリン酸を配合した場合の高温安定性	187
5.3.3	セット性高分子を含まないハードワックス	187
5.3.4	エステルによる使用感の調整	187
5.3.5	粘度の低い女性向けヘアワックス	187
5.4	ジェル状	191
5.4.1	セラミド，アミノ酸類，加水分解タンパクの配合	194
5.5	液状ヘアミスト	197
5.5.1	ヘアケアタイプのヘアミスト	197
5.5.2	セット性のあるヘアミスト	198
5.5.3	透明ハードミスト（セット剤）	199
5.5.4	カチオン性活性剤不使用のヘアローション	202
5.6	ヘアオイル	202
5.6.1	シリコーンを使用しないヘアオイル	205
6	油性成分を主体とする化粧品	206
6.1	製剤設計の特徴とテクニック	206
6.2	性状が液状の化粧品	207
6.2.1	クレンジングオイル	207
6.2.2	バスオイル	208
6.2.3	マッサージオイル	208
6.3	固形，スティック状化粧品	209
6.3.1	コンシーラー	209
6.3.2	スティック状製剤	210
6.3.3	練り香水	211
6.3.4	固形ヘアワックス	212
6.3.5	プロテクトクリーム	213
7	化粧水	215
7.1	化粧水の使用感	215
7.2	成分の安全性と安定性	215
7.3	化粧水の性状と構成成分	215
7.3.1	ビタミンを可溶化した化粧水	215
7.3.2	発酵エキス類を配合した化粧水	216
7.3.3	保湿力のある高分子を配合し，使用感を高めた化粧水	218
8	特定成分を配合しない化粧品	219
8.1	植物由来成分で構成される透明シャ	

	ンプー ………………………… 219	8.5	食品添加物の活性剤を使ったクリーム
8.2	ラウレス硫酸ナトリウムを配合しな		………………………………… 224
	いパールシャンプー ……………… 221	8.6	特定成分を使用しないジェルクリーム
8.3	ビルトアップしないシャンプー … 222		………………………………… 225
8.4	特定成分を使用しないリンス …… 223		

索引 ………………………………… 228

第1章　化粧品の処方開発にあたって

1　化粧品の定義

　薬事法上の化粧品の定義は，「化粧品とは，人の身体を清潔にし，美化し，魅力を増し，容貌を変え，又は皮膚若しくは毛髪を健やかに保つために，身体に塗擦，散布，その他これらに類似する方法で使用されることが目的とされているもので，人体に対する作用が緩和なものをいう。」である。

2　使用目的

　化粧品には，その類別により目的があり，使用方法が決まってくる。そして使用目的は効能・効果と関連する。たとえば目的として「清潔にする」，「健やかに保つ」，「美化する」，「容貌を変える」，「魅力を増す」，「…を防ぐ」ためのものであっても，薬事法上での効能の表示方法とは区別して考えることが必要である。

3　分類

　化粧品は，人の身体の一部または身体全体に，おもに毎日継続的に使われるもので，使用部位，効能・効果，使用目的，使用方法により分類できる。また，それらに応じて性状が設計され，剤型が選ばれる。化粧品の類別は，化粧品製造販売届出書に記載する「類別」欄によると表1-1の通りである。

表1-1　化粧品の類別

頭髪用化粧品
整髪料　養毛料　頭皮料　毛髪着色料　洗髪料　リンス
皮膚用化粧料
化粧水　化粧液　クリーム　乳液　日やけ（用）　日やけ止め（用）　洗浄料[*1]
ひげそり（用）　むだ毛そり（用）　フェイシャルリンス　パック
化粧用油[*2]　ボディリンス　マッサージ（料）
仕上用化粧品
ファンデーション　化粧下地　おしろい　口紅　アイメイクアップ　頬化粧料
ボディメイクアップ
香水・オーデコロン
香水　オーデコロン
その他
浴用化粧料　爪化粧料　ボディパウダー

*1　洗浄料のうち，「洗顔（料）」とは，主として顔を洗浄することを目的としたものをいう。
*2　「化粧用油」は，椿油のように整髪に使われるものは除き，皮膚用に使用するもののみをいう。

4　使用部位

　化粧品の使用部位は，類別から皮膚・肌，毛髪・頭皮，爪，口腔，唇，歯，目の周囲，まつ毛となる。目の周囲，口腔等粘膜に使用される化粧品ついては化粧品基準によって使用制限がある。規制されている成分以外で使用されている成分については十分な安全性確認をすべきなのは言うまでもない。また，毛髪に使用する頭髪化粧品は，とりわけ成分配合において自由度の高い分野であると考えられている。近年，これまで着目されてこなかった部位への化粧品，また新しい価値を提案する化粧品が多く発売されている。新分野を開拓する化粧品開発では，部位のみならず，材料への理解，処方への十分な検討を要する。

5　使用方法

　化粧品は，身体の一部および全体に塗布して使用するものがほとんである。塗布後は，そのまま放置する，またはふき取る，洗い流すのどれかである。化粧品の用法は，塗布してから「洗い流す」または「洗い流さない」のどちらかであることがほとんどである。「洗い流す」場合と「洗い流さない」場合では，用法の違いで製品に配合される成分量が異なるので，安全性への注意にも違いが出てくる。また，身体の使用部位によっても成分規制，濃度規制が定められている成分があるので，配合の際は注意を要する。

　化粧品の類別により，そして人に使われる使用部位，使用方法ごとに化粧品基準による制限が定められている。

6　効能・効果

　「薬事法の施行について」による承認を必要としない化粧品についての効能・効果の表示範囲は『(平成12年12月28日医薬発第1339号医薬安全局長通知)「化粧品の効能の範囲」』で規定されている（表1-2）。

　化粧品においては，たとえ表1-2に明記されていない効能・効果が認められたとしても標榜することはできない。医薬品と異なり，治す，効くものであってはならず，作用が温和であることが重要である。効能の範囲の中では「…を保つ」「…を防ぐ」「…を与える」「…を補修する」という表現にとどめる必要がある。

7　化粧品の効能・効果とコンセプト

　化粧品を販売する上で製品コンセプトは重要な要素である。「化粧品の効能・効果の範囲」と標榜したいコンセプトの表現には大きな違いがみられる。話題性のある成分を配合し，効能・効果を強調して宣伝したいと販売部門から要求されることが多いが，薬事法の規制と販売コンセプトの整合性をとることが必要となる。化粧品の効能・効果を表現・標榜することは広告宣伝行為にあたり，製品の容器・パッケージ，パンフレット，新聞，雑誌，テレビ，ラジオ，のマスメディアにまで細かな規制がある。化粧品の処方開発にあたっては薬事法を順守しなくてはならない。

第1章　化粧品の処方開発にあたって

表1-2　化粧品の効能の範囲

1	頭皮，毛髪を清浄にする	29	肌を柔らげる
2	香りによる毛髪，頭皮の不快臭を抑える	30	肌にはりを与える
3	頭皮，毛髪をすこやかに保つ	31	肌にツヤを与える
4	毛髪にはり，こしを与える	32	肌を滑らかにする
5	頭皮，毛髪にうるおいを与える	33	ひげを剃りやすくする
6	頭皮，毛髪のうるおいを保つ	34	ひげそり後の肌を整える
7	毛髪をしなやかにする	35	あせもを防ぐ（打粉）
8	クシどおりをよくする	36	日やけを防ぐ
9	毛髪のつやを保つ	37	日やけによるシミ，ソバカスを防ぐ
10	毛髪につやを与える	38	芳香を与える
11	フケ，カユミがとれる	39	爪を保護する
12	フケ，カユミを抑える	40	爪をすこやかに保つ
13	毛髪の水分，油分を補い保つ	41	爪にうるおいを与える
14	裂毛，切毛，枝毛を防ぐ	42	口唇の荒れを防ぐ
15	髪型を整え，保持する	43	口唇のキメを整える
16	毛髪の帯電を防止する	44	口唇にうるおいを与える
17	（汚れをおとすことにより）皮膚を清浄にする	45	口唇をすこやかにする
18	（洗浄により）ニキビ，アセモを防ぐ（洗顔料）	46	口唇を保護する。口唇の乾燥を防ぐ
19	肌を整える	47	口唇の乾燥によるカサツキを防ぐ
20	肌のキメを整える	48	口唇を滑らかにする
21	皮膚をすこやかに保つ	49	ムシ歯を防ぐ*
22	肌荒れを防ぐ	50	歯を白くする*
23	肌をひきしめる	51	歯垢を除去する*
24	皮膚にうるおいを与える	52	口中を浄化する（歯みがき類）
25	皮膚の水分，油分を補い保つ	53	口臭を防ぐ（歯みがき類）
26	皮膚の柔軟性を保つ	54	歯のやにを取る*
27	皮膚を保護する	55	歯石の沈着を防ぐ*
28	皮膚の乾燥を防ぐ	56	乾燥による小じわを目立たなくする

*　使用時にブラッシングを行う歯みがき類

「薬事法の施行について」による承認を要しない化粧品についての効能効果の表現の範囲
（平成12年12月28日医薬発第1339号医薬安全局長通知）

とくに守らなければならない事項は，開発製造にかかわる化粧品に使われる成分の制限，広告・販売における効能・効果の表現方法である。

7.1　コンセプトと表現・標榜

化粧品を広告・宣伝する上で表記・標榜する効能・効果について，化粧品の範疇を逸脱しているため禁止されている表現例と，化粧品では標榜できない効能・効果について以下に示す[1]。

（1）　化粧品の範疇を逸脱している表現例

・肌の疲れについて・・・「肌の疲れをいやす」「顔に出た仕事の疲れに」

・浸透について・・・「肌への浸透」「肌の奥深く」「角質層の奥へ」

・しわ，抗老化について・・・「しわ・たるみを解消する」「小じわ，たるみが綺麗に解消する」

・アンチエイジングについて・・・「若々しい素肌がよみがえる。」
(2)　化粧品では標榜できない効能・効果
　　・「痩身・スリミング」・・・身体の構造機能に影響を与える表現のため。
　　・「デトックス」・・・解毒の意があり医薬品に対して使う表現のため。
　　・「ピーリング」・・・医療行為となるため。
　　・「美白」・・・医薬部外品の効能・効果にあたるため。
　　・「育毛」・・・医薬品，医薬部外品に該当するため。

7.2　コンセプトと効能・効果

　医薬部外品の有効成分以外にも化粧品成分には有用な効能・効果を持つものが多くあり，その成分の効能・効果が認められているが，薬事法の規定により化粧品においては効能・効果を標榜できない。

　ある特定の効能・効果を持つ成分を化粧品に使う場合，極微量しか配合していないにもかかわらず有効性があるように見せかけ，その成分の名称を表示している場合と，医薬部外品の基準量まで配合していても効能・効果を表現していない場合があることも考えられる。後者の場合，化粧品においても医薬部外品同様，有効成分を規定量配合することで本来の効能・効果を発揮したい狙いがある。

　たとえば，スキンクリームの抗炎症剤のアラントイン0.1％またはグリチルリチン酸2Kを0.1％配合した場合には，抗炎症効果が医薬部外品同様に期待できる。ただし，化粧品においては医薬部外品に配合される有効成分は配合できるものもあるが，効能・効果の表現はできないというのが大前提である。

7.3　効能・効果と配合量

　医薬部外品では効能・効果とその配合量に規定が定められており，主剤となる成分の効能・効果と配合量が決まっている。化粧品の場合，配合量に規定がないため，自由に配合できる。ただし，前記の化粧品に配合できる医薬部外品の成分の規制を順守することはもちろんである。

7.4　効能・効果の表現方法

　化粧品の効能の範囲の表現方法は，『化粧品等の適正広告ガイドライン』[1]（日本化粧品工業連合会）を参照すると，具体的な表現方法と出来ない表現について詳しく記載される。化粧品は，実はそのほとんどが薬理作用によってその効能・効果が認められたものではない。そのため，薬理作用による効能・効果の表現はできない。

　参考までに「化粧品の効能・効果の範囲」以外の表記可能な表現例について，以下に抜粋して示す。
　　・「清涼感を与える」「爽快にする」等使用感の表現

第 1 章　化粧品の処方開発にあたって

- 「角質層へ浸透」「髪の内部へ浸透」等髪への補浸透表現
- 「塗ればお肌をほんのり白く見せる美白ファンデーションです」，「シミ，ソバカスをきれいに隠し，お肌を白くみせてくれます」等抽象的に美白を表す表現
- 「化粧くずれを防ぐ」，「小じわを目立たなく見せる」，「みずみずしい肌にみせる」，「傷んだ髪をコートする」等メーキャップ効果等の物理的効果を表す表現
- 「清涼感を与える」，「爽快にする」等使用感を表す表現
- 「日焼けによるシミ，ソバカスを防ぐ」等日焼け予防の表現
- 「髪を補修して髪の質感をととのえる」，「○○成分が髪の内部まで浸透し，髪のダメージを補修します」等毛髪補修の表現
- 「年を重ねた肌にうるおいをあたえるエイジングケア」等抽象的な表現

文　　　献

1) 『化粧品等の適正広告ガイドライン』2012 年版，日本化粧品工業連合会（2012）

第2章　化粧品の安全性

1　はじめに

　化粧品の開発において，安全性は最優先で検討しなければならない重要事項である。化粧品は毎日使われるもので皮膚に刺激，毒性を与えるものであってはならない。皮膚の生理作用を妨害しないことが重要である。薬事法及び，化粧品基準で定められている事項の順守はもちろんであるが，さらに情報収集を重ね，過去の経験等も含めた情報の蓄積をしておくことが大事である。化粧品製造販売業者には「化粧品の製造販売後安全管理基準」[1]で製造後の安全管理が義務化されている。これにしたがって化粧品に使用される成分と製品の安全性確保が求められる。安全性確保の手法は，成分の安全性についての情報を多方面から入手し，化粧品の種別，使用部位，使用方法によって成分の選択をするとともに化学構造から安全性を推測することが必須である。

　本章では，化粧品に使用される成分の安全性を確保し，製品に使用する条件について決められている法規及び自主的な規制方法について述べる。

2　安全性試験

　安全性試験とは，化粧品に配合される成分（原料）の安全性について検討を行う試験のことを言う。化粧品の最終製品の段階で，実際の商品に対して行われるのが基本であるが，その前段階においても，それぞれの成分の安全性について試験を行って確認する必要がある。

　2001年の薬事法改正により作成された『化粧品の安全性評価に関する指針』では，評価しなければならない基本的な安全性試験の項目が示され，以下の5項目に分類している[2]。

---

① 単回投与毒性は，誤飲・誤食した場合の急性毒性反応についての試験である。

② 皮膚毒性は，皮膚に接触すると刺激性皮膚炎を起こすもので，免疫系を介しておらず，化学物質の直接的な傷害作用によって起こる成分の直接的な皮膚刺激性試験である。皮膚トラブルを防止する目的の試験で，皮膚一次刺激試験，連続皮膚刺激試験，光毒性試験，ヒトパッチ試験がこれにあたる。

③ 眼粘膜刺激性は，ある物質が眼に直接接触したときに，結膜に発赤・浮腫・分泌物，虹彩の変化，および角膜の混濁などの変化が生じるかどうかを観察する目的の眼粘膜刺激性試験である。

④ 皮膚アレルギー性は，皮膚に接触させたときに起きる皮膚炎で，免疫系を介して起きる皮膚反応試験であり，感作性試験，光感作性試験がある。

⑤ 変異原性は，遺伝子突然変異または染色体異常を観察する試験である。体内に経皮吸収あるいは経口的に摂取されることによって生じる発がんの危険性の有無を，短期間で予測するために実施される。

『化粧品・医薬部外品製造販売ガイドブック 2011-2012』[3]では，医薬部外品の新規添加物に関する安全性試験項目について，原料と製剤の安全性の試験項目が定められている。製剤についてはヒトパッチ試験のみが必須項目となっている。

2.1 単回投与毒性試験

単回投与毒性試験は，被検物質を1回投与することによって生じる影響を調べる試験である。化粧品原料の試験では経口投与し，致死を含めた状態の変化を観察する。この試験は，ヒトが被験物質を誤飲・誤食した場合に急性毒性反応を起こす量や症状について予測するためのものである。2000 mg/Kg 体重で死亡例が見られなければ，濃度制限を設けなくてもよいことになっている。

2.2 皮膚一次刺激試験

被験物質を，健常な皮膚に単回接触させることによって生じる紅斑，浮腫，落屑などの変化を観察する。皮膚に1回24時間貼付して行う。

2.3 連続皮膚刺激性試験

被験物質を皮膚に繰り返し接触させることによって生じる紅斑，浮腫，落屑などの変化を観察する。皮膚に1日1回，週5回以上2週間反復して行う。

2.4 皮膚感作性試験

アレルギー性評価試験法ともいう。被験物質を皮膚に接触させ，さらに一定期間後に被験物質を単回接触させることによって生じる紅斑，浮腫，落屑などの特異的な皮膚免疫反応を観察する。

2.5 光毒性試験

被験物質を皮膚に1回接触させ，さらにそこに紫外線を照射することによって生じる紅斑，浮腫，落屑などの変化を観察する。ヒトが被験物質を適用後，太陽光（紫外線）にさらされることによって起きる皮膚反応の予測を目的に実施されている。

2.6 光感作性試験

被験物質を紫外線の照射下で皮膚に繰り返し接触させ，一定期間後に紫外線照射下で，被験物質を単回接触させることによって生じる紅斑，浮腫，落屑など，太陽光を介した特異的な皮膚免疫反応を観察する。

2.7 眼粘膜刺激性

ある物質が眼に直接接触したときに，結膜に発赤・浮腫・分泌物，虹彩の変化，および角膜の

混濁などの変化が生じる場合がある。これを観察するのが眼粘膜刺激性試験である。

2.8 遺伝毒性試験

遺伝子突然変異及び染色体異常の有無の確認を目的とした試験で，微生物及びほ乳類の培養細胞を用いる in vitro 試験が求められる。遺伝毒性が疑われた場合には，各々の目的に応じた動物の個体を用いる in vivo 試験が求められる。「医薬品の遺伝毒性試験に関するガイドラインについて医薬審 第1604号平成11年11月1日」[4] において遺伝毒性試験の方法は，一つの試験だけですべての種類の遺伝毒性物質を検出できないことは明らかである。in vitro 及び in vivo の遺伝毒性試験を組み合せて実施し，異なるレベルの階層的な組合せではなく，相補的な試験の組合せで行う。

2.9 ヒトパッチ試験

この試験はヒトの皮膚に対する安全性を確認する試験で，ほかの試験や毒性情報などによって立証された後，ヒトの皮膚に対する安全性の最終的な確認試験として実施されている。24時間閉塞貼付を観察する試験である。ヒトが皮膚に被験物質を繰り返し適用したとき，体内に経皮吸収あるいは経口的に摂取されることによって生じる発がんの危険性の有無を，短期間で予測するために実施されている。

3 化粧品成分の安全性

3.1 化粧品基準

化粧品基準は品質及び安全性の確保にあたり平成13年4月に定められた基準である。薬事法第42条第2項の規定に基づき化粧品品質基準（昭和42年8月厚生省告示第321）及び化粧品原料基準（昭和42年8月厚生省告示第322号）は，平成13年3月31日限りで廃止となった。

化粧品の種類，または使用方法を4つの別表で使用できる成分規制と使用量規制である。化粧品の類別により人に使われる使用部位，使用方法ごとに制限が定められている。区分は下記の通りである。

① 粘膜に使用されることがない化粧品のうち洗い流すもの。
② 粘膜に使用されることがない化粧品のうち洗い流さないもの。
③ 粘膜に使用されることがある化粧品

3.1.1 配合禁止成分

化粧品への配合禁止成分でネガティブリストといわれている。化粧品への配合を禁止している成分である。別表1に掲げるものを配合してはならない。

3.1.2 防腐剤，紫外線吸収剤，タール系色素以外の配合禁止成分

・医薬品成分（添加剤としてのみ使用される成分を除く[5])
・生物由来原料基準に適合しない成分

化粧品基準　別表1　化粧品への配合禁止成分

6-アセトキシ-2,4-ジメチル-m-ジオキサン
アミノエーテル型の抗ヒスタミン剤（ジフェンヒドラミン等）以外の抗ヒスタミン
牛及びその他類縁反芻動物に由来する原料からなる成分で次の国以外を原産国とするもの
　アメリカ合衆国，アルゼンチン，インド，ウルグアイ，エルサルバドル，オーストラリア，カナダ，ケニア，コスタリカ，コロンビア，シンガポール，スワジランド，チリ，ナイジェリア，ナミビア，ニカラグア，ニュージーランド，パキスタン，パナマ，パラグアイ，ブラジル，ボツワナ，モーリシャス
牛及びその他類縁反芻動物に由来する原料で次の部位のいずれかからなる成分
　下垂体，胸腺，硬膜，松果体，脊髄，胎盤，腸，脳，脳脊髄液，脾臓，副腎，扁桃，眼，リンパ節
エストラジオール，エストロン又はエチニルエストラジオール以外のホルモン及びその誘導体
塩化ビニルモノマー　塩化メチレン　オキシ塩化ビスマス以外のビスマス化合物
過酸化水素　カドミウム化合物　過ホウ酸ナトリウム　クロロホルム　酢酸プログレノロン
ジクロロフェン　水銀及びその化合物　ストロンチウム化合物　スルファミド及びその誘導体
セレン化合物　ニトロフラン系化合物　ハイドロキノンモノベンジルエーテル
ハロゲン化サリチルアニリド　ビタミンL1及びL2　ビチオノール　ピロカルピン　ピロガロール
フッ素化合物のうち無機化合物　プレグナンジオール　プロカイン等の局所麻酔剤　ヘキサクロロフェン
ホウ酸　ホルマリン　メチルアルコール

・化学物質の審査及び製造等の規制に関する法律の第2条第2項に規定する第一種特定化学物質，第3条に規定する第二種特定化学物質，その他これらに類する性状を有するものであって，厚生労働大臣が別に定めるものとあり，これら成分は，通常化粧品に使用されるものではない。

3.1.3　配合制限成分

防腐剤，紫外線吸収剤及びタール色素以外の成分で配合が制限されている成分である。別表2-1～2-3に掲げるものの配合には制限が設けられている。

3.1.4　防腐剤

化粧品に配合される防腐剤は，化粧品中の微生物の発育を抑制することを目的として化粧品に配合される成分をいう。以下別表3-1，3-2に掲げるものでなければならない。

3.1.5　紫外線吸収剤

紫外線を吸収する成分である一方，皮膚を紫外線から守るものでなくてはならない。各成分を選ぶにあたり使用部位，使用方法（洗い流すか洗い流さないか）により制限がある。

3.1.6　タール系色素

医薬品等に使用することができるタール色素を定める省令[6)]において薬事法第56条第七号（第60条及び第62条において準用する場合を含む）の規定に基づき，使用が許可される。使用法は，使用部位が洗い流す場合と洗い流さない場合及び粘膜に使用される場合の3区分である。

　① 粘膜に使用される化粧品（表2-1の第一部，第二部）
　② 粘膜に使用されることがない化粧品（表2-1の第一部，第二部，第三部）
　③ 毛髪の洗浄または着色を目的とする化粧品については，すべてのタール色素とする。
　④ 毛髪及び爪のみに使用できるものは赤色219号と黄色204号である

第 2 章　化粧品の安全性

化粧品基準　別表2-1　すべての化粧品に配合量の制限がある成分

成分名	100g 中の最大配合量
アラントインクロルヒドロキシアルミニウム	1.0g
カンタリスチンキ，ショウキョウチンキ又はトウガラシチンキ	合計量として 1.0g
サリチル酸フェニル	1.0g
ポリオキシエチレンラウリルエーテル（8～10E.O.）	2.0g

化粧品基準　別表2-2　化粧品の種類又は使用目的により配合量の制限がある成分

成分名	100g 中の最大配合量
ジルコニウム（エアゾール剤）	配合不可
チラム（石鹸シャンプー等の直ちに洗い流す化粧品）	0.50g
ウンデシレン酸モノエタノールアミド（石鹸，シャンプー等の直ちに洗い流す化粧品以外の化粧品）	配合不可
チラム（石鹸，シャンプー等の直ちに洗い流す化粧品以外の化粧品）	0.30g
パラフェノールスルホン酸亜鉛（石鹸，シャンプー等の直ちに洗い流す化粧品以外の化粧品）	2.0g
2-(2-ヒドロキシ-5-メチルフェニル)ベンゾトリアゾール（石鹸，シャンプー等の直ちに洗い流す化粧品以外の化粧品）	7.0g
ラウロイルサルコシンナトリウム（石鹸，シャンプー等の直ちに洗い流す化粧品以外の化粧品）	配合不可
エストラジオール，エストロンまたはエチニルエストラジオール（頭部，粘膜部又は口腔内に使用される化粧品及びその他の部位に使用される化粧品で脂肪族低級一価アルコール類を含有する化粧品（当該化粧品に配合された成分の溶解のみを目的としたもの））	合計量として 20000 国際単位
エストラジオール，エストロンまたはエチニルエストラジオール（頭部，粘膜部又は口腔内に使用される化粧品以外の化粧品で脂肪族低級一価アルコール類を含有しない化粧品（当該化粧品に配合された成分の溶解のみを目的としたもの））	合計量として 50000 国際単位
アミノエーテル型の抗ヒスタミン剤（頭部のみに使用される化粧品）	0.010g
アミノエーテル型の抗ヒスタミン剤（頭部のみに使用される化粧品以外の化粧品）	配合不可
ラウロイルサルコシンナトリウム（歯磨）	0.50g
ホウ砂（ミツロウ及びサラシミツロウを乳化させる目的で使用するもの）	0.76g（ミツロウ及びサラシミツロウの 1/2 以下の配合量である場合に限る）
ホウ砂（ミツロウ及びサラシミツロウを乳化させる目的以外で使用するもの）	配合不可

化粧品基準　別表2-3　化粧品の種類による配合量の制限がある成分

成分名	100g 中の最大配合量	
	粘膜に使用されることがない化粧品	粘膜に使用されることがある化粧品
ユビデカレノン	0.03g	配合不可

化粧品基準　別表3-1　すべての化粧品に配合量の制限がある防腐剤成分

成分名	100 g 中の最大配合量（g）
安息香酸	0.2 g
安息香酸塩類	合計量として 1.0 g
塩酸アルキルジアミノエチルグリシン	0.2 g
感光素	合計量として 0.0020 g
クロルクレゾール	0.50 g
クロロブタノール	0.1 g
サリチル酸	0.2 g
サリチル酸塩類	合計量として 1.0 g
ソルビン酸及びその塩類	合計量として 0.50 g
デヒドロ酢酸及びその塩類	合計量として 0.50 g
トリクロロヒドロキシジフェニルエーテル	0.1 g
パラオキシ安息香酸エステル及びそのナトリウム塩	合計量として 1.0 g
フェノキシエタノール	1 g
フェノール	0.1 g
ラウリルジアミノエチルグリシンナトリウム	0.030 g
レゾルシン	0.1 g

第 2 章　化粧品の安全性

化粧品基準　別表 3-2　化粧品の種類又は使用目的により配合量の制限がある防腐剤成分（注 1）

成分名	100g 中の最大配合量（g） 粘膜に使用されることがない化粧品のうち洗い流すもの	100g 中の最大配合量（g） 粘膜に使用されることがない化粧品のうち洗い流さないもの	100g 中の最大配合量（g） 粘膜に使用されることがある化粧品
亜鉛・アンモニア・銀複合置換型ゼオライト（注 4）	1.0	1.0	
安息香酸パントテニルエチルエーテル	○	0.3	0.3
イソプロピルメチルフェノール	○	0.1	0.1
塩化セチルピリジニウム	5.0	1.0	0.010
塩化ベンザルコニウム	○	0.050	0.050
塩化ベンゼトニウム	0.50	0.20	
塩酸クロルヘキシジン	0.10	0.10	0.0010
オルトフェニルフェノール	○	0.30	0.30
オルトフェニルフェノールナトリウム	0.15	0.15	
銀-銅ゼオライト（注 5）	0.5	0.5	
グルコン酸クロルヘキシジン	○	0.050	0.050
クレゾール	0.010	0.010	
クロラミン T	0.30	0.10	
クロルキシレノール	0.30	0.20	0.20
クロルフェネシン	0.30	0.30	
クロルヘキシジン	0.10	0.050	0.050
1,3-ジメチロール-5,5-ジメチルヒダントイン	0.30		
臭化アルキルイソキノリニウム	○	0.050	0.050
チアントール	0.8	0.8	
チモール	0.050	0.050	○（注 2）
トリクロロカルバニリド	○	0.3	0.3
パラクロルフェノール	0.25	0.25	
ハロカルバン	○	0.3	0.3
ヒノキチオール	○	0.1	0.050
ピリチオン亜鉛	0.1	0.01	0.010
ピロクトンオラミン	0.05	0.05	
ブチルカルバミン酸ヨウ化プロピニル（注 6）	0.02	0.02	0.02
ポリアミノプロピルビグアナイド	0.1	0.1	0.1
メチルイソチアゾリノン	0.01	0.01	
メチルクロロイソチアゾリノン・メチルイソチアゾリノン液（注 3）	0.10		
N,N''-メチレンビス[N'-(3-ヒドロキシメチル-2,5-ジオキソ-4-イミダゾリジニル)ウレア]	0.30		
ヨウ化パラジメチルアミノスチリルヘプチルメチルチアゾリウム	0.0015	0.0015	

(注 1) 空欄は，配合してはならないことを示し，○印は，配合の上限がないことを示す。
(注 2) 粘膜に使用される化粧品であって，口腔に使用されるものに限り，配合することができる。
(注 3) 5-クロロ-2-メチル-4-イソチアゾリン-3-オン1.0〜1.3％及び2-メチル-4-イソチアゾリン-3-オン0.30〜0.42％を含む水溶液をいう。
(注 4) 強熱した場合において，銀として 0.2％〜4.0％及び亜鉛として 5.0％〜15.0％を含有するものをいう。
(注 5) 強熱した場合において，銀として 2.7％〜3.7％及び銅として 4.9％〜6.3％を含有するものをいう。
(注 6) エアゾール剤へ配合してはならない。

表2−1　医薬品等に使用することができるタール色素を定める省令

第一部

1　赤色2号（別名アマランス（Amaranth））
2　赤色3号（別名エリスロシン（Erythrosine））
3　赤色102号（別名ニューコクシン（New Coccine））
4　赤色104号の（1）（別名フロキシンB（Phloxine B））
5　赤色105号の（1）（別名ローズベンガル（Rose Bengal））
6　赤色106号（別名アシッドレッド（Acid Red））
7　黄色4号（別名タートラジン（Tartrazine））
8　黄色5号（別名サンセットイエローFCF（Sunset Yellow FCF））
9　緑色3号（別名ファストグリーンFCF（Fast Green FCF））
10　青色1号（別名ブリリアントブルーFCF（Brilliant Blue FCF））
11　青色2号（別名インジゴカルミン（Indigo Carmine））
12　1から11までに掲げるもののアルミニウムレーキ

第二部

1　赤色201号（別名リソールルビンB（Lithol Rubine B））
2　赤色202号（別名リソールルビンBCA（Lithol Rubine BCA））
3　赤色203号（別名レーキレッドC（Lake Red C））
4　赤色204号（別名レーキレッドCBA（Lake Red CBA））
5　赤色205号（別名リソールレッド（Lithol Red））
6　赤色206号（別名リソールレッドCA（Lithol Red CA））
7　赤色207号（別名リソールレッドBA（Lithol Red BA））
8　赤色208号（別名リソールレッドSR（Lithol Red SR））
9　赤色213号（別名ローダミンB（Rhodamine B））
10　赤色214号（別名ローダミンBアセテート（Rhodamine B Acetate））
11　赤色215号（別名ローダミンBステアレート（Rhodamine B Stearate））
12　赤色218号（別名テトラクロロテトラブロモフルオレセイン（Tetrachlorotetrabromo-fluorescein））
13　赤色219号（別名ブリリアントレーキレッドR（Brilliant Lake Red R））
14　赤色220号（別名ディープマルーン（Deep Maroon））
15　赤色221号（別名トルイジンレッド（Toluidine Red））
16　赤色223号（別名テトラブロモフルオレセイン（Tetrabromofluorescein））
17　赤色225号（別名スダンIII（Sudan III））
18　赤色226号（別名ヘリンドンピンクCN（Helindone Pink CN））
19　赤色227号（別名ファストアシッドマゼンタ（Fast Acid Magenta））
20　赤色228号（別名パーマトンレッド（Permaton Red））
21　赤色230号の（1）（別名エオシンYS（Eosine YS））
22　赤色230号の（2）（別名エオシンYSK（Eosine YScm））
23　赤色231号（別名フロキシンBK（Phloxine BK））
24　赤色232号（別名ローズベンガルK（Rose Bengal K））
25　だいだい色201号（別名ジブロモフルオレセイン（Dibromofluorescein））
26　だいだい色203号（別名パーマネントオレンジ（Permanent Orange））
27　だいだい色204号（別名ベンチジンオレンジG（Benzidine Orange Gmg））
28　だいだい色205号（別名オレンジII（Orange II））
29　だいだい色206号（別名ジヨードフルオレセイン（Diiodofluorescein））
30　だいだい色207号（別名エリスロシン黄NA（Erythrosine Yellowish NA））
31　黄色201号（別名フルオレセイン（Fluorescein））
32　黄色202号の（1）（別名ウラニン（Uranine））
33　黄色202号の（2）（別名ウラニンK（Uranine K））
34　黄色203号（別名キノリンイエローWS（Quinoline Yellow WS））
35　黄色204号（別名キノリンイエローSS（Quinoline Yellow SS））
36　黄色205号（別名ベンチジンイエローG（Benzidine Yellow G））
37　緑色201号（別名アリザリンシアニングリーンF（Alizarine Cyanine Green F））
38　緑色202号（別名キニザリングリーンSS（Quinizarine Green SS））

（つづく）

第 2 章　化粧品の安全性

第二部（つづき）

39	緑色 204 号（別名ピラニンコンク（Pyranine Conc））
40	緑色 205 号（別名ライトグリーン SF 黄（Light Green SF Yellowish））
41	青色 201 号（別名インジゴ（Indigo））
42	青色 202 号（別名パテントブルーNA（Patent Blue NA））
43	青色 203 号（別名パテントブルーCA（Patent Blue CA））
44	青色 204 号（別名カルバンスレンブルー（Carbanthrene Blue））
45	青色 205 号（別名アルファズリン FG（Alphazurine FG））
46	褐色 201 号（別名レゾルシンブラウン（Resorcin Brown））
47	紫色 201 号（別名アリズリンパープル SS（Alizurine Purple SS））
48	19，21 から 24 まで，28，30，32 から 34 まで，37，39，40，45 及び 46 に掲げるもののアルミニウムレーキ
49	28，34 及び 42 並びに第一部の品目の 4，7，8 及び 10 に掲げるもののバリウムレーキ
50	28，34 及び 40 並びに第一部の品目の 7，8 及び 10 に掲げるもののジルコニウムレーキ

第三部

1	赤色 401 号（別名ビオラミン R（Violamine R））
2	赤色 404 号（別名ブリリアントファストスカーレット（Brilliant Fast Scarlet））
3	赤色 405 号（別名パーマネントレッド F5R（Permanent Red F5R））
4	赤色 501 号（別名スカーレットレッド NF（Scarlet Red NF））
5	赤色 502 号（別名ポンソー3R（Ponceau 3R））
6	赤色 503 号（別名ポンソーR（Ponceau R））
7	赤色 504 号（別名ポンソーSX（Ponceau SX））
8	赤色 505 号（別名オイルレッド XO（Oil Red XO））
9	赤色 506 号（別名ファストレッド S（Fast Red S））
10	だいだい色 401 号（別名ハンサオレンジ（Hanza Orange））
11	だいだい色 402 号（別名オレンジ I（Orange I））
12	だいだい色 403 号（別名オレンジ SS（Orange SS））
13	黄色 401 号（別名ハンサイエロー（Hanza Yellow））
14	黄色 402 号（別名ポーライエロー5G（Polar Yellow 5G））
15	黄色 403 号の（1）（別名ナフトールイエローS（Naphthol Yellow S））
16	黄色 404 号（別名イエローAB（Yellow AB））
17	黄色 405 号（別名イエローOB（Yellow OB））
18	黄色 406 号（別名メタニルイエロー（Metanil Yellow））
19	黄色 407 号（別名ファストライトイエロー3G（Fast Light Yellow 3G））
20	緑色 401 号（別名ナフトールグリーン B（Naphthol Green B））
21	緑色 402 号（別名ギネアグリーン B（Guinea Green B））
22	青色 403 号（別名スダンブルーB（Sudan Blue B））
23	青色 404 号（別名フタロシアニンブルー（Phthalocyanine Blue））
24	紫色 401 号（別名アリズロールパープル（Alizurol Purple））
25	黒色 401 号（別名ナフトールブルーブラック（Naphthol Blue Black））
26	1，5 から 7 まで，9，11，14，15，18，19，21，24 及び 25 に掲げるもののアルミニウムレーキ
27	11 及び 21 に掲げるもののバリウムレーキ

3.2　生物由来製品基準

　生物由来の原料についても生物由来原料基準が定められている。生物由来原料基準は，人，その他の生物（植物を除く）に由来する原料，または添加剤（培地等として製造工程において使用されるものを含む）について，製造に使用される際に講ずべき必要な措置に関する基準を定めることにより，医薬品・医薬部外品・化粧品の品質，有効性及び安全性を確保することを目的としている。

　個人的には生物由来成分は，ヒト，動物の血液，タンパク質等を原料とするため，安全性を確

保する観点から化粧品に配合すべきではないと考える。

3.3　化粧品に配合可能な医薬品成分[7]

　医薬品の成分（添加剤としてのみ使用される成分及び新基準（別表2-1～3，別表3-1，3-2，別表4-1，4-2）に掲げる成分を除く）に該当するものであって，表2-2の承認化粧品成分の範囲を超えるものであっても，過去に承認を取得した際の承認書等，承認されていたことを明確に示す資料があり，かつ，企業責任のもとに当該成分の品質及びその安全性が確認できる場合，その分量の範囲内において化粧品の成分とすることができる。

　① 承認化粧品成分については，別添に示す分量の範囲内において，化粧品の成分とすることができる（表2-2）。

　② 調査報告書の提示が無かった品目については配合できる。

・L-システイン塩酸塩
・ウラジロガシエキス
・ウラジロガシ抽出液
・塩化ベルベリン
・水酸化アルミナマグネシウム

　③ 調査報告書の提示の有無に関わらず，現時点においては医薬品成分に該当しないと判断した品目については配合できる。

・乳酸菌発酵液
・レモン油
・ローズ油
・L-チロシンメチルエステル塩酸塩
・アデノシン
・ジヒドロキシアセトン
・ハイビスカスエキス
・レチノール

3.4　旧化粧品種別配合成分基準

　旧化粧品種別配合成分基準は，化粧品の種別ごとに使用できる成分と使用量の制限を規定したものであり，使用部位，使用方法についての規制と考えてよい。ただし，この基準は，過去に調査をした上で，許可を受けていた化粧品についてまとめたものに過ぎなかった。

　現在はこの旧化粧品種別配合成分基準を順守する必要はないが，過去において使用制限があった成分もあるので，参考にして注意する必要がある。旧基準で規制のあった成分の一部を表2-3にまとめた。

　旧基準と比較すると，新・化粧品基準の別表3-1，別表3-2防腐剤，別表4-1，別表4-2

第2章 化粧品の安全性

化粧品基準 別表4-1 すべての化粧品に配合量の制限がある紫外線吸収剤成分

成分名	100g中の最大配合量（g）
サリチル酸ホモメンチル	10
2-シアノ-3,3-ジフェニルプロパ-2-エン酸2-エチルヘキシルエステル（別名オクトクリレン）	10
ジパラメトキシケイ皮酸モノ-2-エチルヘキサン酸グリセリル	10
パラアミノ安息香酸及びそのエステル	合計量として4.0
4-tert-ブチル-4'-メトキシジベンゾイルメタン	10

化粧品基準 別表4-2 化粧品の種類により配合量の制限がある紫外線吸収剤成分

成分名	粘膜に使用されることがない化粧品のうち洗い流すもの	粘膜に使用されることがない化粧品のうち洗い流さないもの	粘膜に使用されることがある化粧品
4-(2-β-グルコピラノシロキシ)プロポキシ-2-ヒドロキシベンゾフェノン	5.0	5.0	
サリチル酸オクチル	10	10	5.0
2,5-ジイソプロピルケイ皮酸メチル	10	10	
2-[4-(ジエチルアミノ)-2-ヒドロキシベンゾイル]安息香酸ヘキシルエステル	10.0	10.0	
シノキサート	○	5.0	5.0
ジヒドロキシジメトキシベンゾフェノン	10	10	
ジヒドロキシジメトキシベンゾフェノンジスルホン酸ナトリウム	10	10	
ジヒドロキシベンゾフェノン	10	10	
ジメチコジエチルベンザルマロネート	10.0	10.0	10.0
1-(3,4-ジメトキシフェニル)-4,4-ジメチル-1,3-ペンタンジオン	7.0	7.0	
ジメトキシベンジリデンジオキソイミダゾリジンプロピオン酸2-エチルヘキシル	3.0	3.0	
テトラヒドロキシベンゾフェノン	10	10	0.050
テレフタリリデンジカンフルスルホン酸	10	10	
2,4,6-トリス[4-(2-エチルヘキシルオキシカルボニル)アニリノ]-1,3,5-トリアジン	5.0	5.0	
トリメトキシケイ皮酸メチルビス（トリメチルシロキシ）シリルイソペンチル	7.5	7.5	2.5
ドロメトリゾールトリシロキサン	15	15	
パラジメチルアミノ安息香酸アミル	10	10	
パラジメチルアミノ安息香酸2-エチルヘキシル	10	10	7.0
パラメトキシケイ皮酸イソプロピル・ジイソプロピルケイ皮酸エステル混合物（注2）	10	10	
パラメトキシケイ皮酸2-エチルヘキシル	20	20	8.0
2,4-ビス-[{4-(2-エチルヘキシルオキシ)-2-ヒドロキシ}-フェニル]-6-(4-メトキシフェニル)-1,3,5-トリアジン	3.0	3.0	
2-ヒドロキシ-4-メトキシベンゾフェノン	○	5.0	5.0
ヒドロキシメトキシベンゾフェノンスルホン酸及びその三水塩	10（注3）	10（注3）	0.10（注3）
ヒドロキシメトキシベンゾフェノンスルホン酸ナトリウム	10	10	1.0
フェニルベンズイミダゾールスルホン酸	3	3	
フェルラ酸	10	10	
2,2'-メチレンビス(6-(2Hベンゾトリアゾール-2-イル)-4-(1,1,3,3-テトラメチルブチル)フェノール	10.0	10.0	

（注1）空欄は，配合してはならないことを示し，○印は，配合の上限がないことを示す。
（注2）パラメトキシケイ皮酸イソプロピル72.0～79.0％，2,4-ジイソプロピルケイ皮酸エチル15.0～21.0％及び2,4-ジイソプロピルケイ皮酸メチル3.0～9.0％を含有するものをいう。
（注3）ヒドロキシメトキシベンゾフェノンスルホン酸としての合計量とする。

表2-2 化粧品に使える承認化粧品成分

	成分名	100 g 中の最大配合量(g) 粘膜に使用されることがない化粧品のうち洗い流すもの	100 g 中の最大配合量(g) 粘膜に使用されることがない化粧品のうち洗い流さないもの	100 g 中の最大配合量(g) 粘膜に使用されることがある化粧品
1	※dl-カンフル	4.0	4.0	(1.00)
2	※DL-パントテニルアルコール	(○)	8.0	(0.30)
3	※D-パントテニルアルコール	(○)	3.0	(0.30)
4	※l-メントール	7.0	7.0	(1.00)
5	N-アセチル-L-システイン	9.0	9.0	
6	※β-グリチルレチン酸	(0.80)	0.5	(0.20)
7	※γ-オリザノール	(○)	1.25	1.25
8	※アラントイン	(0.50)	0.3	(0.20)
9	イオウ	1.62	1.62	
10	塩酸アルギニン	5.0	5.0	5.0
11	※オレンジ油	(○)	(○)	1.0
12	※カフェイン	2.0	2.0	
13	可溶化硫黄	0.3	0.3	(配合不可)
14	※カンゾウエキス	(8.0)	4.3	(2.00)
15	※グアイアズレンスルホン酸ナトリウム	0.10	0.10	(0.010)
16	※グリチルリチン酸ジカリウム	(0.80)	0.5	(0.20)
17	※グルコン酸クロルヘキシジン液	0.225	0.225	(0.050)
18	合成ヒドロタルサイト	1	1	1
19	サイコエキスBS	3.0	3.0	
20	※酢酸dl-α-トコフェロール(注2)	(○)	3.03	3.03
21	※サリチル酸メチル	5.0	5.0	(0.1)
22	ジヒドロキシアルミニウムアミノアセテート	1	1	1
23	次没食子酸ビスマス(別名:デルマトール)	1.0	1.0	
24	水溶性硫黄	2.00	2.00	
25	※ニコチン酸ベンジル	0.20	0.20	
26	ビオサルファーF	5.0	1.0	
27	※ビサボロール	1.2000	1.2000	0.7905
28	豚脂	69.0	69.0	
29	ミルラエキス	1.0000	1.0000	1.0000
30	※薬用炭	2.0	2.0	
31	リュウコツパウダー	10	10	
32	※硫酸亜鉛	10.0	10.0	
33	ロクジョウチンキM	3.0075	3.0075	

注1) 「※」は旧基準に収載されていた成分。
注2) ( )内は,旧基準において示していた成分の分量を参考に付したもの。
注3) 一部,用途の違いによりその整合性を図ったこと。
注4) すべてのdl-α-トコフェロール誘導体をdl-α-トコフェロールに換算して,dl-α-トコフェロールとして合計。

第2章 化粧品の安全性

表2-3 旧化粧品種別の配合規制成分（抜粋）化粧品種別許可基準1993（薬事日報社）

成分名	シャンプー	洗顔料	リンス	一般クリーム	化粧水	ファンデーション	頭髪用化粧品	浴用化粧品
使用方法	洗い流すもの			洗い流さないもの				
N-アセチル-L-システイン	1.5	1.5	1.5	1.5	1.5	1.5	1.5	1.5
アラントイン	0.5	0.5	0.5	0.2	0.2	0.2	0.2	0.2
安息香酸ベントニルエチルエーテル	○	○	○	0.3	0.3	0.3	0.3	0.3
イソステアロイル乳酸Na	3	3	3	3	3	3	3	×
イソプロピルメチルフェノール	1	1	1	0.1	0.1	0.1	0.1	0.1
EDTAとして	3	3	3	0.2	0.2	0.2	0.2	0.2
塩化γ-グルコンアミドプロピルジメチルヒドロキシエチルアンモニウム	○	×	○	○	×	×	○	×
塩化ジステアリルジメチルアンモニウム	○	○	○	1	1	1	1	×
塩化ステアリルトリメチルアンモニウム	5	5	5	1	1	1	1	×
塩化セチルトリメチルアンモニウム	5	5	5	1	1	1	1	1
塩化ラウリルトリメチルアンモニウム	5	5	5	1	1	1	1	×
塩酸クロルヘキシジン	0.1	0.1	0.1	0.05	0.05	0.05	0.05	0.05
カンゾウエキス	8	8	8	2	2	2	2	2
グリチルリチン酸として	0.8	0.8	0.8	0.2	0.2	0.2	0.2	0.2
酢酸dl-α-トコフェロール	○	○	○	1	1	1	1	1
酢酸d-α-トコフェロール	0.1	0.1	0.1	0.1	0.1	0.1	0.1	0.1
サリチル酸として	○	○	○	○	○	○	○	×
ジエチレントリアミン五酢酸として	0.2	0.2	0.2	0.1	0.1	0.1	0.1	0.1
L-システインとして	1.5	1.5	1.5	1.5	1.5	1.5	1.5	1.5
臭化セチルトリメチルアンモニウム	5	5	5	1	1	×	×	×
臭化セチルトリメチルアンモニウム	5	5	5	1	1	1	1	×
スルホコハク酸ラウリルニナトリウム	○	○	○	×	×	×	×	○
トウガラシチンキ	1	1	1	1	1	1	1	1
ヒドロキシエタンスルホン酸	2	2	2	0.1	0.1	0.1	0.1	×
ポリオキシエチレンアルキル硫酸塩類	○	○	○	×	×	×	×	×
メントールとして	2	2	2	1	1	1	1	1

紫外線吸収剤以外の成分では，洗い流す化粧品と洗い流さない化粧品で配合量制限の違いが見られる。ポリオキシエチレンアルキルエーテル硫酸塩のアニオン性活性剤は，旧基準では洗い流す化粧品には使用できるが，洗い流さない化粧品には使用できない。また旧基準では，4級アンモニウム塩のカチオン活性剤の多くは洗い流す化粧品にも配合制限量が記されているが，洗い流さない化粧品に対してはさらに配合制限量が少なくなっている。

3.5　動植物由来成分

　動物，植物由来の成分はおもにアミノ酸，タンパク質等を主成分とするものが多い。成分は，おもに加水分解コラーゲン，加水分解ケラチン，プラセンタエキス等がある。タンパク質は人のアレルゲンとなることが予想できるため，使用には十分な調査，検討が必要となる。また，使用実績の多い，使用量の多い原料を使うことが安全だと考える。

3.6　新成分

　化粧品成分には化学合成されるものと天然物由来のものがある。新たに作られる化学合成の新成分については，ほとんどが8項目の安全性試験が行われている。最近の新成分は化学構造も明確になっており，純度の高いものが多く見られる。化粧品に新成分を使う判断基準として8項目の試験評価結果は重要な判断材料となる。

　天然物由来の成分は安全性試験の8項目にばかり注目し，天然由来であるがゆえの固有の安全性の問題に注意をはらうことを見逃しがちである。タンパク質，オリゴマーペプチドを含む原料については，アレルギー等を発症する可能性が高くなることもあると予想でき，新規原料のため使用実績がきわめて少ないことから慎重な検討を要する。また，天然物由来原料は多くの成分が含まれるため，その全成分が明確になっているとは考えづらい。パッチ試験を行うなど十分な対応が必要である。

3.7　香料

　香料，精油も化粧品の一原料であるので，皮膚に対して悪影響があってはならず，当然肌に対する安全性が求められる。

　香粧品香料に関しては，香料製造会社の業界団体は世界的な規模で自主基準を定め，香料成分の肌に対する影響を試験して禁止物質や使用制限などを定めている。香料の安全性について「香粧品香料原料安全性研究所（RIMF）」は化粧品香料の成分について安全性評価を行い，「国際香粧品香料協会（IFRA）」がこの評価に基づいて安全性についての基準を定めている。近年，使用成分については規制が広がる傾向にある。以前には洗い流さない化粧品にも使用できたが現在は使用できなくなるなど，今後も使用制限が変更されていくことが考えられる。

　香料は最終製品への配合量が非常に少量であり，また，使用する香料の成分全てが香料製造会社から開示されることはほとんどない。実際の使用にあたっては，化粧品の類別と使用部位に

第 2 章　化粧品の安全性

よって使用する香料の安全性を香料メーカーに確認をとることが必要である。

4　情報の収集と蓄積

　化粧品の製造販売業者には「化粧品の製造販売後の安全管理」が義務化されているため，化粧品に関する最新の安全情報を収集することが必要である。安全情報の入手は日本化粧品工業会からの技術情報，学会での発表論文，学術文献，専門誌等の検索などにより収集する。行政からの通知の収集も必須である。新しい安全情報が得られたら，新たに開発される化粧品及び現在販売されている化粧品にも反映させるべきである。

5　成分の選択

　化粧品を処方する上で種別・類別，使用部位，使用法によって成分を選択しなければならない。成分の選択は，洗い流す化粧品と洗い流さない化粧品に区別して選択する。洗い流す場合は皮膚，毛髪に付着してもすぐに流されてしまうため，幅広い成分の選択が可能である。洗い流さない場合は長時間付着が続くため，成分選択の幅，使用量が制限される。

　頭髪化粧品には洗い流すものと洗い流さないものがあり，洗い流さないものについては同成分でも配合量を制限したほうがよい成分もある。代表的な成分としては，セチルトリモニウムクロリドがあり，旧化粧品種別許可基準では洗い流さない場合1％，洗い流す場合5％の配合規制があった。

　スキンケア化粧品の場合，消費者が商品を選ぶ決め手となるのが，一般的に多く使われている主な成分と，実績だと考える。市販されているスキンケア製品で，保湿剤はグリセリン，1,3－ブチレングリコール，油成分はスクワラン，エチルヘキサン酸セチル，パルミチン酸セチル，オクチルドデカノール，ベヘニルアルコール，トリ（カプリル酸/カプリン酸）グリセリル，ステアリン酸等が多い。活性剤は，ステアリン酸グリセリル，ソルビタン系ノニオン活性剤，POE水添ヒマシ油，安定剤としての高分子はキサンタンガム，カルボマー，（アクリル酸アルキル/アルキル（C-10-30））クロスポリマー等があげられる。

　安全性の高い成分と思われるものでも全ての人に対して問題がないわけではない。以下に実際におきた例を紹介する。

　1,3－ブチレングリコールは多くの化粧品に高い配合量で使用されているが，基礎化粧品の実施試験において，一次刺激と思われる事例を引き起こしている。化粧水，クリーム類の一連の実施試験において皮膚に塗布した後，しばらくするとヒリヒリする感じがみられた。試験における共通成分としてグリセリン，1,3－ブチレングリコールが考えられた。これら成分の希釈した1,3－ブチレングリコールを対象としてグリセリンを上腕に塗布し，比較・確認をしたところ1,3－ブチレングリコールが一時刺激の原因と思われる事例を確認した。安全と考えられる成分であっても絶対安全であると考えないことである。

　また，オレス－2，オレス－5，オレス－10が配合されたメーク落としを眼周辺部に使用した

ところ身体危害が発生し，東京都消費生活条例に基づき調査が行われ，使用禁止になった（平成16 年 4 月 19 日東京都生活文化局発表資料)[8]。目の周囲に使用される可能性のある化粧品に使う活性剤は，オレイル基のエーテル型ノニオン活性剤はもちろんのことエーテル系の界面活性剤はオレスと似たエーテル構造を有すため使用を避けるべきである。また，活性剤，油性成分を含めラウリル基を有すものはアルキル基が短いため刺激性が高くなる可能性があるので使用をなるべく避けるべきである。

6　製品の安全性

化粧品において販売しようとする製品の安全性確保についての明確な規制と基準は今のところないが，自主的な点検を薦める。使用する成分を安全性データシート等で確認することはもちろんのこと，製品に配合される成分の安全性を 8 項目の安全性データで確認して問題がなくても，製品に使用されてから刺激性があらわれることもある。製品のパッチ試験を徹底し，刺激について確認をとっておく必要がある。

7　クレームの対応

7.1　消費者からの問い合わせ

安全性に係わる苦情が寄せられた場合，皮膚障害と考えられる。使用を直ちにやめることを指示し，皮膚科等の医師の診断を受けるように薦めることが最良の対応である。

7.2　医師からの問い合わせの実際

消費者が化粧品を使い，何らかの皮膚障害が見られたときは専門医の診察を勧め，また，医師からの化粧品成分についての問い合わせがあった場合には適切に対応することが必要である。問い合わせ内容としては，化粧品に含まれる成分についてパッチ試験のため化粧品原料の送付を依頼する場合が多い。その後，おおむね医師より試験結果の報告がある。成分の秘密保持の観点からのサンプルの提出の拒否は，患者の治療を長引かせる要因になるばかりでなく，原因追求が遅れ，多くの患者を増やすことにもなり，大きな問題になる場合が考えられる。医師の要求に対してはすみやかに，表示成分を送付することで，応じなければならない。

文　　献

1) 医薬品，医薬部外品，化粧品及び医療機器の製造販売後安全管理の基準に関する省令，平成 25 年 3 月 11 日厚生労働省令第 26 号
2) 鈴木惠子他，化粧品用語集　日本化粧品技術者会

第 2 章　化粧品の安全性

3) 『化粧品・医薬部外品製造販売ガイドブック 2011-12』，薬事日報社（2011）
4) 医薬品の遺伝毒性試験に関するガイドラインについて，医薬審 第 1604 号，平成 11 年 11 月 1 日
5) 『医薬品添加物事典』，薬事日報社（2007）
6) 医薬品等に使用することができるタール色素を定める省令，平成 20 年 11 月 28 日厚生労働省令第 163 号
7) 化粧品に配合可能な医薬品の成分について，薬食審査発第 0524001 号，平成 19 年 5 月 24 日
8) 平成 16 年 4 月 19 日　東京都生活文化局発表資料

第3章　化粧品の原料

1　はじめに

　化粧品を構成する成分には，水・油性成分・シリコーン・界面活性剤・高分子・多価アルコール・糖類・有機溶剤・酸アルカリ塩類・無機粉体・有機粉体・顔料色素・アミノ酸タンパク質・植物抽出液・ビタミン類・紫外線吸収剤・キレート剤・防腐剤・酸化防止剤・酸化還元剤・精油・香料などがある。

　上記の項目を機能別に，剤型を作る基本となる成分，有用性・有効性・コンセプトとなる成分，感覚にうったえる成分，製品の安定性を確保する成分の4つに分類すると考えやすい。化粧品の類別により，目的，使用部位，効能・効果，使用方法に合わせて剤型が決まってくるので，これらの中から組み合わせて処方を作ることになる。以下，分類にしたがって，おもな成分について解説する。

①　剤型を作る基本となる成分

　化粧品の剤型を作る成分は，水，油性成分，界面活性剤，シリコーン，多価アルコール，高分子，粉体である。これらの成分は，化粧品中にもっとも多く含まれるもので，化粧品の基本剤型をつくり，完成した製品の使用感に影響を及ぼす。

②　有用性・有効性・コンセプトとなる成分

　化粧品は効能・効果を標榜して販売することはできないが，有用性，有効性を有する成分を加えることはできる。また，販売目的，販売コンセプトを提示するためにそういった成分は必要である。販売するにあたっては「化粧品の効能効果の範囲」[1]を順守することが必須である。

　有用性，有効性，コンセプトとなる成分として，各社各様の成分を配合している。他社と異なる成分を配合することで，成分名のみでも特徴をうたえるので，マーケティングの側面からも特徴ある成分を配合することが多い。植物抽出液，生薬成分，微生物由来成分，タンパク質・アミノ酸，セラミド類，ビタミン類といった多くの成分が提案され，実際に使われてきた。

③　感覚にうったえる成分

　視覚・嗅覚のイメージを作るための着色剤として法定色素，天然色素，植物抽出液，カラメル等がある。匂いは，香料，精油，花，果実等から得られる芳香を有する植物由来成分がある。

④　製品の安定性を確保する成分

　化粧品の品質・安定性を保つために添加する成分がある。類別及び使われる成分にもよるが必ず加えなければならない。化粧品は，開封後，長い期間にわたって使用されるため，変質，腐食するおそれが大きい。敏感な肌を使用部位とする性質からも，高い精度での安定性が求められる。安定性を確保する成分は，防腐剤，pH調整剤，酸化防止剤，キレート剤に分類される。

2 油性成分

化粧品に使われる油性成分は化学構造から，炭化水素，動・植物油脂，ロウ，エステル，高級アルコール，脂肪酸等の6種に大きく分類できる。

油性成分を化粧品に使用するにあたって，極性と融点が重要な要素となる。極性は，酸素原子の数とその位置により異なる。酸素原子の数が多く，末端にあるほど極性が高くなる。融点は分子量が大きくなると高くなり，二重結合及び分岐構造は融点を下げる。油性成分の極性と融点及び化学構造（二重結合，側鎖の有無，官能基の種類）は，油性成分間または活性剤等の他成分との相溶性に差異が生じ，エマルジョンの安定性，粘度，稠度に影響するとともに，化粧品の使用感，感触に大きく関わる。油性成分の安定性は，とくに二重結合，三重結合を有する成分にあるが，空気酸化に弱いため，酸化防止の検討が必要である。油性成分の化学構造と物性，使用感，感触について以下に述べる。

2.1 炭化水素

炭化水素は，酸素原子を含んでいない油性成分であり，酸素原子がないため非極性である。直鎖，分岐の飽和炭化水素がほとんどである。酸化されにくいため，酸化還元剤の影響や，酸，アルカリ，pHの影響を受けにくいので全ての化粧品に配合できる。エマルジョンを作る時の非極性油として有用であり，製品の目的，性状，使用感に合わせ化学構造，融点，分子量の検討をする（表3-1）。

表3-1 炭化水素化粧品原料

表示名称	原基，性状，物性，組成
イソドデカン	$C_{12}H_{26}$
ドデカン	C_{12}の直鎖炭化水素
テトラデカン	C_{16}の直鎖炭化水素
イソペンタン	C_5H_{12}
流動パラフィン	C16-32
イソパラフィン	軽質流動イソパラフィン，軽質イソパラフィン，流動イソパラフィン，重質流動イソパラフィン
マイクロクリスタリンワックス	C31-70のイソパラフィンとナフテン系炭化水素
水添ジテルペン	
水添ポリイソブテン	イソーブテンとn-ブテンの共重合物を水添，C5-10軽質流動イソパラフィン
	軽質イソパラフィン
	流動イソパラフィン
	重質流動イソパラフィン
水添ポリデセン	C4-12直鎖のオレフィンオリゴマー，重合度は3-6である。
スクワラン	$C_{30}H_{62}$ ヘキサメチルテトラコサン深海サメ
セレシン	オゾゲライトを精製，結晶性，C29-35のノルマルパラフィン，mp：61-95℃
パラフィン	αオレフィンオリゴマー，C16-40のノルマルパラフィン，mp：50-70℃
ポリイソブテン	
ポリイソプレン	流動ポリイソプレン
ポリエチレン	エチレンの重合，mw：2000-5000 ポリエチレン末，高融点ポリエチレン末
ポリスチレン	
ポリブテン	ナフサを分解蒸留で得られるブタン・ブチン混合ガス重合，mw：500-5500
ポリプロピレン	
ミネラルオイル(流動パラフィン)	パラフィンとナフテン，C16-32
ワセリン	石油を溶剤に溶かし析出結晶物，飽和炭化水素，C24-34，ペースト状
植物性スクワラン	$C_{30}H_{62}$オリーブ油，コメヌカ油，小麦胚芽油，ゴマ油等の植物油～抽出されたスクワレンを水素添加したもの
イソヘキサデカン	

第3章　化粧品の原料

イソデカン

　イソデカンは，2,2,4,6,6-ペンタメチルヘプタン（mw；170.3）の不飽和芳香族を含まない高純度に精製された乾きやすい炭化水素である。沸点177℃，引火点48℃，比重でジメチルポリシロキサンとの相溶性もよく，また高重合シリコーンの溶剤としての有用性もある。非常に軽い感触で使用感があまり感じられない。

ドデカン，テトラデカン

　ドデカン，テトラデカンは植物由来のC12，C16の直鎖炭化水素で沸点177℃，引火点71℃，比重0.74-0.76，粘度1-3［mPas］である。イソデカンを含め火気に注意が必要である。

スクワラン

　スクワランは深海サメ由来の動物油でヘキサメチルテトラコサンC30H62（mw；422.8）の構造の両末端が分岐している液状油で融点の低い油である。軽い感触の油であることから洗い流さない化粧品に適している。

αオレフィンオリゴマー

　αオレフィンオリゴマーは，直鎖のC4-12であり，スクワランに似ている。スクワランと同様に軽い感触の油であることから洗い流さない化粧品に適している。

流動パラフィン

　流動パラフィンは，パラフィンとナフテン，C16-32で直鎖の比較的分子量の低い炭化水素である。スクワラン，αオレフィンオリゴマーより油性感，しっとり感が得られる炭化水素である。液状炭化水素として油成分を多くする場合や，洗い流す化粧品に向いている。

ワセリン

　白色ワセリンは，石油を溶剤に溶かし析出結晶物で飽和炭化水素，C24-34，mp；38-60℃でペースト状である。クリームの油性成分として配合したり，水を含まないベース状，固形の化粧品に使いやすい。

イソパラフィン

　イソパラフィンは，分子量の違いにより軽質流動イソパラフィン，軽質イソパラフィン，流動イソパラフィン，重質流動イソパラフィンがある。イソ-ブテンとn-ブテンの共重合物を水添，C5-10で透明な液状化，粘性状である。粘度の低い軽質流動イソパラフィンは非常に軽い感触で粘度がなく乾きやすい。油成分でジメチルポリシロキサンとの相溶性もよく有機溶剤としても使える。粘度が高い重質流動イソパラフィンは粘度が高いうえにべたつきが強く吸着感があるため重く感じられる油であるが，エマルジョンに配合すると重さがあまり感じられなくなり，流動パラフィンよりさらさら感がでる。

マイクロクリスタリンワックス

　マイクロクリスタリンワックスは，mw；450-1000のイソパラフィンとナフテン系炭化水素，C31-70，mp；60-85℃で分岐型のため結晶が小さい。融点が80℃のものは吸着感が弱く，すべり感のある感触が得られ，融点が高くなるにしたがって残り感が強くなり，すべり感もなく

なってくる。使用目的によって融点を選択することが重要である。口紅等のステック状化粧品の剤形を作る成分として使われたり，ヘアワックスに使用されることが多い。融点の高い場合，仕上り時のセット性が得られやすい。また，洗い流すタイプのヘアトリートメントに張り感を出したい場合に配合する。

セレシン

セレシンはオゾゲライトを精製して得られる硬い結晶性のC29-35のノーマルパラフィンでmp；61-95℃の白色個体である。融点が高いわりに軽い感じの感触になる。

2.2 天然油脂

天然油脂は，脂肪酸3個とグリセリンのエステル構造のトリグリセライドである。エステル結合を3個もつ極性の高い油性成分である。多種の油があり化粧品の主成分として多量に配合したり，コンセプト成分として少量，微量配合されている。化粧品に使用するためにはアルキル組成を知り，目的に合わせて配合すべきである。

天然油脂の分類は，『油脂化学便覧第2版』の植物・動物由来に準じている[2]。植物油脂においてはオレイン酸，リノール酸，リノレン酸が多く含まれるため，空気中で徐々に酸化して固まり乾きやすい性質がある。乾きやすさをヨウ素価で区分され，乾性油130以上，半乾性油100～130，不乾性油100以下に分類されている。動物油脂は海産動物，陸上動物でわけられている。また，トリグリセライドのグリセリンの1位と2位にエステル結合する脂肪酸の分布を示している。

天然油脂の性質は，油脂の特性を示す試験項目の中からケン化価，ヨウ素価，不ケン化物，酸化，水酸基価及びヒドロキシル価を知ることで得られる。ケン化価は油脂1gのエステルを脂肪酸にするために必要な水酸化カリウムのmg数で脂肪酸のアルキル基の長さの指標となる。ケン化価が高くなると短い脂肪酸が多く分布され，低くなると長くなることを示している。ヨウ素価は，油脂1gあたりでの脂肪酸の二重結合に付加するヨウ素I_2のmg数を示す。飽和脂肪酸と不飽和脂肪酸の比率を示す値であり，ヨウ素価が低くなると飽和脂肪酸が多く，高くなると不飽和脂肪酸の分布が多くなる。また，オレイン酸ばかりでなくリノール酸，リノレン酸を多く含むとヨウ素価はより高くなる。不ケン化物は，水酸化カリウムでケン化して残った油分量を示し，エステル結合，遊離脂肪酸を除く炭化水素，ステロール等のアルコール類の割合を示すものである。酸価は，遊離脂肪酸の量を表す数値で，おおむね原油の精製過程で除去されるため0に近い。水酸化価とヒドロキシル価は脂肪酸の水素原子がOHになっていることでヒドロキシ脂肪酸の量を示すものである。

天然油脂の融点は脂肪酸のアルキル基の長さに比例して高くなり，飽和脂肪酸より不飽和脂肪酸の方が融点が低い。

天然油脂の分類方法は，これらの示性価を基に考える。ケン化価が低くヨウ素価が高い液状油脂としてリノール酸の分布が多くリノレン酸を含む液状油脂がある。ケン化価，ヨウ素価が低く

第3章　化粧品の原料

オレイン酸を多く含む液状油脂，ケン化価が高くヨウ素価が低い固体油脂は，カプリル酸，カプリン酸，ラウリン酸，ミリスチン酸がある。融点の高い固体油脂は，パルミチン酸，ステアリン酸とオレイン酸を多く含む。不ケン化物が高い場合やヒドロキシ脂肪酸を含む場合等個別な油脂と大分類すると，天然油脂を化粧品に使う際の指標となる。化粧品に天然油脂を使う場合は，ケン化価，ヨウ素価等で選択することはもちろんであるが，アルキル組成すなわち脂肪酸組成で分類することにより天然油脂の特性が理解しやすい（表3-2）。

　天然油脂の酸化安定性は，光，酸素，熱の影響を受け，常に酸化，着色されやすいことを考慮する必要がある。アルキル基に二重結合をもつ不飽和脂肪酸は酸化されるためである。この指標となるのがヨウ素価である。二重結合を3個持つリノレン酸が多く含まれるとヨウ素価が高くなり，とくに酸化されやすい。リノール酸，リノレン酸を多く含みヨウ素価の高い天然油脂は，酸化されやすいため製剤のpHを低くし，ビタミンE，レシチン等の酸化防止剤を配合することが必要である。

　天然油脂のアルキル組成，融点等によって，使用感に差異が生じるため，アルキル組成を知り，目的に合わせて配合すべきである。アルキル鎖の短いラウリン酸，ミリスチン酸は固体油脂でも軽い使用感が得られ，パルミチン酸，ステアリン酸を多く含む固体油脂は，すべり感が劣り，オレイン酸等の不飽和脂肪酸を多く含む液状油脂は，油性感，しっとり感が得られる傾向がある。

2.2.1　ケン化価が低くヨウ素価が高い液状油脂

リノレン酸，リノール酸を多く含む植物油脂

　リノレン酸を10％前後含み，リノール酸も多く含み，ダイズ油，ヒマワリ油は，融点が低く，ヨウ素価が高いので使用する場合は酸化防止の検討を要する。ナタネ油は，リノール酸よりオレイン酸を多く含むため，ヨウ素価は100くらいと低い。

リノール酸，オレイン酸を多く含む植物油脂

　リノール酸が一番多く含まれる油脂はサフラワー油で約77％含まれる。次に綿実油，トウモロコシ油が55％前後である。これらはリノール酸が多いため酸化防止が必要となる。リノール酸約40％，オレイン酸約40％を含むゴマ油，コメヌカ油は，酸化防止が可能ならば化粧品の油性成分として多量に配合できる。

2.2.2　ケン化価が低くヨウ素価が低い液状油脂

オレイン酸を多く含む植物油脂

　オレイン酸を70％以上含むアボカド油，オリーブ油，椿油，パーシック油はヨウ素価が70～100と比較的低く酸化安定性がよいため，油脂を多く配合しなければならないクレンジングオイル，マッサージオイル等に適している。また，適度なしっとり感が得られるため，頭髪用化粧品に配合される場合が多い。水を含まない油性成分主体の製剤はビタミンEやその誘導体等の酸化防止剤が必須であり，経時安定性の確認が必要である。クリーム類に配合する場合はpHを可能な限り低くすることで安定に配合できる。使用感は，しっとりした適度の保湿感が得られる。

表 3−2 天然油脂化粧品原料

	INCI	ラウリン酸	ミリスチン酸	パルミチン酸	ステアリン酸	オレイン酸	リノール酸	リノレン酸	mp	屈折率 d15	SV	IV	特徴
アボカド油	PERSEA GRATISSIMA (AVOCADO) OIL			6.9	0.6	77.3	10.8			1.74	192.6	94.4	ビタミンA、Eを含有するほか、紫外線吸収力も大きい。特に皮膚への浸透性、展延性がすぐれている。
アルモンド油	PRUNUS AMYGDALUS DULCIS (SWEET ALMOND) OIL			6.7	1.2	66.3	22.3			1.46	188-200	92-105	構成脂肪酸はオレイン酸が主体で、オリーブ油に比べ若干不飽和度が高く、凝固点は相当低い特性を有している。
オリーブ油	OLEA EUROPAEA (OLIVE) FRUIT OIL			9.8	3.2	73.8	11.1			1.456	185-197	75-90	構成脂肪酸はオレイン酸が圧倒的に多く、植物油としてはめずらしくスクワレンが微量含まれている。
ゴマ油	SESAMUM INDICUM (SESAME) SEED OIL			8.8	5.3	39.2	45.8			1.475	185-195	103-118	
コメヌカ油	ORYZA SATIVA (RICE) BRAN OIL			16.2	1.8	41.4	37.5	1.6		1.472	179-196	99-103	
サフラワー油	CARTHAMUS TINCTORIUS (SAFFLOWER) SEED OIL			6.8	2.5	12.6	77.4		−5	1.475	179-194	120-150	精製前はトコフェロール、ビタミンEを含み酸化防止効果ある。体温付近で融解、低粘度で刺激性、浸透性に優れる。オキシ化物を4-11%含む。
シア脂	BUTYROSPERMUM PARKII (SHEA BUTTER) FRUIT			3	20	65	10		28-45	1.458	160-190	50-80	オリーブ油と同じに使われ方が多い(オリーブより安定性が悪い)皮膚に塗布して刺激を和らげ、表面を保護、乾燥を防ぐ。
大豆油	GLYCINE SOJA (SOYBEAN) OIL			10.4	4	23.5	53.5	8.3	−8 − −7	1.472	188-196	114-138	血中のコレステロールを低下させる。
トウモロコシ油	ZEA MAYS (CORN) GERM OIL			11.1	2.1	32.6	52.2	1.4	−8 − −10	1.474	187-198	88-147	オレイン酸を多く含む不乾性のオイル。オリーブ油と類似。エルカ酸1.7%を含む。
ナタネ油	Rapeseed (Brassica Compestris) Oil, Canola Oil					57.9	21.8	11.3			183-197	87-107	オレイン酸を豊富に含む良質の不乾性油。アルモンド油と類似している。
バーシック油	Apricot (Prunus Armeniaca) Kernel Oil (or) Peach (Prunus Persica) Kernel Oil			7.2	2.3	74.8	15.6			1.471	188-199	91-110	
パーム核油	ELAEIS GUINEENSIS (PALM) KERNEL OIL	53	14	6.8	2	16	カプリル酸3, カプリン酸4			21-24	245		ラウリン系油脂。ヤシ油に比べラウリン酸が多めで、ヤシ油とパーム油の両方の長所を併せもつ。

(つづく)

第3章 化粧品の原料

表3-2 天然油脂化粧品原料（つづき）

	INCI	ラウリン酸	ミリスチン酸	パルミチン酸	ステアリン酸	オレイン酸	リノール酸	リノレン酸	mp	屈折率 d15	SV	IV	特徴
パーム油	ELAEIS GUINEENSIS (PALM) OIL			49	2	41	7		30-50	1.466			オレイン酸、パルミチン酸が主成分の油脂。牛脂に類似している。
ヒマシ油	RICINUS COMMUNIS (CASTOR) SEED OIL			1	3.1		4.4			1.478	176-187	81-91	リシノレイン酸を非常に多く含んでいるので、粘度が高く、水分を引きつける特性がある。頭髪用化粧品、石鹸の原料としてよく使われる。リノール酸89.6
ヒマワリ油	HELIANTHUS ANNUUS (SUNFLOWER) SEED OIL			6.7	4	17.9	61.4		69.8	1.47	186-194	113-146	リノール酸が主成分。生理活性が高い。
ブドウ種子油				11.1	3.3	21.2				1.473	180-196	107-143	
マカデミアナッツ油	MACADAMIA TERNIFOLIA SEED OIL		1	7	3	55	2		パルミトレイン酸25	1.47	190-200	70-80	パルミトオレイン酸を20%以上含有し含む珍しい油脂
メドウフォーム油	LIMNANTHES ALBA (MEADOWFOAM) SEED OIL			イコサン酸2. エイコセン酸66. ドコセン酸20. ドコサジエン酸10							160-175	90-105	エイコセン酸約60%、エルカ脂肪酸15%と長鎖脂肪酸で構成されており、酸化安定性に優れている。
綿実油	GOSSYPIUM (COTTON) SEED OIL			20.1	2.4	18.9	56.5			1.474	189-197	88-121	リノール酸約50%、オレイン酸約25%及び飽和脂肪酸からなる油脂。リノール酸含有量が多い為酸化されやすい。
ヤシ油	COCOS NUCIFERA (COCONUT) OIL	47	18	9.5	2.9	6.9			カプリル酸7.7, カプリン酸6.2	20-28	1.449	245-271	7-16	酸化に対しては比較的安定であるが、加水分解を受けやすい。クリーム基材、シャンプー、リンスの加脂剤として使われる。ラウリン酸、ミリスチン酸が多い為石鹸にした際、冷水に良く溶け泡立ちが良い。水酸化アルカリ溶液により、容易にけん化される。
落花生油	ARACHIS HYPOGAEA (PEANUT) OIL		11		2.9	42.2	34.7	2.6		1.457	190-202	25-60	不乾性油でエモリエント効果があり、浸透性オリーブ油、アルモンド油と同等。
牛脂			7	26.6	18.2	41.8	3.3			1.463	195-204	71-86	パルミトレイン酸7%を含む。
馬油			3.2	24.9	5.5	35.5	10.8	9.5		1.469	190-210	75-90	ミリストレイン酸6%、パルミトレイン酸18%を含む。
ミンク油			5	21	3	42	6						

化粧品ガイドブック（㈱日光ケミカルス）、日本油脂検査協会 特殊は㈱カネネタ ホームページより

2.2.3　ケン化価が高くヨウ素価が低い固体油脂
ラウリン酸を多く含む植物油脂
　ラウリン酸を約50％含有するヤシ油，パーム核油は経時で独特の甘い匂いが生じやすく，使用には安定性の確認が必要である。使用感は，固体脂であるがさっぱりした感触が得られる。使用頻度は低い。

2.2.4　固体油脂
オレイン酸，パルミチン酸を含む油脂
　パルミチン酸約50％，オレイン酸約40％を含むパーム油は，融点が約45℃の固体脂である。感触は，固体脂のためやや重い感じですべり感は弱くなる。柔らかさとなめらかさを求める化粧品にはあまり好ましくないため，化粧品に使用されることは少ない。ただし，サッパリした使用感を得たい場合には，有用である。すべり感を抑えたいハンドクリーム等には適している。パルミチン酸を多く含みヨウ素価が低く，酸化安定性がよい。似ている脂肪酸組成の動物油脂では牛脂，豚脂がある。

オレイン酸とステアリン酸を含む植物油脂
　オレイン酸65％，ステアリン酸20％を含むシア脂は，しっとりしたやや重い感じが得られ，ヨウ素価が低いため酸化安定性がよい。適度なしっとり感が得られる有用な油脂なので，スキンケア化粧品，頭髪用化粧品に適している。

2.2.5　その他油脂
リシノレイン酸を含む植物油脂
　リシノレイン酸を約90％含むヒマシ油は粘度が高い。重い感じであるためスキンケア製品など，さっぱりした感触を求められる場合は好ましくない。しかし，頭髪用の洗い流すタイプのヘアトリートメントでしっとり感を強く出したい場合には数％の配合が好ましい。

エイコセン酸を含む植物油脂
　エイコセン酸約60％，エルカ酸約15％と長鎖脂肪酸で構成されるメドフォーム油で，酸化安定性に優れている。頭髪用ではしっとりとした残り感のある感触が得られる。

パルミトレイン酸を含む植物油脂
　パルミトレイン酸約25％を含むマカデミアナッツ油は，ヨウ素価が70～80と低い液状植物油脂で，比較的酸化安定性に優れている。頭髪用では柔らかさとしっとりとした感のある感触が得られる。

2.3　ロウ
　ロウは，ミツロウ，カルナウバロウ，キャンデリラワックス，コメヌカロウ，ラノリン，ホホバ油等のアルキル基の炭素数がおおむね20以上の高級アルコールと脂肪酸のエステルとアルコール，脂肪酸類と炭化水素等不ケン化物を含む高融点物質である。また，高融点物質であるため非水系の口紅などのステック状，ペースト状から硬いクリーム状の製剤を作るときに有用であ

第3章　化粧品の原料

表3-3　ロウ化粧品原料[1]

成分名	原基，性状，物性，組成	比重 (℃)	屈折率 (℃)	融点 (℃)	酸価比数	けん化価	ヨウ素価	不ケン化物 (%)
オレンジラフィー油	南アフリカ，オーストラリア深海のヒウチダイ科，エステル80-95%（オレイルアルコールとオレイン酸）	0.855(40)	–	–	0.37	98-108	73-89	48
カルナウバロウ	ブラジル産カルナバヤシの葉からの分泌物，C24以上の脂肪酸とC26, 28, 30アルコールのエステルが85%	0.990-1.001	1.469-72(40)	72-86	0.3-9.7	79-95	7-14	54-56
キャンデリラロウ	メキシコ北西部，テキサス州の植物の茎，炭化水素45%，エステル29%，他26%	0.982-0.986	1.455-1.461	68-72	–	46-65	10-22	–
コメヌカロウ	コメヌカ油を精製するときに出るロウ，C22, 24脂肪酸とC24-34アルコールのエステル	–	–	70-83	–	70-160	20以下	–
ホホバ油	カリフォルニア，メキシコ北西部の灌木，不飽和脂肪酸とアルコールのエステル（C分布36-46）	0.853-0.875	1.455-1.475	–	0.75	80-110	70-100	50
ミツロウ	脂肪酸（C16-18；70%）とアルコール（C28-34；83%）	0.961-0.964	1.456-1.458	61-66	5-7.6	80-101	4-12	55-58
ラノリン	ヒツジの毛，おもにヒドロキシ脂肪酸とのエステル，ステロール類を含む	0.932-0.945	478-1.482	31-43	0.3-16	77-130	15-47	35-46

酸価比数はエステル価／酸化

る。化粧品に配合される代表的なロウ原料を表3-3に示す。

ミツロウ

　ミツロウは，ミツバチの巣から採取されるロウで，化粧品成分としてはもっともよく使われる。脂肪酸を含みアルカリで中和することでクリームになり，単独またはステアリン酸との併用でクリームに使用される。油性成分でだけで作られるコンシーラー，プロテクトクリーム等にワセリン，ラノリンと一緒に使われることがある。使用感は，しっとりと残った感じが強くなる。

カルナウバロウ

　カルナウバロウは，脂肪酸と高級アルコールの両炭素数が非常に大きく，ミツロウと比べてより硬い製剤に使用される。とくに油性成分だけで作られる固体化粧品，ステック状の口紅やヘアワックスなどに用いられる。頭髪用化粧品では，コーティング感が出るためリンスやトリートメントに使われることがある。乳化しにくいため，場合によってはカチオン活性剤のほかにノニオン活性剤の併用が必要となる。

キャンデリラワックス

　油性成分だけで作られる固体化粧品，ステック状の口紅やヘアワックスなどに用いられる。頭髪用化粧品では，ヘアワックスに多く使われ，2〜6%くらい配合される。高融点の油性成分の特性を活かして自由なヘアスタイリングを作ることができる。

コメヌカロウ

　キャンデリラワックス同様，油性成分だけで作られる固体化粧品，ステック状の口紅やヘアワックスなどに用いられる。

ラノリン

　従来から多くの化粧品に使われているロウである。ラノリンは高級エステルのほかヒドロキシ脂肪酸，ステロールを含むため抱水力をもち，有用な成分である。スキンクリームや頭髪用化粧品などに使われ，しっとりとなめらかなよい感触が得られる，非常に優れた成分である。

ホホバ油

　不飽和の脂肪酸と高級アルコールからなるエステルで，室温では液状の油性成分である。酸化安定性もよく，幅広く化粧品に使われている成分である。

2.4　エステル

　エステルは，脂肪酸とアルコールからなるエステル結合を有する油性成分である。脂肪酸とアルコールの組み合わせで作られるため多種の成分があり，エステル結合が1，2，3個のタイプがある。エステル構造は，分子の中央部分に酸素原子2個があるため，炭化水素と高級アルコールの中間の極性を呈し，また，それらの相溶性を高める。エステル結合をもつ天然油脂とはとくに相溶性が高い。

　脂肪酸，アルコールの炭素数と構造はもちろん，エステルの数によっても，化粧品成分としての機能に違いがある。一般的には，直鎖よりも分岐構造をとるほど，しっとり感・さらさら感が強くなる。化粧品成分として，アルカリ性の化粧品ではエステル分解がおこるため注意が必要である。

直鎖脂肪酸－直鎖低級アルコール

　ミリスチン酸イソプロピル，パルミチン酸イソプロピル，ステアリン酸ブチルなどがある。高級アルコールが低分子であるため脂肪酸の影響が大きくなり，若干脂肪酸の性質があらわれる。特にミリスチン酸イソプロピル，パルミチン酸イソプロピルはよく使われる成分である。

直鎖脂肪酸－直鎖高級アルコール

　パルミチン酸セチル，ステアリン酸ステアリルで融点が高いエステルである。クリームに配合した場合，なめらかなすべり感は得られず，さっぱりしてすべりの弱い感触になる。また，ほかの高融点油成分と組み合わせて配合し，硬さを感じる感触を作り出すこともできる。

分岐脂肪酸－直鎖アルコール

　エチルヘキサン酸ミリスチル，エチルヘキサン酸セチル，イソステアリン酸セチル等があり，洗い流す化粧品及び洗い流さない化粧品，皮膚用，頭髪用いずれにも使うことができる。なめらかなすべり感，適度なしっとり感・さらさら感が得られる。もっとも多く使われるエステルである。

第3章 化粧品の原料

直鎖脂肪酸－分岐アルコール

ミリスチン酸エチルヘキシル，パルミチン酸エチルヘキシル，パルミチン酸イソステアリル等があり，前記の分岐脂肪酸－直鎖アルコールと同様に使われるが若干油性感が強くなる傾向がみられる。

分岐脂肪酸－分岐アルコール

イソステアリン酸イソステアリル，イソノナン酸イソノニルはシリコーンとの相溶性がよく均一な液を作ることができる。ジメチルポリシロキサンの溶剤としても使用される。感触は軽めのすべり感となる。

ネオペンタン酸エステル

ネオ構造を持つ分岐アルコールとのエステルで，シリコーンとの相溶性に優れ，難溶性のUV吸収剤の溶剤に適する。非常に軽く，油性感がないさっぱりした使用感である。ネオペンタン酸イソデシル，ネオペンタン酸イソステアリル，ネオペンタン酸オクチルドデシルがある。

トリグリセライド

グリセリンに3個の脂肪酸エステルである。脂肪酸を選択できるため，天然油脂にはみられない使用感が得られ，トリ（カプリル酸／カプリン酸）グリセリルはしっとりしているが軽い感触，トリイソステアリンはなめらかなすべり感，トリエチルヘキサノインはなめらかで軽い感じが得られる。クエン酸トリエチルはややしっとりした感じであり，比重が重いため油性成分の比重調整に利用できる。

ヒドロキシ酸エステル

ヒドロキシ酸は水との親和性があり，アルコールの構造とエステル結合数により多様な使い方が考えられる。リンゴ酸ジイソステアリルは，すべりのよい油性感，乳酸セチルはやわらかいしっとり感，コハク酸ジ2－エチルヘキシルは重い感じの使用感が得られ，アジピン酸ジイソプロピルはアルコールが小さいため使用感は軽い感じになり，有機溶媒としても利用できる。

カルボン酸－アルコールの両親媒性エステル

個々に特徴をもつエステルである。溶剤や有用性物質のキャリアとしても使うことができる。最近多くの両親媒性エステルが作られており，用法は様々である。シクロヘキサン－1,4－ジカルボン酸ビスエトキシジグリコールは，水にも油にも溶解するペースト状の新規両親媒性エステルであり，べたつきが少なく，軽い感触である。

ダイマー酸エステル

エステル結合が4個あり，そのエステル部分が4個のアルキル基に囲まれる構造のため，酸，アルカリに対して比較的安定性がよい。粘度の高い強い粘性を有し，油っぽくべたつきが強い。ほかのエステル等と併用すると使いやすい。感触は乳化剤やほかの油性成分との組み合わせで残り感のあるなめらかな感触が得られる。このエステル自体はべたつきが強いが，ほかの油性成分と組み合わせることでよい感触が得られる。ダイマージリノール酸ダイマージリノレイル，ダイマージリノール酸（イソステアリル／フィトステアリル），ダイマージリノール酸硬化ヒマシ油，

ダイマージリノール酸ダイマージリノレイルビス（ベヘニル／イソステアリル／フィトステリル）がある。

ペンタエリストリットタイプ

複雑な構造を有し，ワセリン様のペースト状であり，しっとり感・残り感のある使用感が得られる。テトラエチルヘキシル酸ペンタエリスリチル，（ヒドロキシステアリン酸／イソステアリン酸）ジペンタエリスリチル，（ヒドロキシステアリン酸／ステアリン酸／ロジン酸）ジペンタエリスリチル，（エチルヘキサン酸／ベヘニン酸）ジペンタエリスリチルがある。

2.5 高級アルコール

高級アルコールは，アルキル基の末端にOH基をもつ直鎖のものを基本に不飽和，分岐型がある。おもに炭素数6以上のものを指し，炭素数が多くなるほど，疎水性になる。化粧品成分としては，乳化の油相基剤となる。とくにセタノールは，多くのクリーム状化粧品に使われ，配合量の増減でクリーム粘度の調整ができる。また，飽和アルコールのアルキル鎖の長さにより粘度と使用感が変わる。二重結合をもつオレイルアルコールは粘度の低い製剤に適し，使用感は油性感，しっとり感が強くなる。分岐型のヘキシルドデカノール，イソステアリルアルコール，オクイチルドデカノールは，乳化の主油相成分として使用できず，エマルジョンは形成できない。しかし，飽和アルコールと併用してクリームの粘度調整ができる（表3-4）。

表3-4 高級アルコールの名称と性質

アルキル基	高級アルコール名	分子式	分子量	比重	融点（℃）単体	粧原基規格
n-6	カプロイルアルコール	$C_6H_{14}O$	102.18	0.8191	-44.6	
n-8	カプリリルアルコール	$C_8H_{18}O$	130.23	0.8254	-14.9	
n-10	カプリルアルコール	$C_{10}H_{22}O$	158.29	0.8297	6.9	
n-12	ラウリルアルコール	$C_{12}H_{26}O$	186.34	0.8333	24	23-31
n-14	ミリスチルアルコール	$C_{14}H_{32}O$	214.39	0.8355	37.9	36-38
n-16	セチルアルコール	$C_{16}H_{34}O$	242.42	0.8375	49.3	46-55
n-18	ステアリルアルコール	$C_{18}H_{38}O$	270.5	0.8392	58	56-60
n-20	アラキルアルコール	$C_{20}H_{42}O$	298.56	0.8405	65.5	
n-22	ベヘニルアルコール	$C_{22}H_{46}O$	326.61	-	70.6	
e-18'	オレイルアルコール	$C_{18}H_{36}O$	268.49	0.8485	2	6以下
iso-16	ヘキシルデカノール	$C_{16}H_{34}O$	242	-	-	
iso-18	イソステアリルアルコール	$C_{18}H_{38}O$	270	-	-	
iso-20	オクチルドデカノール	$C_{20}H_{42}O$	298	0.84	-	-20で曇らない

2.5.1 直鎖アルコール

ラウリルアルコール

C12 の融点が 25℃で甘い様な特異の匂いがあり，化粧品にはあまり使われない。粘度の低い軽い感触のクリームを作る場合には，ほかのセタノール等の直鎖アルコールと併用して使うこともある。

ミリスチルアルコール

C14 の融点が 37℃の結晶性で，匂いがほとんどない。乳化安定剤，親油性の増粘剤，エモリエント剤として配合される。また，セタノールと比べるとクリーム粘度は高くなりにくい。感触は非常に軽く，さらさらに仕上がるので洗い流さない化粧品に適している

セタノール（セチルアルコール）

クリームを作るのに一番適した，粘度を高くできる高級アルコールである。また，セチルアルコール（C16）の含有量及びほかのアルキル組成の違いでクリームの粘度，温度安定性，使用感が異なる。セタノールは，C16 と C18 の配合比が 7：3 のものが多く使われている。C16 が 99％のものもあるが，単独では融点の温度付近で固体から液体に急激に変化するため粘度変化が大きくなり，安定性にも影響する。両者を混ぜてアルキル分布を広くとった方が，経時及び低温，高温安定性がよくなる。

ステアリルアルコール

C18 を主とする高級アルコールで，セタノール同様に使われる。C18 のステアリルアルコールの含有量によりクリームの粘度，温度安定性，使用感が異なる。

アラキルアルコール

C20 の高級アルコールは自然界での分布が少なく使われることは少ないが，まれにヘアワックスに使わることがある。

ベヘニルアルコール

C22 であり，炭素数がセタノールより 6 個多いため，融点は高くなり，極性が低くなる。クリームの粘度はセタノール，ステアリルアルコールと同等量配合した場合，粘度は低くなる傾向がある。感触は，軟らかい感じと残り感を出したいときに便利である。

セトステアリルアルコール

C16 セタノールと C18 のステアリルアルコール各約 50％の分布を持つ高級アルコールである。セタノール，ステアリルアルコールと同様に使われる。

2.5.2 不飽和アルコール

オレイルアルコール

C18 の二重結合をアルキル基の中央にもつオレイルアルコールである。クリームに単独で配合すると粘度が高くならないが，セタノールとの併用でなめらかで柔らかい性状のクリームを作ることができる。使用感は強い油性感のあるしっとりした感触が得られる。

2.5.3 分岐型アルコール

ヘキシルデカノール

C16のアルキル基の短い分岐型アルコールで，クリームの油剤として使われることはまれである。クリームに配合した場合，粘度の低いクリームが作られる。多く配合すると高温安定性を損なうことがある。感触は軽い感じである。

イソステアリルアルコール

C18のアルキル基の分岐型アルコールである。クリームに配合してなめらかなすべりのよい感触が得られる。洗い流さない頭髪化粧品への使用に向いている。

オクチルドデカノール

C20アルキル基の分岐型アルコールである。クリームに配合されることが多い。感触は非常になめらかである。洗い流すタイプ，洗い流さないタイプどちらの化粧品にも有用である。

2.5.4 ステロール骨格を持つアルコール

コレステロール，フィトステロールである。多く配合されることはないが，しっとり感を求める時には有効である。また，少量配合することで乳化助剤としても使用できる。

2.6 脂肪酸

脂肪酸は末端にカルボキシル基をもっているため極性が非常に高い油性成分である。ほとんどの市販されている原料には必ずといっていいほど複数の脂肪酸が含まれているので，アルキル組成を知ることと目的に合わせて脂肪酸を選択することが重要である。脂肪酸はアルカリと石鹸を作り，カチオン性活性剤，アミン類とコンプレックスを形成する等，ほかの物質との反応性があるので処方上反応性を考慮することが必要である（表3-5）。

表3-5 脂肪酸の名称と性質

アルキル基	脂肪酸名	分子式	分子量	比重	融点（℃）単体	融点 粧原基規格	中和価 単体	中和価 粧原基規格
n-6	カプロン酸	$C_6H_{12}O_2$	116	0.92768(20)	-3.2		484	
n-8	カプリル酸	$C_8H_{16}O_2$	144	0.9105(20)	16.5		390	
n-10	カプリン酸	$C_{10}H_{20}O_2$	172	0.8858(40)	31.6		326	
n-12	ラウリン酸	$C_{12}H_{24}O_2$	200.3	0.8477(80)	44.8	32-45	280.1	275-285
n-14	ミリスチン酸	$C_{14}H_{28}O_2$	228.4	0.8439(80)	54.4	45-56	245.7	240-250
n-16	パルミチン酸	$C_{16}H_{32}O_2$	256.4	0.8414(80)	62.9	56-63	218.8	212-222
n-18	ステアリン酸	$C_{18}H_{36}O_2$	284.5	0.8390(80)	70.1	52-70	197.2	192-215
n-20	アラキン酸	$C_{20}H_{40}O_2$	312.52		76.1		180	
n-22	ベヘニン酸	$C_{22}H_{44}O_2$	340.6	0.8221(100)		69-80	164.7	164-175
e-18'	オレイン酸	$C_{18}H_{34}O_2$	282.5	0.8905(20)	13.4	10以下凝固点	198.6	195-204
i-18''	リノール酸	$C_{18}H_{32}O_2$	280		-18.0		200	
iso-18	イソステアリン酸	$C_{18}H_{36}O_2$	284.5	0.89(d20)		10以下 タイター		
oh-18	ヒドロキシステアリン酸	$C_{18}H_{36}O_3$	300.5		186.7	73-76	198	170-181
e-11'	ウンデシレン酸	$C_{11}H_{20}O_2$	184.3	0.9072(d25)	24.5	20-24 凝固点	304.5	299-309

油化学便覧4版 丸善
化粧品原料基準第2版注解

第 3 章　化粧品の原料

ラウリン酸
C12 の直鎖脂肪酸で，市販のラウリン酸の融点約 43℃である。洗顔料，ボディソープ等の洗浄用化粧品に使われ，水酸化カリウムで中和して液体石鹸とする。

ミリスチン酸
C14 の直鎖脂肪酸で市販のミリスチン酸の融点 53℃。ラウリン酸と併用して洗顔料，ボディソープ等に使われる水酸化カリウムで中和して液体石鹸とする。また，パルミチン酸，ステアリン酸と混合して水酸化カリウムで中和し，クリーム状石鹸を作ることができる。

パルミチン酸
C16 直鎖の脂肪酸でステアリン酸を含む。

ステアリン酸
化粧品では一番多く使われる脂肪酸で，パルミチン酸との混合物である。一般に市販されているものはステアリン酸とパルミチン酸の混合物で，混合比を変えると性質も変わるので，目的に合わせて選択する。クリーム洗顔料，クレンジング，乳液，クリーム，ファンデーションを作るのによく使われる。

ベヘニン酸
市販のベヘニン酸は 75～79℃と融点が高く，炭素数 C22 脂肪酸である。アルカリで中和し石鹸にしにくい脂肪酸である。アルキル基が大きいので疎水性の傾向がある。

オレイン酸
二重結合不飽和脂肪酸で酸化されやすい脂肪酸であり，市販のオレイン酸は融点が約 4℃であり，オレイン酸の純度が高くなると融点が高くなる[3]。液状石鹸主体の洗浄用化粧品に配合されている。泡立ちと製品に粘度をつける場合にはヤシ油脂肪酸，ラウリン酸と併用するとよい。

イソステアリン酸
分岐型の液状脂肪酸でオレイン酸より酸化安定性がよいので代用ができる。液状タイプの化粧品に使用でき，オレイン酸の代替えに適しているが，クリーム等の粘度を高くする場合には適さない。

ヤシ油脂肪酸，パーム核油脂肪酸
ヤシ油脂肪酸，パーム核油脂肪酸は，それぞれ脂肪酸組成は異なるが，おおむねラウリン酸約 50％，ミリスチン酸約 15％，カプリル，カプリン酸 10％前後が含まれ，オレイン酸，パルミチン酸を含む。水酸化カリウムで中和すると液体石鹸に適している。泡立ちがよく，洗浄力が強い。クリーム状の洗顔料にも使われる。

活性剤，脂肪酸，高級アルコールのアルキル基の用途と特長
化粧品原料の油性成分，界面活性剤の用途，機能，感触は，分子を構成するアルキル基の直鎖の長さ，二重結合，分岐構造によって決まる。アニオン性活性剤，カチオン性活性剤，ノニオン性活性剤，脂肪酸，高級アルコールの用途と特徴について表 3-6 にまとめた。

表3-6 脂肪酸と他原料の組み合わせと用途

脂肪酸の アルキル基	組み合わせる原料				感触	安定性
	アニオン性 活性剤	カチオン性 活性剤	ノニオン性 活性剤	脂肪酸・高級 アルコール		
n-12	液状用 （洗浄剤）	液状用	液状用 可溶化用	液体	きしむ	匂いが 強くなる
n-14	-	-	-	液体，乳化	さらさら， すべる	安定
n-16	クリーム用	クリーム用 液状用	クリーム用	クリーム 乳化	しっとり	安定
n-18	クリーム用	クリーム用	クリーム用	クリーム 乳化	しっとり	安定
n-22	-	クリーム用 （乳化力弱い）	-	硬いクリーム	ソフト	安定
e-18'	-	-	低粘性用 可溶化用	液状，乳化	油性， しっとり	酸化され やすい
iso-16	-	-	-	粘度・感触 調整用	軽い，すべる	安定
iso-18	-	-	-	クリーム用 液状用	すべる	安定
iso-20	-	-	-	クリーム用	すべる	安定
oh-18	-	-	-	油のゲル化	-	-

3 界面活性剤

　界面活性剤の構造は，一つの分子の中に水及び油の性質をもつ部分がある。親油基のアルキル基の種類はC12〜C22が主体で，界面活性剤の種類を親水基の電離状態（アニオン性活性剤，両性活性剤，カチオン性活性剤，ノニオン性活性剤）によって分類する。

　界面活性剤は，洗浄剤，起泡剤，乳化剤，可溶化剤，浸透剤，柔軟剤，帯電防止剤，殺菌剤等に配合されている。界面活性剤の分類ごとに性質を概説し，その後，各界面活性剤の化粧品素材としての特徴を列挙する。

3.1 アニオン性活性剤

　アニオン系界面活性剤は泡立ちがよい，洗浄力，乳化力，浸透性といった特性があり，おもにシャンプー，ボディソープや洗顔料等の洗浄剤の主成分として使われる。

　アニオン系界面活性剤の基本構造は，親水基と親油基，対イオンから構成される。親油基，親水基の間にポリオキシエチレンやカルボニル・アルキルアミンが挿入されるものがある。親油基と親水基の間にあるため挿入基と称する。

　アニオン性活性剤の種類は親水基の種類から分類し，スルホン酸基，硫酸基，カルボン酸基，リン酸基の4種類に大分類すると理解しやすい。

第3章 化粧品の原料

3.1.1 構造と特性
① 親水基と特性

アニオン性界面活性剤の親水基は，硫酸基，スルホン酸基，リン酸基，カルボキシル基があり，これらがアニオン性を呈する。親水基のアニオン性は，酸素原子の数とイオウ原子の数に起因すると考える。硫酸基は，酸素原子が4とイオウ原子が1，スルホン酸基は酸素原子が3とイオウ原子が1，リン酸基は酸素原子4とリン原子が1，カルボキシル基は酸素原子が2である。アニオン性の強さは，酸素原子とイオウ原子の数が多い方が電子密度が高く親水性が強くなる。リン酸基は，リン原子の最外殻電子の数が5個でイオウ原子より電子供与性が弱いためアニオン性がやや弱くなり，カルボキシル基は，酸素原子が2個であるためアニオン性が弱い。アニオン性界面活性剤のアニオン性の強さは，硫酸基＞スルホン酸基＞リン酸基＞カルボキシル基の順となる。

アニオン性の強さは，シャンプーに使用される場合，カチオン化高分子との組み合わせで生じるコンプレックスが粘度，使用感に影響を及ぼす。詳しくはシャンプーの解説で述べる。

pHの影響は，アニオン性の強さによって特長が現れ，アルキル硫酸塩，スルホン酸塩のアニオン性活性剤はpHが低い状態でも泡立ちの低下がみられず，アニオン性活性剤の性能を維持できる。リン酸塩は中性付近でアニオン性活性剤に性質を維持できる。カルボン酸塩はpHが高くなければ働かず，pHが低くなると遊離して活性剤としての性質が失われる。石鹸はpH10が洗浄力，泡立ちがよく，カルボキシル基をもつアミノ酸系アニオン性活性剤は，アミノ酸の種類により白濁するpHが異なる。アニオン性活性剤は，親水基のアニオン性が強いほど，pHが低い状態でもアニオン性活性剤の性質は失われない。

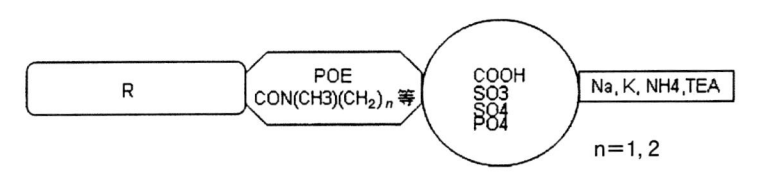

図3-1 アニオン性活性剤の基本骨格

② 親油基と特性

アニオン性活性剤の親油基は，ラウリル基を中心に，ヤシ油，パーム核油からのアルキル基が多く，ミリスチル，セチル，ステアリルを親油基にもつものは少ない。

親油基のアルキル基の長さと溶解度は，アルキル基が長くなるにつれて溶解温度が低くなることがわかる。脂肪酸ナトリウムとアルキル硫酸ナトリウムの温度と溶解度の関係を図3-2に表す。

洗浄，泡立ちを目的とするシャンプー，ボディソープ等洗浄剤では，ラウリル，ココイルが使われる。アルキル基がC12と短いため水との親和性がよく，二分子膜構造をとりやすいため，

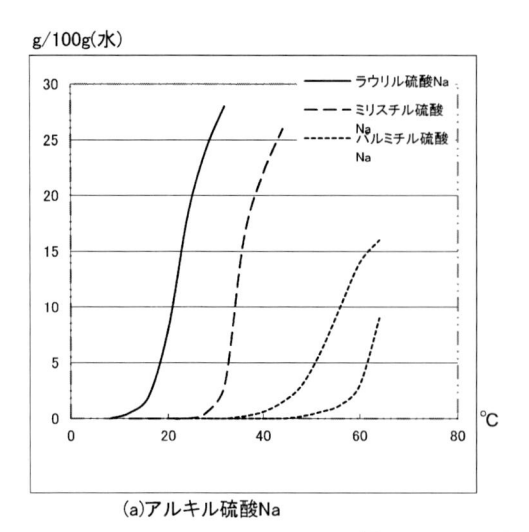

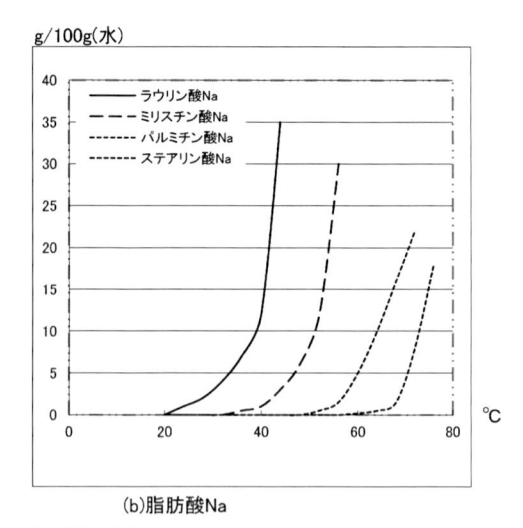

図3-2 アニオン性活性剤の溶解度
（藤本武彦，新・界面活性剤入門，三洋化成工業㈱）

泡立ちがよい。セチル基，ステアリル基は，アルキル基が長いので，C12より水との親和性が悪くなり，セタノール等の油性成分との親和性がよくなる。よって，C16のセチル，C18のステアリル基は乳化に適する。C14のミリスチル基はその中間に位置するためどちらにも使える。オレイル基は，C18のため乳化にも適しているが，中間に二重結合を有すため分子構造が直線構造ではなく，シス及びトランス構造をとるため，直鎖より立体障害が生じ，若干結晶構造をとりにくくなるが，この特性により透明液状製剤に使える。アニオン性界面活性剤のアルキル基の性質は，製剤の目的に合わせて選択する。

③ 挿入基による特性の改良

アニオン系界面活性剤の基本構造である親水基と親油基の間にポリオキシエチレンやアミノ酸，$CON(CH_3)C_2H_4$基等を挿入した構造をもたせると親水基と親油基からなるアニオン性活性剤のクラフト点を低くしたり，シャンプーの使用感を向上させることができる。欠点を改質できるのである。

たとえばポリオキシエチレン基を挿入した場合，親水性が高くなるためクラフト点を下げ，低温での析出をなくすことができ，水に対する溶解度が高くなる。窒素原子を含むアミノ酸，$CON(CH_3)C_2H_4$，$CON(H)CH_2$等を挿入すると，CONRのアミド基が加わるためやわらかさ，なめらかさが現れ，きしむ感じ，引っ掛かりが弱くなって使用感が向上する。逆にココイルメチルタウリンナトリウムは，アルキル基とスルホン酸基の中間に$CON(CH_3)C_2H_4$があり，窒素原子があるためアルキルスルホン酸ナトリウムより塩の影響を受け，低温で濁る傾向になる。

④ 対イオンと特性

対イオンの選択は，性状，溶解度，透明性等に大きく影響する。対イオンは，ナトリウム塩が多く使われているが，ほかにカリウム塩，アンモニウム塩，トリエタノールアミン塩がある。対イオンの特性は，ナトリウム塩，カリウム塩，アンモニウム塩，トリエタノールアミン塩の順にクラフト点が下がる傾向にあり，pHは低くなる傾向がある。

透明性と温度の関係については，ナトリウム塩，カリウム塩，アンモニウム塩は，低温で析出するものが多いため透明タイプの製剤には向かない。トリエタノールアミン塩は，透明製剤に適している。ラウリル硫酸塩2％水溶液の曇る温度は，ラウリル硫酸ナトリウムとラウリル硫酸アンモニウムは17℃でラウリル硫酸トリエタノールアミンでは，−5℃で透明になる。また，5℃の性状は，トリエタノノールアミン塩はもちろん透明液状であるが，ナトリウム塩は白色ゲル状であり，アンモニウム塩は，白色液状である。

⑤ 塩類の影響

食塩等の塩類の影響は，親水基の電子密度の多さに比例し，酸原子，イオウ原子をもつ硫酸基・スルホン酸基では塩析効果が弱くなり，カルボキシル基は大きく，シャンプーに食塩が多い場合に低温で濁る現象がおきる。シャンプーの性状はポリオキシエチレンラウリル硫酸ナトリウム，オレフィンスルホン酸ナトリウムは粘度が高くなり，ココイルメチルタウリンナトリウム，ココイルグルタミン酸ナトリウムは白濁し，場合によっては粘度が低下し分離する。

アニオン性活性剤の水溶液に食塩を加えた場合，ナトリウム$^+$イオンに水が吸着され，水の総量が少なくなるので増粘する（ナトリウム$^+$イオンに水が固定され，動く水の量が少なくなるからである）。ナトリウム$^+$イオンがアニオン性活性剤より水との親和性が強いため，アニオン性活性剤が水に溶けづらくなり（塩水と有機物が分離するような状態になって），塩析がおきて増粘または濁る現象が生じる。

3.1.2 アルキル硫酸塩，ポリオキシエチレンアルキル硫酸塩

アルキル硫酸塩はR−O−SO$_3$M構造をとり，ポリオキシエチレンアルキル硫酸塩は，R−O−(CH$_2$CH$_2$O)n−SO$_3$M構造である。この差異は，アルキル基と硫酸基の間にポリオキシエチレンを挿入されていることである。アルキル硫酸塩は，クラフト点が高く溶解度も低いため低温で析出沈殿を生じる。ポリオキシエチレンアルキル硫酸塩は，アルキル基と硫酸基の間にポリオキシエチレンがあることで水との親和性が向上しクラフト点が低くなり低温で沈殿を生じない。

ラウリル硫酸ナトリウム

C$_{12}$H$_{25}$-O-SO$_3$Na

ラウリル硫酸ナトリウムは，白色の粉末で，溶解度が低く，低温で析出し白濁及び沈殿を生じるため，透明シャンプーには不適である。パールシャンプーに少量配合されることがある。また，硫酸塩であるため酸アルカリ，酸化還元剤による影響を受けないという性質から，パーマネント・ウェーブ溶剤，染毛剤のアニオンクリームの乳化剤として使用されている。

ラウリル硫酸アンモニウム

$C_{12}H_{25}\text{-O-}SO_3NH_4$

ラウリル硫酸アンモニウムは，シャンプーに使われるが，アンモニアが対イオンになっているためpHを高くするとアンモニアガスを発生する。そのためpHを低くする必要がある。

ラウリル硫酸トリエタノールアミン

$C_{12}H_{25}\text{-O-}SO_3N(C_2H_4O)_3$

透明シャンプーに使用できるが，対イオンのトリエタノールアミンが着色の原因となるためあまり使われていない。

セチル硫酸ナトリウム

$C_{16}H_{33}\text{-O-}SO_3Na$

セチル硫酸ナトリウムは，ラウリル硫酸ナトリウムと比較してアルキル基が長いため，アニオンクリームの乳化剤に適している。ラウリル硫酸ナトリウムより感触は若干すべり感がよくなる。

ポリオキシエチレラウリルエーテル硫酸ナトリウム

$C_{12}H_{25}\text{-O-}(CH_2CH_2O)_nSO_3Na$

透明，パールシャンプーに多く使われているアニオン性活性剤である。アルキル硫酸塩のアルキル基と硫酸基の間にポリオキシエチレンを2～3モルを入れることで，低温安定性に優れ低温でも白濁しない。弱酸性でも起泡力，安定性に優れている。酸，アルカリ，酸化還元剤に対応できるためパーマネント・ウェーブ溶剤，染毛剤のアニオンクリームの乳化剤としても使われる。

ポリオキシエチレンラウリルエーテル硫酸アンモニウム

$C_{12}H_{25}\text{-O-}(CH_2CH_2O)_nSO_3NH_4$

ラウリル硫酸アンモニウムと併用されることがあり，pHの低いタイプの製品に適している。日本国内ではあまり使われていない。

3.1.3 PEG脂肪酸アミドMEA硫酸塩

$$R-\overset{O}{\overset{\|}{C}}-NHCH_2CH_2O(CH_2CH_2O)\text{-}SO_3Na$$

PEG-3ヤシ油脂肪酸アミドMEA硫酸ナトリウムは，アルキル基にモノエタノールアミドを結合させてポリオキシエチレン硫酸塩にした構造を持つアニオン性活性剤である。シャンプーに使った場合，泡立ちが良好でややすべり感が弱く，重い感じの使用感が得られる。

第3章　化粧品の原料

3.1.4　アルキルメチルタウリン塩

$$\text{R-}\underset{\underset{O}{\|}}{\text{C}}\text{-}\underset{\underset{CH_3}{|}}{\text{N}}\text{CH}_2\text{CH}_2\text{-SO}_3\text{Na}$$

　ラウリル硫酸ナトリウムのアルキル基とスルホン酸基の間にN(CH$_3$)CH$_2$CH$_2$のメチルタウリンを入れた構造をしており，ナトリウム塩となっている。アルキル基はヤシ油，ラウリル，ミリスチル，セチル，ステアリル，オレイルがある。シャンプーに使われるココイルメチルタウリンナトリウムの感触は，メチルタウリンが加わったことで柔らかさがあり，なめらかで適度なしっとり感があり，ラウリル硫酸塩よりよい使用感が得られる。

　セチル，ステアリル，オレイルのアルキル基のものは，クリームの乳化剤として使用する。シャンプーにはココイルメチルタウリンナトリウム，ラウリルメチルタウリンナトリウムが使われるが，低温で白濁するため，通常パール外観状である。透明シャンプーには食塩を除いたタイプを使用しないと低温で白濁沈殿を生じるためであり，ほかのアニオン性活性剤との組み合わせでpH5.5 くらいまでは透明タイプのシャンプーを作ることができる。

3.1.5　オレフィンスルホン酸塩

R-SO$_3$Na

　オレフィンスルホン酸塩は，低刺激性で泡立ちのもっともよいアニオン性活性剤である。pHの範囲も広く，温度，酸アルカリ，酸化還元性物質にも安定性が良好であり，用途はシャンプーだけでなくクリーム状製剤の乳化剤としても使用できる。また，パーマネント・ウェーブ溶剤の透明液状やクリーム状の製剤の染毛剤の乳化剤にも使用できる。シャンプーではほかのアニオン活性剤と併用するとすべり感のある良好な使用感が得られる。

3.1.6　アルキルスルホコハク酸塩

スルホコハク酸ラウリル2ナトリウム　　　　スルホコハク酸ラウレス2ナトリウム

R-COCH(SO$_3$Na)CH$_2$COONa　　　　　R-(CH$_2$CH$_2$O)$_n$COCH(SO$_3$Na)CH$_2$COONa

スルホコハク酸ジオクチルナトリウム　　　　スルホコハク酸PEG−5ラウラミド2ナトリウム

$$\underset{\underset{CH_2CH_3}{|}}{\overset{3HC(CH_2)_3}{\text{CHCH}_2}}\text{-}\overset{O}{\overset{\|}{\text{C}}}\text{-CH}_2\underset{\underset{SO_3Na}{|}}{\overset{O}{\overset{\|}{\text{CHC}}}}\text{-OCH}_2\underset{\underset{CH_2CH_3}{|}}{\overset{(CH_2)_3CH_3}{\text{CH}}}\qquad \text{C}_{11}\text{H}_{23}\overset{O}{\overset{\|}{\text{C}}}\text{-NH(CH}_2\text{CH}_2\text{O)}_n\text{-}\overset{O}{\overset{\|}{\text{C}}}\underset{\underset{SO_3Na}{|}}{\text{CHCH}_2}\overset{O}{\overset{\|}{\text{C}}}\text{-ONa}$$

　コハク酸にアルキル基が一個ないし二個の構造のスルホン酸とカルボン酸を親水基とする構造である。浸透性がよいが，ミセルを形成しにくく粘度がでにくい。泡立ちもあまりよくないが低刺激である。シャンプーに配合する場合，アルキル (C14−16) スルホン酸ナトリウムやポリオ

キシエチレンラウリルエーテル硫酸ナトリウム等と組み合わせるとすべり感のある良好な感触が得られる。

3.1.7 アルキルリン酸エステル塩

アルキルリン酸　　　　　ポリオキシエチレンアルキルリン酸

$$\text{R-O-}\overset{\overset{\displaystyle O}{\|}}{\underset{\underset{\displaystyle OH}{|}}{P}}\text{-OH} \qquad \text{R-O-(CH}_2\text{CH}_2\text{O)}_n\text{-}\overset{\overset{\displaystyle O}{\|}}{\underset{\underset{\displaystyle OH}{|}}{P}}\text{-OH}$$

　アルキルリン酸塩は，ポリオキシエチレンの挿入基をつけたもの，ジアルキルタイプもあり，アルカリで中和して配合するのが一般的であり，中和量によりアルカリから酸性の製剤を作ることができる。ボディソープ等の洗浄剤として使われるほか，クリーム製剤等の乳化剤として使われる。また，カチオン性活性剤との併用もでき，液晶乳化にも対応できる。使い方は多様である。

3.1.8 脂肪酸塩

脂肪酸ナトリウム

R-COONa

　脂肪酸ナトリウムは固体である。脂肪酸ナトリウムの化粧石鹸は，ステアリン酸，パルミチン酸，オレイン酸，ミリスチン酸，ラウリン酸が主体のナトリウム塩である。

脂肪酸カリウム

R-COOK

　液体石鹸の原料として有用である。液体の性状を安定に保つには，C12を中心とするヤシ油，パーム核油由来の油脂を使わなければならない。一部オレイン酸を添加することもできる。パルミチン酸，ステアリン酸が多く含まれてくると低温で白色沈殿を生じる。オレイン酸カリウムはペースト状となる。また，pHは10から10.5がよく，pHが低い場合は低温で沈殿が生じるとともに経時において酸化され異臭が発生する。泡立ちが良好で洗浄力が強い。

ポリオキシエチレンラウリルエーテル酢酸ナトリウム

R-O-(CH$_2$CH$_2$O)$_n$-CH$_2$-COONa

　脂肪酸塩の欠点である低温での白濁，沈殿を起こさないように，ポリオキシエチレンをアルキル基とカルボキシ基の間に入れた構造の活性剤である。シャンプー，ボディソープやクリームの乳化剤として使われている。

3.1.9 アシルアミノ酸塩

　グルタミン酸，アスパラギン酸，グリシン，アラニン，メチルアラニン，サルコシンのアミノ酸を親水基にしたアシルアミノ酸タイプのアニオン性活性剤である。アミノ酸の種類によりpH

を低くした時の白濁沈殿するpHが異なる。
脂肪酸アシル－N－グルタミン酸塩

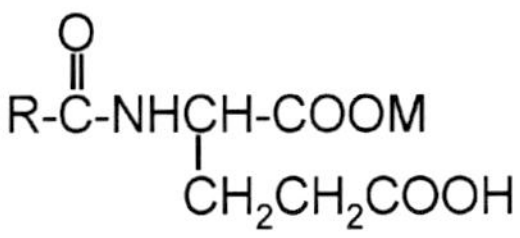

```
    O
    ‖
R-C-NHCH-COOM
       |
       CH₂CH₂COOH
```

　脂肪酸アシルグルタミン酸塩の特徴は対イオンによって性状，性質が大きく変わる。対イオンに水酸化ナトリウム，水酸化カリウムを用いた場合個体になり粉末になる。溶解度は低くなり低温で析出するため液体の透明シャンプー等の製剤が作りにくく，5℃の白濁するpHはココイルグルタミン酸トリエタノールアミンはpH5，ココイルグルタミン酸カリウムのpHは6.2，ココイルグルタミン酸ナトリウムは7.1である。

脂肪酸アシル－N－アスパラギン酸塩

```
    O
    ‖
R-C-NHCH-COOM
       |
       CH₂COOH
```

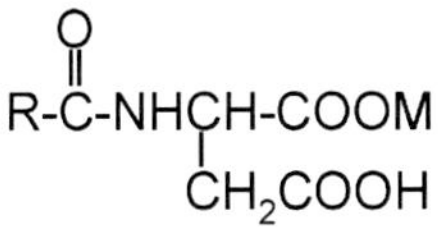

　脂肪酸アシルアスパラギン酸塩は，脂肪酸アシルグルタミン酸塩より炭素数が1個少ないため脂肪酸の影響が高くなりグルタミン酸より低温で濁りやすい。シャンプーの使用感は若干軽い感じである。5℃の白濁するpHは，ココイルアスパラギン酸ナトリムは6.6，ココイルアスパラギン酸トリエタノールアミンは6.7である。

脂肪酸アシル－N－グリシン塩

```
    O
    ‖
R-C-NH-CH₂-COOM
```

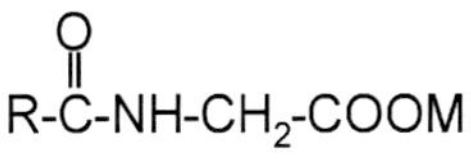

　脂肪酸アシルグリシン塩の構造は，親水基がグリシンであり，グリシンは，アラニンより炭素数が1少ないため脂肪酸塩の性質に似てきて，低温での白濁するpHは比較的高く，ココイルグリシンナトリウムは約pH8.2である。使用感も若干軽い感じである。

脂肪酸アシル－N－アラニン塩

```
    O    CH₃
    ‖    |
R-C-NH-CH-COOM
```

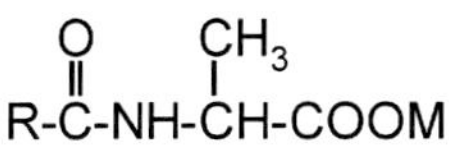

　脂肪酸アシルアラニン塩の構造は，脂肪酸アシルアメチルラニン塩からメチル基を取った構造で，低温での白濁するpHはメチルアラニン系とグリシン系の間にある。使用感も若干軽い感じである。

脂肪酸アシル－N－メチルアラニン塩

$$\text{R-}\underset{\text{O}}{\overset{\|}{\text{C}}}\text{-N(CH}_3\text{)CH}_2\text{CH}_2\text{-COONa}$$

　脂肪酸アシルメチルアラニン塩の構造は，アルキルメチルタウリン塩のスルホン酸塩をカルボキシル基に変えたものである。低温での白濁するpHはラウロイルメチルアラニンナトリウムは，6.7であり，ラウロイルメチルアラニンナトリウム，ココイルメチルアラニンナトリウムは，透明シャンプーに対応でき，ほかのスルホン酸塩，硫酸塩のアニオン性活性剤と併用する場合はpH6以下でも対応できる。ココイルメチルアラニンナトリウムの感触は，ココイルメチルタウリンナトリウムよりしっとり感が強く現れ，ココイルグルタミン酸TEAよりも軽いなめらかな感じであり，残留感もあり，しっとり感のあるあまり重くないタイプとなる。

脂肪酸アシル－N－サルコシン塩

$$\text{R-}\underset{\text{O}}{\overset{\|}{\text{C}}}\text{-N(CH}_3\text{)CH}_2\text{COOM}$$

　脂肪酸アシルサルコシン塩は，図の構造でアルキルメチルアラニン塩のタウリンより炭素が1個少ないカルボン酸であり，低温での白濁するpHは，ココイルサルコシンナトリウムは6.1である。使用感は，ココイルメチルアラニンナトリウムより多少しっとり感が弱くなる。

3.1.10　アルキル乳酸塩

$$\text{R-}\underset{\text{O}}{\overset{\|}{\text{C}}}\text{-O-CH(CH}_3\text{)-}\underset{\text{O}}{\overset{\|}{\text{C}}}\text{-O-CH(CH}_3\text{)-}\underset{\text{O}}{\overset{\|}{\text{C}}}\text{-O-Na}$$

　乳酸を親水基にしたアニオン性活性剤で，親油基がステアリル，イソステアリルのためシャンプー等の洗浄剤には使用しにくい。クリームなどの乳化剤に適している。安全性が高く食品添加物に該当する。

3.1.11　アルキルイセチオン酸塩

$$\text{R-}\underset{\text{O}}{\overset{\|}{\text{C}}}\text{-O-CH}_2\text{CH}_2\text{-SO}_3\text{M}$$

　脂肪酸エチルエステルスルホン酸塩の構造をとるアニオン性活性剤である。エステル結合を有し，アルカリ性剤には加水分解を起こすため使用できない。使用感は，脂肪酸エチルエステルがあるため脂肪酸塩より若干よい。さっぱりした感じと軽い感じが求められるシャンプーに適している。

3.2　カチオン性界面活性剤

　カチオン性活性剤は，ヘアトリートメント等の洗い流すタイプの化粧品や，洗い流さない仕上

げ用頭髪用化粧品に使用されることが多い。医薬部外品の染毛剤やパーマネント・ウェーブ剤にも使われている。カチオン性活性剤は，乳化剤としての働きのほかに柔軟性，帯電防止，殺菌作用があり，皮膚，頭髪に感触のよいなめらかさを与えるなど，ほかの化粧品成分にみられない特性をもっている。頭髪用化粧品に使用されることが多い理由は，毛髪を作るタンパク質のアミノ酸組成が塩基性アミノ酸よりグルタミン酸，アスパラギン酸を多く含みアニオン性の性質を示すためだと推測される。カチオン性活性剤とコンプレックスを形成して使用感が向上するとされている。

　カチオン性界面活性剤は，アンモニウムイオンの4水素原子をアルキル基に変えた4級アンモニウム塩とアミンにアルキル基をつけたカチオン性の3級アミンがある。4級アンモニウム塩は水素原子の1個をC12，C16，C18，C22のアルキル基に変え，残りの3個をメチル基に変え，対イオンに塩素を持ってくると一番多く使われているモノアルキルタイプのカチオン性界面活性剤となる。3級アミンは，アミンであり対イオンを持たず，酸を中和剤として活性剤に変える。

4級アンモニウム塩　　　　　　3級アミン

$$R_1-\underset{R_3}{\overset{R_2}{N^+}}-R_4 \quad X^- \qquad\qquad R-N\underset{CH_3}{\overset{CH_3}{\diagdown}}$$

3.2.1　4級カチオン性活性剤のアルキル基と対イオンの特性

　カチオン性活性剤はモノアルキルタイプとジアルキルタイプがある。モノアルキルタイプは乳化剤として有用であり，アルキル基の長さによって使用目的が異なる。C12は乳化には適さず透明製剤向きである。乳化力はC16，C18が高い。C22は乳化力が弱く単独では乳化ができないが，ノニオン性活性剤を加えることで乳化が可能となる。アルキル基2個のジアルキルタイプは，ジココイル，ジC12～C18，ジセチル，ジステアリルがあるが，乳化力は弱く単独での乳化はできない。モノアルキルタイプと併用してクリームに使用できる。対イオンは塩素，臭素，メトサルフェート，サッカリネート等があり，乳化力は塩素が一番適し，臭素はやや乳化力が劣る。メトサルフェートは安全性が高いといわれているが乳化力はやや弱い。

　使用感はアルキル基が長くなるにしたがってしっとり感が強くなりなめらかな感触が得られ，残留感が強くなる。アルキル基が長くなると疎水性の傾向になるため感触がよくなると考えられる。また，モノアルキルタイプとジアルキルタイプを併用して種々の組み合わせが可能なので使用感に変化がつけられる。

3.2.2 モノアルキルタイプ

$$\left[\begin{array}{c} \text{CH}_3 \\ | \\ \text{R-N-CH}_3 \\ | \\ \text{CH}_3 \end{array} \right]^+ \text{Cl}^-$$

塩化ラウリルトリメチルアンモニウム
　アルキル基がC12と短いことから乳化剤としては適していない。低温での析出が起こらないので，可溶化剤として透明な系を作る場合に便利である。塩化セチルトリメチルアンモニウムの可溶化剤としても有効で，液状の頭髪用化粧品に応用できる。また，泡立ちが良好なためフォーム状化粧品にも使用できる。

塩化セチルトリメチルアンモニウム
　アルキル基が，C16のセチルであることから乳化力の強い活性剤である。アルキル基の大きな塩化ベヘニルトリメチルアンモニウム，ベヘリルトリモニウムメトサルフェートに加えて乳化力を向上させることができる。感触は軽い感じになり，おもに洗い流すタイプの頭髪用化粧品に適している。透明液状製剤を作る場合，塩化ラウリルトリメチルアンモニムと組み合わせて低温で白濁沈殿を生じない製剤を作ることができる。

塩化ステアリルトリメチルアンモニウム
　アルキル基が，C18のステアリルであり乳化剤としてもっとも有用である。洗い流すタイプ，洗い流さないタイプ両者ともに一番多く使われているカチオン性活性剤である。塩化ステアリルトリメチルアンモニウムは，乳化力が強く，トリートメントクリームの乳化剤に適している。感触は，しっとり感とさらさら感のバランスがとれ，なめらかな使用感となる。

塩化ベヘニルトリメチルアンモニウム
　C22のベヘニル基であるため，乳化力が弱く，単独でカチオンクリームを作ることができない。塩化セチルトリメチルアンモニウム，塩化ステアリルトリメチルアンモニウムのカチオン性活性剤やノニオン性活性剤との併用が不可欠である。
　アルキル鎖がC22と大きく，疎水性が高くなっているため，毛髪に残留しやすいので，プロフェッショナル用の洗い流すヘアトリートメントに多く使われている。感触はやわらかくなめらかである。洗い流さないヘアケア化粧品では重い感じとなり，向かない。

臭化セチルトリメチルアンモニウム

$$\left[\begin{array}{c} \text{CH}_3 \\ | \\ \text{R-N-CH}_3 \\ | \\ \text{CH}_3 \end{array} \right]^+ \text{Br}^-$$

　塩化セチルトリメチルアンモニウムの対イオンを臭素に変えたタイプである。感触は似ているが若干乳化力が弱い。洗い流すヘアリンスに使われる。

第3章　化粧品の原料

臭化ステアリルトリメチルアンモニウム

　塩化ステアリルトリメチルアンモニウムの対イオンを臭素に変えたタイプである。感触は塩化ステアリルトリメチルアンモニウムよりもなめらかさとやわらかさが格段によいためプロフェッショナル用ヘアトリートメントに使われる。

塩化ジポリオキシエチレンオレイルメチルアンモニウム

$$\left[\begin{array}{c}(CH_2CH_2O)_y\\R-N-CH_3\\(CH_2CH_2O)_y\end{array}\right]^+ Cl^- \quad R:オレイル$$

　オレイル基にポリオキシエチレンの構造があるため低温での安定性がよく，透明液状の頭髪用化粧にも使われる。クリームにするためには塩化ステアリルトリメチルアンモニウムと併用する。感触はオレイル基であることからしっとり感が強く感じられる。洗い流さないタイプでは重くなるため，洗い流すタイプに適している。

塩化ポリオキシエチレンベヘニルリルメチルアンモニウム

$$\left[\begin{array}{c}\quad\quad\quad\quad\quad CH_3\\R-O-CH_2CHCH_2-N-CH_3\\\quad\quad\quad\|\quad\quad\quad CH_3\\\quad\quad\quad O\end{array}\right]^+ Cl^-$$

　塩化ベヘニルトリメチルアンモニウムの欠点である乳化力を向上させたカチオン性活性剤である。やわらかさ，なめらかさが良好である。しかし，ポリオキシエチレンを有するため若干軽さを感じる。

メチル硫酸ベヘニルトリメチルアンモニウム

$$\left[\begin{array}{c}CH_3\\R-N-CH_3\\CH_3\end{array}\right]^+ CH_3OSO_3^-$$

　塩化ベヘニルトリメチルアンモニウムより乳化力がやや弱い。ラノリン系の油性分から誘導されるため，よい感触がえられる。

塩化ステアリルヒドロキシプロピルトリメチルアンモニウム

$$\left[\begin{array}{c}\quad\quad\quad\quad CH_3\\R-O-(CH_2)_3-N-CH_3\\\quad\quad\quad\quad CH_3\end{array}\right]^+ Cl^-$$

　ステアリン酸アミドにヒドロキシプロピルを加え，トリメチルアンモニウムにした構造である。ヘアトリートメントクリームの乳化剤として使われる。塩化ステアリルトリメチルアンモニ

ウムより若干軽めの使用感が得られる。
セトリモニウムサッカリン

$$\left[\begin{array}{c}CH_3\\|\\R-N-CH_3\\|\\CH_3\end{array}\right]^+ \left[\begin{array}{c}\text{(サッカリンアニオン)}\end{array}\right]^-$$

　対イオンをサッカリンにしたタイプである。乳化，クリーム製剤には適さず，液状製剤に適する。透明粘性液が作れる。しかし，食塩により低温で白濁する。感触は，サッパリしたスベリ感である。

3.2.3　ジアルキルタイプ
塩化ジココイルジメチルアンモニウム

$$\left[\begin{array}{c}CH_3\\|\\R-N-R\\|\\CH_3\end{array}\right]^+ Cl^-$$

　ジアルキルタイプのカチオン性活性剤は単独で乳化剤として使われることはないが，モノアルキルタイプと併用して非常によい感触が得られる。塩化ジココイルジメチルアンモニウムはすべり感の強い感触が得られ，モノアルキルカチオンタイプのアルキル基の長さに比例してしっとり感が強くなる傾向がみられる。乳化に関しては配合量が多くなってくるとクリームの粘度が低くなる。ラウリル基であるが，ジアルキルのため，低温で白濁するので透明製剤には使用できない。

塩化ジアルキル（C12−18）ジメチルアンモニウム
　塩化ジココイルジメチルアンモニウムとほぼ同じ性質である。

塩化ジセチルジメチルアンモニウム
　ジセチルであるため単独でクリーム製剤の乳化剤として使うことはできない。塩化ステアリルトリメチルアンモニウム，塩化ベヘニルトリメチルアンモニウムと組み合わせて使うとなめらかさとやわらかさが強く，残留感，コーティング感の良好なヘアトリートメントができあがる。

塩化ジステアリルジメチルアンモニウム
　モノアルキルタイプのカチオン性活性剤と組み合わせることで，なめらかで残留感の強い感触が得られるが，配合量が多くなるとすべり感が劣ることがある。ジアルキルタイプのカチオン性活性剤の感触は，ジココイル，ジセチル，ジステアリルと基が長くなるにつれて，残留感が強くなり，すべり感が弱くなる。

3.2.4 その他の4級アンモニウム塩

エチル硫酸ラノリン脂肪酸アミノプロピルジメチルアンモニウム

$$\left[\begin{array}{c} \text{O} \quad\quad\quad \text{CH}_3 \\ \| \quad\quad\quad\quad | \\ \text{R-CO-NH(CH}_2)_3\text{-N-CH}_3 \\ | \\ \text{CH}_2\text{CH}_3 \end{array} \right]^+ \text{CH}_3\text{CH}_2\text{OSO}_3^-$$

クリーム，透明液状どちらにも使えるが，単独では使用しにくい。感触は水で濡らしたようなしっとり感を出すのに適している

メチル硫酸ジココイルエチルヒドロキシエチルアンモニウム

$$\left[\begin{array}{c} \text{O} \quad\quad\quad \text{CH}_2\text{CH}_2\text{OH} \quad\quad\quad \text{O} \\ \| \quad\quad\quad\quad | \quad\quad\quad\quad\quad\quad \| \\ \text{R-C-OCH}_2\text{CH}_2\text{-N-CH}_2\text{CH}_2\text{-O-C-R} \\ | \\ \text{CH}_3 \end{array} \right]^+ \text{CH}_3\text{OSO}_3^-$$

塩化ジココイルジメチルアンモニウムに似ているが，それよりやや軽い感触になる。単独では乳化ができないので，ほかのカチオン性活性剤と併用する。透明な製剤には低温で沈殿を生じる。

ヤシ油アルキル PG ジモニウムクロリドリン酸

$$\left[\begin{array}{c} \text{CH}_3 \quad\quad\quad\quad \text{O} \\ | \quad\quad\quad\quad\quad\quad \| \\ \text{R-N-CH}_2\text{CH-CH}_2\text{O-P-ONa} \\ | \quad\quad\quad | \quad\quad\quad\quad | \\ \text{CH}_3 \quad \text{OH} \quad\quad \text{OH} \end{array} \right]^+ \text{Cl}^-$$

ヤシ油脂肪酸にプロピレングリコールを付け，リン酸ナトリウムをカチオンとする構造である。安全性が非常に高いカチオン性活性剤で抗菌性もある。シャンプーやリンスインシャンプーに配合でき，使用感は，塩化ステアリルトリメチルアンモニウム，塩化セチルトリメチルアンモニウムより残留感，吸着感がなくなめらかな感触が得られる。

リノール酸アミドプロピル PG ジモニウムクロリドリン酸

$$\left[\begin{array}{c} \text{O} \quad\quad\quad \text{CH}_3 \quad\quad\quad\quad\quad\quad\text{O} \\ \| \quad\quad\quad\quad | \quad\quad\quad\quad\quad\quad\quad\| \\ \text{R-C-NH(CH}_2)_3\text{-N-CH}_2\text{CHCH}_2\text{O-P} \\ | \quad\quad\quad | \\ \text{CH}_3 \quad \text{OH} \end{array} \right]^+ 3\text{Cl}^-$$

リノール酸，リノレン酸のアミドプロピルをカチオン化してプロピレングリコールをつけた構造である。安全性が高いカチオン性活性剤である。リンスインシャンプーに使用できる。使用感は軽いすべり感が得られる。ヘアリンスに使用するには，モノアルキルタイプの塩化ステアリルトリメチルアンモニウム等と併用すると軽い感じではあるが，柔軟感のある感触となる。

クオタニウム―91

$$\left[\begin{array}{c} \text{CH}_3(\text{CH}_2)_{21} \end{array} \underset{\text{CH}_3}{\overset{\text{N}}{\underset{\text{N}}{\bigvee}}} \text{-CH}_2\text{CH}_2\underset{\text{H}}{\text{N}}-\overset{\text{O}}{\underset{}{\text{C}}}(\text{CH}_2)_{20}\text{CH}_3 \right] \text{CH}_3\text{OSO}_3$$

ベヘニル基とベヘニルアミドの2個のアルキル基を有するイミダゾリン構造のメトサルフェートである。頭髪用化粧品，ヘアリンスのクリーム用乳化剤として使われる。

3.2.5　3級アミン

3級アミンはアルキルジアミンタイプと，アミド基をアルキル基とジアミンの間に挿入したアルキルアミドジアミンタイプがあり，ポリオキシエチレンが付加されたアミンのタイプがある。酸で中和され活性剤となる。中和に用いる酸は乳酸，クエン酸，リン酸，グルタミン酸，ステアリン酸といった各種の酸を使うことができ，酸により異なる使用感が得られる。また，中和に要する酸の量でpH調整ができ，pHの高低によりクリームの粘度と使用感が違ってくる。3級アミンは中和されない場合，極性の高いカチオン的な油性成分なので，残り感のあるリンスには使用できるが，pH6以下がのぞましい。ヘアリンスにはステアリルジアミン，ベヘニルジアミン，ステアラミドプロピルジメチルアミン，ベヘナミドプロピルジメチルアミンが適している。使用感は4級アンモニウム塩と比較すると劣るが，併用するとよい使用感が得られる。

アルキルアミドアミン型

ステアラミドプロピルジメチルアミン　　　　　ベヘナミドプロピルジメチルアミン

$$\text{CH}_3(\text{CH}_2)_{16}\overset{\text{O}}{\underset{}{\text{C}}}-\text{NH}(\text{CH}_2)_3\text{N}\underset{\text{CH}_3}{\overset{\text{CH}_3}{\diagup}}$$
$$\text{CH}_3(\text{CH}_2)_{20}\overset{\text{O}}{\underset{}{\text{C}}}-\text{NH}(\text{CH}_2)_3\text{N}\underset{\text{CH}_3}{\overset{\text{CH}_3}{\diagup}}$$

アルキルアミン型

ジメチルステアラミン　　　　　　　　　　　ベヘニルジメチルアミン

$$\text{CH}_3(\text{CH}_2)_{17}\text{N}\underset{\text{CH}_3}{\overset{\text{CH}_3}{\diagup}}$$
$$\text{CH}_3(\text{CH}_2)_{21}\text{N}\underset{\text{CH}_3}{\overset{\text{CH}_3}{\diagup}}$$

POE ヤシ油アルキルアミン　　　　　　　　　POE オレイルアミン

$$\text{CH}_3(\text{CH}_2)_{11}\text{N}\underset{(\text{CH}_2\text{CH}_2\text{O})_n\text{H}}{\overset{(\text{CH}_2\text{CH}_2\text{O})_n\text{H}}{\diagup}}$$
$$\text{CH}_3(\text{CH}_2)_7=\text{CH}(\text{CH}_2)_8\text{N}\underset{(\text{CH}_2\text{CH}_2\text{O})_n\text{H}}{\overset{(\text{CH}_2\text{CH}_2\text{O})_n\text{H}}{\diagup}}$$

第3章　化粧品の原料

POE ステアリルアミン

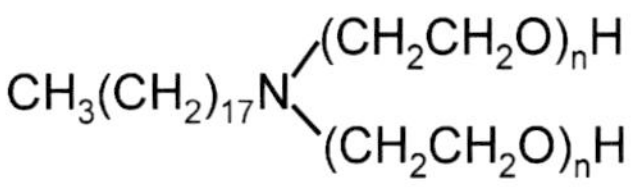

$$CH_3(CH_2)_{17}N\begin{matrix}(CH_2CH_2O)_nH\\(CH_2CH_2O)_nH\end{matrix}$$

3.3　両性活性剤[4]

両性活性剤はアミノ酸を基本骨格とする構造である。両性活性剤のアルキル基は，C12を中心としたものが多く，シャンプー，ボディソープに使用されることが多く，洗浄剤，起泡剤，感触向上，刺激緩和剤となる。使用感は窒素原子を含むアミノ酸構造を有するが単独ではアニオン性活性剤とあまり変わらず，アニオン性活性剤とカチオン化高分子との組み合わせにより感触が向上する。

3.3.1　アルキルベタイン型

アルキル基とアミノ酢酸を親水基にした構造で一番単純な両性活性剤である。他の界面活性剤と相溶性が良好であり，硬水中及び幅広いpH領域で安定性である。

ラウリルジメチルアミノ酢酸ベタイン，ヤシ油ジメチルアミノ酢酸ベタイン

$$R-\overset{CH_3}{\underset{CH_3}{N^+}}-CH_2COO^-$$

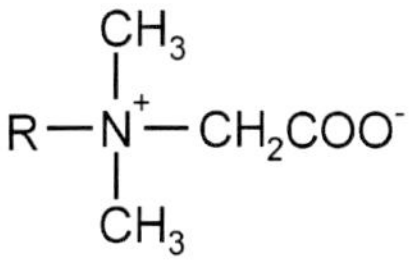

シャンプーに用いた場合，泡立ちがよく軽い使用感になる。

ミリスチルベタイン

ラウリルジメチルアミノ酢酸ベタインとほとんど同じ性質であると考えられるが，ほとんど使われていない。

ステアリルベタイン

ステアリル基のためクリーム状の洗顔料等に適している。

3.3.2　アミドベタイン型

ラウリン酸アミドプロピルベタイン，ヤシ油脂肪酸アミドプロピルベタイン

$$R-\overset{O}{\overset{\|}{C}}-\overset{H}{\underset{}{N}}-(CH_2)_3-\overset{CH_3}{\underset{CH_3}{N^+}}-CH_2COO^-$$

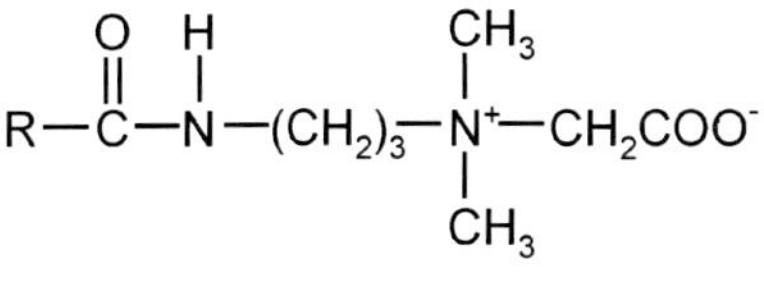

ヤシ油脂肪酸またはラウリン酸アミドプロピルベタインは，シャンプーに一番多く使われている両性活性剤である。ほかの界面活性剤と相溶性が良好であり，硬水中及び幅広いpH領域で安定性がある。アニオン性活性剤，カチオン化高分子との組み合わせですべり感のあるよい使用感が得られる。

3.3.3 カルボキシベタイン型
ヒドロキシアルキル（C12－14）ヒドロキシエチルサルコシン

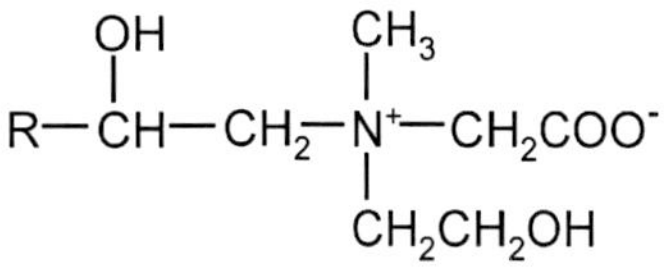

$$\text{R-CH(OH)-CH}_2\text{-N}^+(\text{CH}_3)(\text{CH}_2\text{CH}_2\text{OH})\text{-CH}_2\text{COO}^-$$

ほかの両性活性剤に比べさっぱりした感触を有することからボディシャンプーにも適する。

3.3.4 アミドスルホベタイン型
ラウリン酸アミドプロピルヒドロキシスルホベタイン

$$\text{CH}_3(\text{CH}_2)_{10}\text{-C(=O)-N(H)-(CH}_2)_3\text{-N}^+(\text{CH}_3)_2\text{-CH}_2\text{-CH(OH)-CH}_2\text{SO}_3^-$$

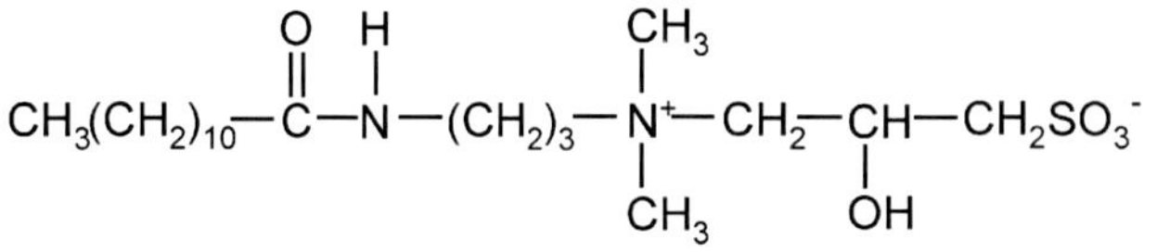

ラウリルヒドロキシスルホベタイン

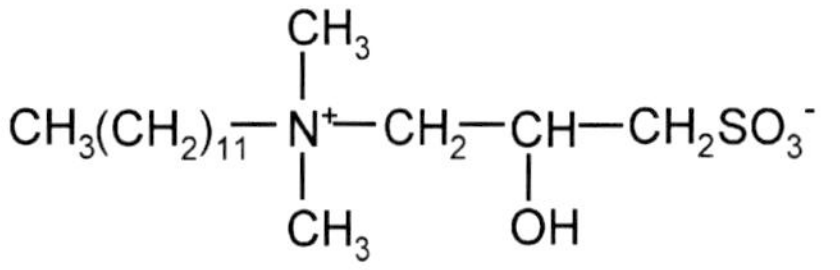

$$\text{CH}_3(\text{CH}_2)_{11}\text{-N}^+(\text{CH}_3)_2\text{-CH}_2\text{-CH(OH)-CH}_2\text{SO}_3^-$$

アミドスルホベタイン型ですべり感を向上させる場合に使うとよい。シャンプーに軽い感触を得たい場合に配合し，泡立ちも良好である。

3.3.5 イミダゾリニウムベタイン型
ココアンホジ酢酸ナトリウム

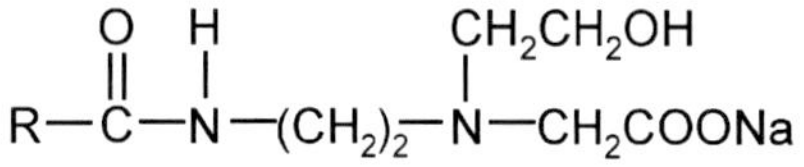

$$\text{R-C(=O)-N(H)-(CH}_2)_2\text{-N(CH}_2\text{CH}_2\text{OH})\text{-CH}_2\text{COONa}$$

ココアンホジ酢酸2ナトリウム

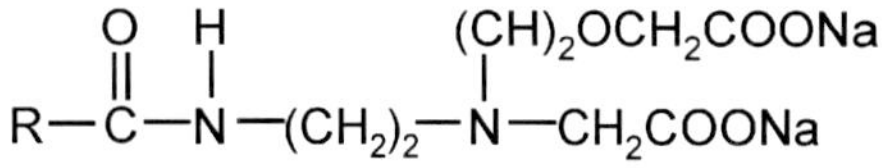

$$\text{R-C(=O)-N(H)-(CH}_2)_2\text{-N((CH)}_2\text{OCH}_2\text{COONa)-CH}_2\text{COONa}$$

イミダゾリニウムベタイン型の両性活性剤で，頭髪化粧品類の刺激を緩和したいときに加えるとよい。シャンプーに配合した時の使用感はアミドベタイン型のヤシ油脂肪酸アミドプロピルベタインよりすべり感は劣り，しっとりした感じになりやすく，残り感を出したいときに配合するとよい。ポリオキシエチレンラウリル硫酸ナトリウムとの組み合わせでは粘度が高くなる傾向が

3.3.6 プロピオン酸型

ラウラミノプロピオン酸ナトリウム

CH₃(CH₂)₁₁NH(CH₂)₂COONa

　イミダゾリニウムベタイン型と似た構造を有するが，ヒドロキシエチル基をもたないアニオン部分がプロピオン酸ナトリウムになっている構造である。シャンプーではイミダゾリニウムベタイン型より軽い感触になり，泡立ちは良好である。

3.3.7 アミンオキシド型

　アミンオキシド型の両性活性剤は，シャンプーに起泡剤，増粘剤として使われる。シャンプーに用いた時の感触は，単独で用いるよりアミドベタイン型と併用するとすべり感のさらなる向上がみられる。

ラウリルジメチルアミンオキシド

$$R-N(CH_3)(CH_3) \rightarrow O$$

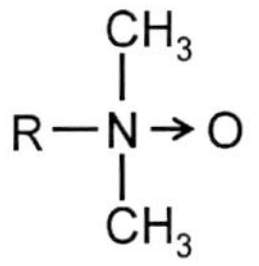

　シャンプーに使われ，カチオン的な両性活性で使用感もよく，増粘剤の助剤としても配合できる。透明タイプシャンプーには経時の沈殿，着色の確認を要する。

ラウリン酸アミドプロピルジメチルアミンオキシド

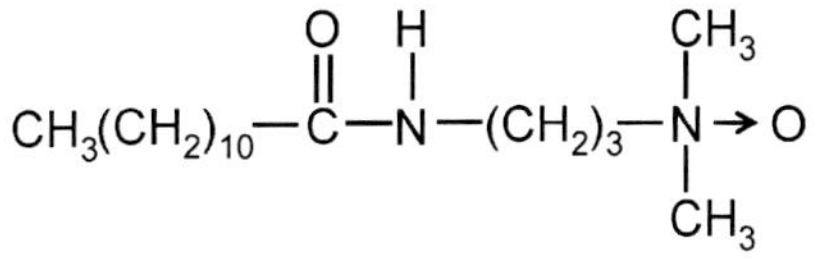

$$CH_3(CH_2)_{10}-C(=O)-N(H)-(CH_2)_3-N(CH_3)(CH_3) \rightarrow O$$

　ラウリルジメチルアミンオキシドのアルキル基とアミンオキシサイドの間にアミドプロピル基を導入した構造である。シャンプーに配合すると良好な使用感が得られる。

3.3.8 アミノ酸型

N－[3－アルキル(12,14)オキシ－2－ヒドロキシプロピル]－L－アルギニン塩酸塩[5]

　頭髪用化粧品，ヘアリンスのクリームの乳化剤として使用でき，カチオン性活性剤と組み合わせて残留感のある感触が得られる。

3.4 ノニオン性界面活性剤

　ノニオン性活性剤の構造は，親油基は，C12からC18までの炭素数がおもに乳化剤として使われるが，炭素数の小さいものにも固有の使い方がある。親水基はグリセリン，ポリエチレングリコールが一般に多く用いられ，ソルビタン，ソルビトール，ペンタエリスリット，グルコース，

グルコシド，ショ糖，エタノールアミン，ジエタノールアミン等も使われる。また，グリセリン，ポリエチレングリコール，ポリプロピレングリコール等の複数の種類を組み合わせた形のものも多数作られている。親油基と親水基の結合部はエステル結合またはエーテル結合である。

3.4.1 ノニオン性界面活性剤の構造と曇点

界面活性剤の性質と特長について，特にポリエチレングリコールを親水基とするノニオン性活性剤は，温度変化により見かけ上のHLBが変化することに注意を払わなければならない。ポリオキシエチレングリコール系非イオン性界面活性剤の水溶液を加熱し温度を上昇させると急に白濁する。ポリエチレングリコール鎖は温度の影響で高温になると鎖が伸び，酸素原子の距離が長くなり，電子密度が低下し，水分子との結合が外れていくため，水に溶けなくなり，その結果，親水性を失い油の性質を示すようになる。この時の温度がポリオキシエチレングリコール系非イオン性界面活性剤の曇点（温度変化により相分離が起き，不透明になる温度）である。曇点以下の温度で水に溶解し，曇点以上の温度で水に溶解しない性質を示している。この性質は可逆でもある。PEGが高モル（PEG鎖が長い）のほうが曇点は高く，低モルのほうが低くなる。PEG鎖が非イオン活性剤のみを使用したエマルジョンの安定性は，温度変化による影響が大きくなる。

また，塩の影響を受け，見かけ上の曇点が低くなる。ポリオキシエチレン鎖と塩類の水に対する親和性は塩の方が強く，共存においてポリオキシエチレン鎖は水分子との親和性が弱いため疎水性になると考えられる。

3.4.2 アルキル基の長さと粘度

ノニオン性界面活性剤のアルキル基の長さは，製剤の性状に影響をおよぼす。アルキル基の長さが製剤の粘度に及ぼす影響は，C12からC18の順に長くなるにつれ粘度も高くなる。ただし，オレイルはC18であるが粘度は低くなる。

乳化に適するものはC16のセチル，C18のステアリルである。しかし，C12のラウリルも，粘度を低く抑えることができ，また可溶化に向いている。製剤の粘度，稠度は，これらアルキル基の組み合わせで調整できる。

3.4.3 モノグリセリン脂肪酸エステル型

ステアリン酸とグリセリンのモノエステルでHLBが低い。ほかのノニオン性活性剤と組み合わせ，乳化剤としてスキンクリーム等に使われるだけでなく，油性成分としての用途もあり，モノステアリン酸グリセリルがおもに使われている。

3.4.4 ポリグリセリン脂肪酸エステル型

ポリグリセリンを親水基とするエステル型のノニオン性活性剤で，耐酸化に強く，ポリオキシエチレンタイプでないため耐温度性にも優れ安定したクリームを作ることができる。アルキルの種類は，モノ，ジ，トリ，ペンタ等の複数あり，ポリグリセリンのモル数も多い。乳化剤として使われ，HLBの高いものは可溶化剤としても有用である。

3.4.5 ソルビタン及びポリオキシエチレンソルビタン型

ポリオキシエチレンソルビタン脂肪酸エステルとソルビタン脂肪酸エステルを組み合わせて使

う，クリームを作るのに適した乳化剤である。ソルビタン脂肪酸エステル HLB の低いタイプで，ポリオキシエチレンソルビタン脂肪酸エステルと組み合わせて使用される。活性剤のアルキル基を変えることで油性成分を変えないでクリームの粘度調整ができる。たとえば，ステアリン酸ソルビタンとポリオキシエチレンステアリン酸ソルビタンで乳化したクリームの粘度を下げたい場合は，親水性の高いポリオキシエチレンステアリン酸ソルビタンの一部をポリオキシエチレンオレイン酸ソルビタンに変えることで可能になる。粘度調整方法についてはクリームの項で後で述べる

3.4.6　テトラオレイン酸ポリオキシエチレンソルビット型

極性の低い流動パラフィンや極性の高い植物油脂等の乳化，分散にそれぞれ 40 モル，60 モルが使用されている。乳化力が強いため，粘度のあるクリーム等の乳化剤には適さず，油性成分を多く含む液状製剤に適する。また，水を含まない液状の透明クレンジングオイル，油性成分を白濁させるオイルタイプの入浴剤等に適している。

3.4.7　ポリオキシエチレン硬化ヒマシ油型

モル数が高い 60，40 モルは可溶化剤として使われている。使用感はポリオキシエチレン硬化ヒマシ油自体の感触は表に出にくいので化粧水などの液状製剤の可溶化剤に適する。モル数が小さいものは保湿剤，親水性の油剤として使うこともできる。ほかのノニオン性活性剤との組み合わせで乳化剤として用いられるが，ポリオキシエチレン硬化ヒマシ油のみの HLB の組み合わせで乳化剤として使われることはほとんどみられない。

3.4.8　PCA イソステアリン酸ポリオキシエチレン硬化ヒマシ油型

ポリオキシエチレン硬化ヒマシ油の一個の PEG 鎖にピロリドンを付加し，一方の PEG 鎖にイソステアリン酸をエステル結合させたノニオン活性剤である。ポリオキシエチレン硬化ヒマシ油と同様な使い方となる。

3.4.9　ポリオキシエチレン脂肪酸型

おもにポリオキシエチレンステアリン酸がクリームの乳化剤として使われる。油性成分のHLB に左右されにくく，ポリオキシエチレン（40E.O.）ステアリン酸をおもな乳化剤として，低 HLB のポリオキシエチレンステアリン酸と組み合わせればキメの細かいクリームを作ることができ，油性成分の極性の高低による HLB 調整の詳細な調整は必要なく最適 HLB の幅は広い。また，ソルビタン系非イオン活性剤より少ない量の活性剤で乳化ができる。アルキル基を変えることで粘度調整もできる。

3.4.10　ポリオキシエチレン脂肪酸グリセリル型

モノ脂肪酸グリセリルにポリオキシエチレンをエーテル結合したタイプとグリセリンにポリオキシエチレン脂肪酸エステルを 1，2，3 個エーテル結合させた構造でラウリル，ステアリル，オレイル，イソステアリル基がある。HLB が低いものは油性成分に加え，使用感の改質やほかのHLB の高いノニオン性活性剤と組み合わせて化粧水等のビタミン E やスクワラン，香料等の油性成分の可溶化，粉体成分の分散に使われる。クレンジングオイル等の油性成分の配合量が多い

製剤の乳化剤，可溶化剤として優れている。

3.4.11　ポリオキシエチレンアルキルエーテル型

親水基と親油基がエーテル結合で結ばれているため，酸，アルカリ等で分解されにくく，酸化還元剤に対応できる活性剤である。パーマネント・ウェーブ用剤，染毛剤に良く使われる。アルキル基とPEGモル数の種類が多く便利な活性剤である。ポリオキシエチレン（20E.O.）セチルエーテルを中心にこれより高低なHLBのポリオキシエチレンセチルエーテルと組み合わせてクリームを作ることができる。アルキル基の種類をポリオキシエチレンオレイルエーテル，ポリオキシエチレンイソステアリルエーテルとポリオキシエチレンセチルエーテルの組み合わせで乳化物の粘度調整が容易にできる。また，アルキル基の長さの短いポリオキシエチレンラウリルエーテルを一部配合することとHLBを少し上げることで塩類の多い処方にも対応できる。ポリオキシエチレンステアリルエーテル，ポリオキシエチレンベヘニルエーテルはクリームの粘度を高くしたい場合やクリーム粘性状態を変えたいときに少量配合することで変化をつけられる。

3.4.12　ポリオキシエチレン・ポリオキシプロピレンアルキルエーテル型

ポリオキシプロピレンを分子内にもつため油性成分の可溶化，分散，乳化に使うことができる。ブチル，ラウリル，セチル，ステアリルエーテル等がある。この活性剤のみでの乳化はしにくく，ほかのポリオキシエレンアルキルエーテル等と併用するとよい。また，カチオン性活性剤と併用で油性成分を可溶化して透明製剤も作れる。HLBが低くアルキル基の短いものは，油性成分の溶剤として使え，水含有しない油性成分の溶剤，HLBの高いノニオン性活性剤と組み合わせ透明液状の水含有量の少ない製剤にも対応できる。

3.4.13　ポリオキシエチレン・ポリオキシプロピレンブロックポリマー型

ポロキサマーn，PEG/PPG-n/mコポリマーの化粧品表示名称のプロロニック型のノニオン性活性剤で，ポリオキシエチレンを親水基，ポリオキシシプロピレンを親油基とするノニオン性活性剤で両鎖の長さを自由に変えられ両鎖の長さを変えることで，溶剤，可溶化剤，保湿剤，増粘剤，ゲル化，感触向上剤となり広い用途で使われている。起泡力が低く，乳化剤として使われることは少ない。両モル数の小さいものは溶剤，保湿剤として使われ，両モル数が大きいタイプは増粘剤，ゲル化として使われる。また，ポリオキシプロピレンがポリオキシエチレンより大きいタイプはしっとり感を与える感触向上剤，油性成分のような使用感を得るのに利用できる。

3.4.14　アルカノールアミド型

シャンプー，ボディソープ，クリーム状の洗顔料の増粘剤，泡安定剤に使用されることが多い。シャンプーにはアルキル基がラウリン酸，ヤシ油脂肪酸，パーム核油脂肪酸タイプが使われ，ほかのパルミチン酸，オレイン酸，イソステアリン酸タイプのものはクリーム状製品に使われることがある。ヘアトリートメントやクリーム状洗顔料にも使うことができる（表3-7）。

3.4.15　ショ糖エステル型

脂肪酸ショ糖エステルは，脂肪酸とショ糖からなるエステル型のノニオン性活性剤であり，脂肪酸のアルキル基の種類とショ糖のエステルの比率でHLBが決まる。クリームの乳化剤には，

第3章 化粧品の原料

表3-7 アルカノールアミド型ノニオン性活性剤化粧品原料

ヤシ油脂肪酸ジエタノールアミド パーム核油脂肪酸ジエタノールアミド ラウリン酸ジエタノールアミド	従来から使われてきたシャンプーにもっとも適した増粘剤。
ミリスチン酸ジエタノールアミド ステアリン酸ジエタノールアミド イソステアリン酸ジエタノールアミド オレイン酸ジエタノールアミド	アルキル基が大きいため泡立ちの低下がみられ通常シャンプーには使われない。
ヤシ油脂肪酸メチルモノエタノールアミド	シャンプーの増粘剤として有用な成分で、透明、パール外観シャンプーに使える。配合した場合、低温でも粘性状態を維持し固化しないため使いやすい成分。
ヤシ油脂肪酸モノエタノールアミド	パールシャンプーにもっとも多く使われている増粘剤である。ヤシ油脂肪酸ジエタノールアミドと比較して粘度が出にくい。
ステアリ酸モノエタノールアミド	洗い流すタイプのクリーム剤型のヘアケア製品に配合して、なめらかな感触があるが融点が高く、油性成分との相溶性が悪く溶解しにくい。
ヤシ油脂肪酸モノイソプロパノールアミド	パールシャンプーに使用できるがヤシ油脂肪酸モノエタノールアミドと比較して粘度が出にくい。ほかのポリオキシエチレンヤシ油脂肪酸モノエタノールアミド、ポリオキシプロピレンヤシ油脂肪酸モノイソプロパノールアミド等と併用すると粘度が高くなりやすい。
ポリオキシエチレンヤシ油脂肪酸モノエタノールアミド	ポリオキシエチレン鎖2, 3, 5, 10モルが市販されている。シャンプーに配合した場合ヤシ油脂肪酸ジエタノールアミドと比較して粘度が高くなりにくい。
ポリオキシプロピレンヤシ油脂肪酸モノイソプロパノールアミド	ポリオキシエチレンヤシ油脂肪酸モノエタノールアミドと比較してポリオキシプロピレンであるため粘度の出やすいアルカノールアミドである。透明シャンプーにも使用できる。

パルミチル、ステアリル基が適し、HLBを合わせることで乳化が可能である。また、エステル構造を有することから弱酸性が好ましくpHが低い領域でないと脂肪酸とショ糖に早急に分解してしまう。

　製造工程上、乳化剤として用いる場合、一般的な活性剤は油相に加えるが、ショ糖エステルは油性成分に溶解しにくく塊になる。HLBの高いタイプは水に溶解しやすいが、水に加えると分散が悪く塊になり溶解に時間がかかるため、グリコール類に分散して水相に加えると効率よく溶解できる。また、HLBの低いタイプは油相に加えるとよい。ショ糖エステルは食品添加物として使われることが多く、洗浄剤、起泡剤、浸透剤にはむかない。

3.4.16　アルキルグルコシド型
　高級アルコールとグルコシドからなる構造である。シャンプー、洗顔料等の増粘剤として使われる。デシルグルコシドとラウリルグルコシドがある。

3.4.17　ジステアリン酸PEG型
　ポリエチレングリコールの両末端にステアリン酸を付けたジエステル型構造である。2, 3モルはシャンプーのパール化剤として使われ、150, 250モルは、シャンプーの増粘剤に使われる。

4 高分子

化粧品で使われる高分子は多種あり，その配合目的は，増粘剤，安定剤，セット剤，感触向上剤，懸濁剤等の目的をもって配合され，増粘剤としての用途がもっとも多いと思われる。

高分子は，分子量により粘度が増減し，親水基とアルキル鎖の化学構造によってその性質が決まる。また，同一名称，同一化学構造であっても合成条件，反応条件により性質が異なってくるため，製造会社ごとに性質，感触，安定性が異なることが多いので，配合する上で十分な試験をする必要がある（表3-8）。

表3-8 高分子成分の使用上の注意点

(1) イオン性が同じでも他成分との組み合わせで沈殿，凝集，分離が見られ安定性の確認が必要である
(2) pHの低い場合，高い場合，高分子内の結合が切れ，粘度が低下することがある
(3) 塩類の添加量で粘度が低下することがある

4.1 高分子の分類と構造

種類と分類は，親水基の電離状態でアニオン・カチオン・ノニオン・両性に分類できる。化学構造では，セルロース，アクリル酸，メタクリル酸，ウレタン，マレイン酸，ビニルピロリドン，ジメチルアミノプロピルメタクリル酸，アクリルアミド，塩化ジメチルジアリルアンモニウム，塩化O-[2-ヒドロキシ-3-（トリメチルアンモニオ）プロピル，塩化プロピルトリメチルアンモニウムの構造をとるもの等がある。

4.2 高分子の用途

4.2.1 増粘用高分子

増粘用高分子の基本的構造は，セルロール構造を有するものとアクリル酸構造をもつものが多く，水系の増粘用高分子は，アニオン系ではカルボキシビニルポリマー，カルボキシメチルセルロースナトリウム，キサンタンガム，ポリアクリル酸等がある。ノニオン系は水に溶解しやすい順にメチルセルロース，ヒドロキシエチルセルロース，ヒドロキシメチルプロピルセルロース，ヒドロキシプロピルセルロースである。メチルセルロースは，親水性が強いため低温・高温問わず水に溶解しやすい。ヒドロキシエチルセルロースは，低温の水には溶解しにくいため，低温の水に分散し温度を上げて溶解する。ヒドロキシプロピルセルロース，ヒドロキシメチルプロピルセルロースは，低温の水に溶解しやすいため高温の水に分散後，冷却して溶解する。ただし，42～45℃の温度で疎水性となるためこの温度で析出し白色の固体となる。疎水性が高いため起こる現象で，製剤に多量のエタノール，グリコールを配合することで極性を下げ安定性を保つことができる（表3-9）。

第3章　化粧品の原料

表3-9　増粘用高分子

表示名称	組成
カルボマー	カルボキシビニルポリマー
（アクリル酸/アクリル酸アルキル(C10-30)）クロスポリマー	（アクリル酸/アクリル酸アルキル(C10-31)）共重合体 アクリル酸・メタアクリル酸アルキル共重合体
アクリレーツコポリマー	アクリル酸共重合体水溶液
ポリアクリレート-1	ビニルピロリドン・メタクリル酸 N,N-ジメチルアミノエチルアクリル酸ステアリル・ジアクリル酸トリプロピレングリコール共重合体
アクリル酸ナトリウムクロスポリマー	架橋型ポリアクリル酸ナトリウム
ポリアクリル酸ナトリウム	ポリアクリル酸ナトリウム
メチルセルロース	メチルセルロース
ヒドロキシエチルセルロース	ヒドロキシエチルセルロース
ヒドロキシプロピルセルロース	ヒドロキシプロピルセルロース
エトキシヒドロキシエチルセルロース	ヒドロキシエチルセルロースエチルエーテル
セルロースガム	カルボキシメチルセルロースナトリウム
アルギン酸ナトリウム	アルギン酸ナトリウム
カラギーナン	カラギーナン
ローカストビーンガム	ローカストビーンガム
ヒドロキシプロピルデンプンリン酸	デンプンとリン酸のコポリマー
キサンタンガム	トウモロコシなどの澱粉を細菌 Xanthomonas campestris により発酵させて作られる

4.2.2　感触向上用高分子

　化粧品の使用感を向上させる高分子は，シャンプー，リンス，頭髪用化粧品に使われることが多く，カチオン系でポリクオタニウム-10，ポリクオタニウム-67，グアーヒドロキシプロピルトリモニウムクロリド等があり，カチオン性活性剤との併用ができ，頭髪化粧品類の増粘剤として使用感を向上させることができる。ポリクオタニウムの化粧品表示名称をもつ成分についてまとめた（表3-10）。

　シャンプーにはカチオン化高分子を配合してシャンプーのすすぎ時のきしみ，引っかかりを改善し使用感をよくする。シャンプーに使われる高分子を表3-11に示す。

　シャンプー，リンス等洗い流す化粧品の使用感を向上させる高分子成分に「マーコート®（ルーブルゾール㈱）」がある（表3-12，図3-3）。この高分子は，カチオン基（ジメチルジアリルアンモニウム）（塩化メタクリルアミドプロピルトリメチルアンモニウム），アニオン基（アクリル酸），両性（アクリルアミド），ノニオン（アクリル酸メチル）5種のモノマーからなるコポリマーの構造をもつ。5種モノマーの組み合わせと配合比率を変えることでシャンプー，リンスの洗い流すタイプの製剤の使用感に変化を付与できる。シャンプーではポリクオタニウム10がおもに使われているが，マーコートを含めほかのカチオン化高分子の組み合わせで洗浄時，すすぎ時，タオルドライ時の各工程それぞれの感触を変えることもできる。また，マーコートはリンス及び多剤式トリートメント，染毛剤，パーマネント・ウェーブ用剤のすすぎ時の感触，仕

表3-10　ポリクオタニウムの種類と成分

表示名称	成分名
ポリクオタニウム-4	ヒドロキシエチルセルロースジメチルジアリルアンモニウムクロリド
ポリクオタニウム-5	アクリルアミド・βメタアクロイルオキシエチルトリメチルアンモニウムメトサルファイトコポリマー
ポリクオタニウム-6	ポリ塩化ジメチルメチレンピペリジニウム
ポリクオタニウム-7	塩化ジメチルジアリルアンモニウム・アクリルアミド共重合体液
ポリクオタニウム-10	塩化O-[2-ヒドロキシ-3-(トリメチルアンモニオ)プロピル]ヒドロキシエチルセルロース
ポリクオタニウム-11	ビニルピロリドン・N,N-ジメチルアミノエチルメタクリル酸共重合体ジエチル硫酸塩液
ポリクオタニウム-16	3-メチル-1-ビニルイミダゾリニウムクロライド-1-ビニル-2-ピロリドンコポリマー
ポリクオタニウム-22	塩化ジメチルジアリルアンモニウム・アクリル酸共重合体液
ポリクオタニウム-24	塩化O-[2-ヒドロキシ-3-(ラウリルジメチルアンモニオ)プロピル]ヒドロキシエチルセルロース
ポリクオタニウム-28	ビニルピロリドン・メタクリアミドプロピルトリメチルアンモニウムクロライドコポリマー
ポリクオタニウム-32	ジメチルアミノエチルメタクリル酸とアクリルアドのリ4級アンモニウム塩コポリマー
ポリクオタニウム-33	Copolymer of Quaternary Acrylate Salt and Acrylamide
ポリクオタニウム-37	ジメチルアミノエチルメタクリル酸の4級アンモニウム塩のホモポリマー
ポリクオタニウム-39	アクリルアミド・アクリル酸・塩化ジメチルジアリルアンモニウム共重合体液
ポリクオタニウム-43	アクリルアミド，アクリルアミドプロピルトリモニウムクロリド，2-アミドプロピルアクリルアミドスルホン酸，ジメチルアミンプロピルアミンからなる4級アンモニウム塩の共重合体
ポリクオタニウム-44	ビニルピロリドンとカチオン化イミダゾリンモノポリマー
ポリクオタニウム-46	ビニルカプロラクタム，ビニルピロリドン及びメチルビニルイミダゾリニウムメチル硫酸塩からなる重合体の4級アンモニウム塩
ポリクオタニウム-47	アクリル酸・塩化メタアクリルアミドプロピルトリメチルアンモニウム・アクリル酸メチル共重合体
ポリクオタニウム-49	メタクロイルアチルベタイン，メタクリル酸PEG-9及び塩化メタクロイルエチルトリメチルアンモニウムの共重合体
ポリクオタニウム-51	2-メタクロイルオキシエチルスホリルコリンとメタクリル酸ブチルの重合体
ポリクオタニウム-52	N,N-ジメチルアミノメタクリル酸ジエチル硫酸塩，N,N-ジメチルアクリルアミド・ジメタクリル酸ポリエチレングリコール共重合体
ポリクオタニウム-53	アクリル酸・アクリルアミド及びメタクリルアミドプロピルトリモニウムクロリドからなる4級アンモニウム塩の共重合体
ポリクオタニウム-55	(ビニルピロリドン/ジメチルアミノプロピルメタクリルアミド/塩化メタクリルアミノプロピルラウリルジモニウム)トリモニウムクロリドポリマー
ポリクオタニウム-56	イソホロンジイソシアネート(IPDI)，ブチレングリコール及びジヒドロキシエチルジモニウムのメチル硫酸からなるポリ4級アンモニウム塩
ポリクオタニウム-57	(イソステアリン酸/コハク酸)ヒマシ油及び塩化レシノールアミドプロピルトリメチルアンモニウムからなる4級アンモニウム塩の重合体
ポリクオタニウム-61	LIPIDURE®-Sの5%多価アルコール溶液。多価アルコールとして，グリセリンと1,3-ブチレングリコールの混合溶媒を使用
ポリクオタニウム-64	MPC，2-ヒドロキシ-3-(メタ)アクリロイルオキシプロピルトリメチルアンモニウムからなる4級アンモニウム塩の重合体
ポリクオタニウム-65	モニウムクロリドの2元コポリマーの5%水溶液。フェノキシエタノールを1%含有
ポリクオタニウム-67	ジメチルドデシルアンモニウムとトリメチルアンモニウムの4級化ヒドロキシエチルセルロースのポリマー
ポリクオタニウム-68	(ビニルピロリドン，メタクリル酸アミド，ビニルイミダゾール及び3-メチル-1-ビニルイミダゾリニウムメトサルフェートを重合させて得られた4級アンモニウム塩の共重合体
ポリクオタニウム-69	ビニルカプロラクタム，ビニルピロリドン，ジメチルアミノプロピルメタクリルアミド(DMAPA)及び塩化メタクリロイルアミノプロピルラウリルジモニウムから得られる4級アンモニウム塩の重合体
ポリクオタニウム-72	ヒドロキシエチルセルロースにヤシ油アルキルジメチルアンモニウム置換エポキシドを付加反応させて得られる4級アンモニウム塩の重合体
ポリクオタニウム-74	Amphoteric Copolymer of acrylic acid, Anonic monomer & aproprietary cationic monomers
ポリクオタニウム-75	でんぷんから生成される天然の水溶性多糖類誘導体
ポリクオタニウム-86	ビニルピロリドン，塩化1-メチル-3-ビニルイミダゾリン，ビニルイミダゾール及びメタクリル酸を反応して得られる4級アンモニウム塩の重合体
ポリクオタニウム-87	ビニルピロリドン，ビニルイミダゾールと塩化ジアリルジメチルアンモニウムから得られる4級アンモニウム塩の共重合体
ポリクオタニウム-92	ポリ4級アンモニウム塩

第3章 化粧品の原料

表3-11 シャンプー用高分子

表示名称	成分名
ポリクオタニウム-7	塩化ジメチルジアリルアンモニウム・アクリルアミド共重合体液
ポリクオタニウム-10	塩化O-[2-ヒドロキシ-3-(トリメチルアンモニオ)プロピル]ヒドロキシエチルセルロース
ポリクオタニウム-22	塩化ジメチルジアリルアンモニウム・アクリル酸共重合体液
ポリクオタニウム-24	塩化O-[2-ヒドロキシ-3-(ラウリルジメチルアンモニオ)プロピル]ヒドロキシエチルセルロース
ポリクオタニウム-28	ビニルピロリドン・メタクリアミドプロピルトリメチルアンモニウムクロライド コポリマー
ポリクオタニウム-39	アクリルアミド・アクリル酸・塩化ジメチルジアリルアンモニウム共重合体液
ポリクオタニウム-47	アクリル酸・塩化メタアクリルアミドプロピルトリメチルアンモニウム・アクリル酸メチル共重合体
ポリクオタニウム-52	N,N-ジメチルアミノメタクリル酸ジエチル硫酸塩, N,N-ジメチルアクリルアミド・ジメタクリル酸ポリエチレングリコール共重合体
ポリクオタニウム-53	アクリル酸・アクリルアミド及びメタクリルアミドプロピルトリモニウムクロリドからなる4級アンモニウム塩の共重合体
ポリクオタニウム-67	ジメチルドデシルアンモニウムとトリメチルアンモニウムの4級化ヒドロキシエチルセルロースのポリマー
ポリクオタニウム-75	でんぷんから生成される天然の水溶性多糖類誘導体
コロハヒドロキシプロピルトリモニウムクロリド	カチオン化フェヌグリークガム
カエサルヒドロキシプロピルトリモニウムクロリド	カチオン化タラガム
ローカスロビーンヒドロキシプロピルトリモニウムクロリド	カチオン化ローカストビーンガム
グアーヒドロキシプロピルトリモニウムクロリド	塩化O-[2-ヒドロキシ-3-(トリメチルアンモニオ)プロピル]グァーガム

(資料:東邦化学工業㈱)

表3-12 代表的なマーコート

品名	表示名称
マーコート100	ポリクオタニウム-6
マーコート280	ポリクオタニウム-22
マーコート295	ポリクオタニウム-22
マーコート550	ポリクオタニウム-7
マーコート plus3330	ポリクオタニウム-39
マーコート plus3331	ポリクオタニウム-39
マーコート2001	ポリクオタニウム-47
マーコート2003	ポリクオタニウム-53

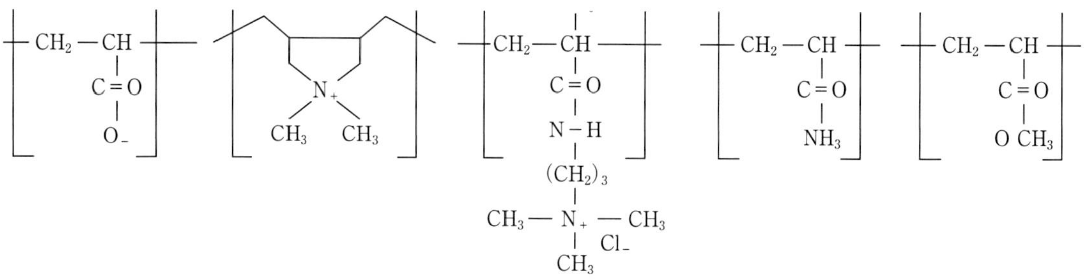

アクリル酸　　ジメチルジアリル　　塩化メタクリル　　アクリルアミド　　アクリル酸メチル
　　　　　　　アンモニウム　　　アミドプロピル
　　　　　　　　　　　　　　　トリメチルアンモニウム

図3-3　マーコートのモノマー

上がり時の感触を向上させることができ，マーコートの異なる性質を利用し，アニオン性活性剤，カチオン性活性剤，ほかの高分子，複数のマーコートの組み合わせでコンクレックスを形成させ，感触をよくすることができる。目的，用途の選択が広い。

4.2.3　セット剤用高分子

頭髪用化粧品のセット剤に使われる高分子は，アニオン，ノニオン，カチオン，両性タイプがあり，製造会社のオリジナル成分が多い。セット剤用高分子は，アニオン系はアクリル酸，メタクリル酸，クロトン酸を持ち，両性系はメタクロイルエチルベタイン，カチオン系は，ジメチルアミノプロピルメタクリルアミド等があり，ノニオン系は，ピロリドン，ビニルアルコールがあり，カチオン系は，塩化ジメチルジアリルアンモニウム，塩化プロピルトリメチルアンモニウムがある。これらを組み合わせたコポリマーの構造をとっている（表3-13）。

4.2.4　乳化物の安定剤

クリーム状または乳化タイプのエマルジョンの安定剤として用いる方法である。安定剤として使用する高分子は，アニオン系ではキサンタンガム，カルボキシビニルポリマー，（アクリル酸／メタアクリル酸アルキル（C10-30））クロスポリマー，カチオン系では，グアーヒドロキシプロピルトリモニウムクロリド等が適している。これらをおおむね0.5％以下配合する。高分子の粘度は温度変化による影響が小さいため安定性を保つことができるが，逆に高分子にエマルジョン粒子が凝集して安定性が損なわれることもあるので十分な試験が必要である。

4.3　粉末高分子の溶解方法

粉末状の高分子を溶解方法として，水等の溶媒に直接粉体を加え溶解することが通常行われる。この場合ディスパーを用いた高速撹拌が必要で完成まで長時間を要する。溶解を早く行うには粉体の表面積を大きくしてから水に加えると速やかに溶解できる。粉体の表面積を大きくするには高分子が溶解しない液状物質に分散するか，またはほかの粉体と混ぜることである。以下に高分子を速やかに溶解する方法を述べる。

第3章　化粧品の原料

表3-13　セット性高分子

表示名称	成分名及び構造	原料名	特徴	性質
アクリル酸アルキルコポリマー	アクリル酸アルキル共重合体	ルビマー100P, 30E（BASF）, プラサイズL-8011（大阪有機）	アニオン	
アクリル酸アルキルコポリマーアンモニウム	アクリル酸，アクリル酸アミドアクリル酸エチル共重合体	ヨードゾールGH800F, GH34F（AkzoNobel）	アニオン	
アクリル酸アルキルコポリマーAMP	アクリル樹脂アルキルノールフ共重合体	プラサイズレジリーズ（互応化学）	アニオン	
アクリル酸アルキルコポリマーTEA	アクリル樹脂アルキルコポリマー	アニセット（大阪有機）	アニオン	
(アクリル酸アルキル/アクリルアミド) コポリマー	アクリル酸・アクリル酸アミド・アクリル酸エチル共重合体	ウルトラホールド F, Strong	アニオン	
(アクリル酸アルキル/ジアセトンアクリルアミド) コポリマーAMP	アクリル樹脂アルカノールアミ共重合体	プラサイズレジリーズ（互応化学）	アニオン	
(ジアクリル酸アクリルアミド/アクリル酸ヒドロキシエチル/アクリル酸アミド) コポリマーAMPD		プラサイズL-2700（互応化学）	アニオン	
(アクリル酸アルキル/ジアセトンアクリルアミド) コポリマーAMP	アクリル酸アルキルエステル・メタクリル酸アルキルエステル・ジアセトンアクリルアミド・メタクリル酸共重合体液	プラサイズL-1260, L-53D（互応化学）	アニオン	
(アクリル酸アルキル (C1-18) /アクリルアミド) コポリマーAMP		プラサイズL-9715（互応化学）	アニオン	
(アクリル酸アルキル/オクタアクリルアミド) コポリマー	アクリル酸オクタチルアクリルアミド・アクリル酸エステル共重合体	AMPHOMER V-42（AkzoNobel）	アニオン，要中和	
(ビニルメチルエーテル/マレイン酸エチル) コポリマー	メチルビニルエーテル，無水マレイン酸共重合体液モノアルキルエステル	Gantrez ES-225, ES335（ISP）	アニオン，要中和	
ポリウレタン-14，アクリレーツコポリマー	Polyurethane-n and Acryiates Copolymer の混合物	DynamX（AkzoNobel）	アニオン	
(PEG/PPG-25/25ジメチコン/アクリレーツ) コポリマー		ルビフレックスSilk（BASF）	アニオン	
(VA/クロトン酸/ネオデカン酸ビニル) コポリマー	酢酸ビニル・クロトン酸・ネオデカン酸共重合体液	Resyn 28-2930（AkzoNobel）	アニオン	
アクリレーツ/アクリル酸ヒドロキシプロピル/メタクリル酸ジメチルアミノエチル/ジアセトンアクリルアミド/VP/コポリマーAMP	ヒドロキシエチル，アルキル，ビニルピロリドン，ダイアセトアクリルアミドのコポリマー	ナチュレジン/APポリマー-560（大阪有機）	両性	
(オクチルアクリルアミド/アクリルアミド/ヒドロキシプロピル/メタクリル酸ブチルアミノエチル) コポリマー	(オクチル酸オクタチルアミド・アクリル酸ヒドロキシプロピル・メタクリル酸ブチルアミノエチル) コポリマー	AMPHOMER 28-4910, SH30, SH37, SH701（AkzoNobel）	両性	ハードセット
ポリクオタニウム-49	Methacryloyl Ethyl Dimethyl Betaine/ Methacrylate Ethyl Trimethyl Ammonium Chlorido/Methoxy Polyethylene Glycol Methacrylate Copolymare Solution	ウェットレジン（大阪有機）	ベタイン系	可塑性あり，保水
ポリマクリルロイルエチルベタイン	アクリル酸のエチルベタインポリマー	Plascize L-401（互応化学）	両性	ヘアコンディショニング剤
(メタクロイルエチルベタイン/塩化メタクリルエチルアンモニウム/メタクリル酸ヒドロキシエチル) コポリマー	メタクリロイルエチルベタイン/メタクリルエチルアンモニウム塩のコポリマーとカチオン化メタクリル酸のポリマー	Plascize L-450（互応化学）	両性＆カチオンタイプ系/ヘアコンディショニング剤	

(つづく)

67

表3-13 セット性高分子 (つづき)

表示名称	成分名及び構造	原料名	特徴	性質
(メタクロイルオイルオキシエチルカルボキシベタイン/メタクリル酸アルキル) コポリマー	N-メタクリロイルオキシエチル-N, N-ジメチルアンモニウム-α-N-メチルカルボキシベタイン、メタクリル酸アルキルエステル共重合体液	REMレジン (大阪有機)	両性, ベタイン要中和	ハードセット
(オクチルアクリルアミド/アクリル酸ヒドロキシプロピル/メタクリル酸ブチルアミノエチル) コポリマー	(オクチル酸アクリルアミド・アクリル酸ヒドロキシプロピル・メタクリル酸ブチルアミノエチル) 共重合体液	ユカホーマーR-205, R205S, 510, 301 (三菱化学)		
(イソブチレン/マレイン酸エチルイミド/マレイン酸ヒドロキシエチルイミド) コポリマー	イソブチレン, 無水マレイン酸共重合体でイミド化	Aquaflex EX-64 (ISP)		生理学的に人体に不活性, 安全性高い
(VP/ビニルカプロラクタム/マレイン酸 DMAPA) コポリマー	ビニルカプロラクタム、ビニルピロリドン、ジメチルアミノプロピルメタクリルアミドのターポリマー	Aquaflex SF-40 (ISP)		
(ビニルカプロラクタム/VP/メタクリル酸ジエチルアミノエチル) コポリマー	ビニルカプロラクタム、ビニルピロリドン、ジメチルアミノエチルメタクリレートのターポリマー	Copolymer VC-731 (ISP)	カチオン	
(ビニルピロリドン/アクリル酸 DMAPA) コポリマー	ビニルピロリドン・ジメチルアミノプロピルメタクリルアミド共重合体	Stylze CC-10 (ISP)	カチオン	
ポリクオタニウム-11	ビニルピロリドン・N, N-ジメチルアミノエチルメタクリル酸共重合体ジエチル硫酸塩液	ガフカット 734,755N (ISP), H.C. ポリマー (大阪有機), Luviquat PQ11PN (BASF)	カチオン	アニオン、カチオン、ノニオンと相溶性良好
ポリクオタニウム-16	3-メチル-1-ビニルイミダゾリニウムクロライド-1-ビニル-2-ピロリドンコポリマー	Luviquat FC370,550,905 (BASF)	カチオン	
ポリクオタニウム-28	ビニルピロリドン・メタクリルアミドプロピルトリメチルアンモニウムクロライド コポリマー	Gafquat HS-100 (ISP)	カチオン	
ポリクオタニウム-44	ビニルピロリドンとカチオン化イミダゾリンモノマー	Luviquat Care (BASF)		高分子界面活性剤、ウェーブセッティング剤
ポリクオタニウム-55	ビニルピロリドン/ジメチルアミノプロピルメタクリルアミド/塩化メタクリルアミノプロピルラウリルジモニウム) トリモニウムクロリドポリマー	Stylze W-10 (ISP)		
(ビニルピロリドン/VA) コポリマー	酢酸ビニル・ビニルピロリドン共重合体		ノニオン	有機溶剤に可溶, 両親媒性コポリマー
PVP	ポリビニルピロリドン	Stylze 2000 (ISP)	ノニオン	
(VP/アクリレート/ラウリルメタアクリレート) コポリマー		ルビセット Clear (BASF)	ノニオン	
(VP/メタクリルアミド/ビニルイミダゾール) コポリマー		ルビスコール Plus (BASF)	ノニオン	
ポリビニルカプロラクタム			ノニオン	

4.3.1 高速撹拌で溶解する方法

水を高速撹拌しながら高分子を徐々に加える方法は，ディスパー等の高速撹拌を必要とする。このような溶解方法をとる高分子には，カルボキシビニルポリマーのUlterz10, PEMULEN TR-1, TR-2 があげられる。

4.3.2 pH変化を利用して溶解する方法

中性付近で溶解する高分子では，pHによる溶解性を利用してpHを酸で下げた水に高分子を加え分散を行ってからアルカリでpHを上げて溶解する方法である。カルボキシビニルポリマーのカーボポール980, 981が上げられる。ディスパー等を使用しなくても容易に溶解できる。

4.3.3 グリコール類に分散して溶解する方法

水にきわめて溶解しやすい高分子は，水に加えるとかたまりになり長時間の撹拌をしなければならない。このタイプの高分子を速やかに溶解させるには，グリコール類に分散させてから水に加え溶解する方法である。セルロース系の高分子の多くはグリコール類に溶解しない。グリセリン，1,3-ブチレングリコールにキサンタンガム，カルボキシメチルセルロースナトリウム等粉体高分子を分散後，水に加える方法である。

4.3.4 温度差を利用して溶解する方法

高分子が高温で溶解しやすいという特徴を利用して溶かす方法である。ヒドロキシエチルセルロース，ポリクオタニウム-10は，低温の水には溶解しにくい。これらは低温の水に分散後，温度を上げることで容易に溶解ができる。

4.3.5 他の粉体と混合して溶解する方法

粉体高分子を塩，ほかの粉体と混合してから水に加える。高分子がほかの溶解しやすい物質で分散されるため，水に加えたとき固まらず容易に溶解できる。ただし，製剤に，高分子の配合量以上に粉末成分が入っていることが条件である。マンニット，ソルビット，塩類等が必要である。

4.3.6 液状油性成分に分散して溶解する方法

高分子は油性成分に溶解しないものが多い。クリーム類等の製剤中にスクワラン，流動パラフィン，液状エステル，植物油脂等の液状油成分が配合されている製剤の場合，高分子を液状油成分の一部に分散させて水に溶解する方法である。製造方法は，液状油に高分子を分散後，水相の水に加える。撹拌しながら乳化所定温度に加温して溶解する。その後油相を加え乳化する。この場合の高分子の溶解時間は水の温度が所定乳化温度までに達する時間で高分子を溶解することで，高分子をわざわざ溶解する時間を省ける。高分子を溶解している間は水と油性成分だけになるため，液面に油が浮くことになるが，高分子は油性成分から徐々に水に移行して溶解していくため，表面積が広くなる結果となり，短時間で溶解できる。ディスパー，ホモミキサーを使わずに低速のパトル撹拌で溶解できる。カルボキシビニルポリマー，キサンタンガム等がこの方法で短時間，容易に溶解できる。

4.4 注意事項

高分子の使用上の注意として安定性と他成分との相溶性については下記の注意を要する。

① イオン性が同じでも他成分との組み合わせで沈殿，凝集，分離がみられる。安定性の確認が必要である。

② pHの低い，高い場合，高分子内の結合が切れ粘度の低下がみられることがある。

③ 塩類の添加量で粘度が低下し，安定性が損なわれることがある。

5 多価アルコール

多価アルコールには，ヒドロキシ基のみをもつジオール類とアルデヒド基またはケトン基を一つと複数のヒドロキシ基をもつ糖類がある。

5.1 グリコールの種類

よく使われる代表的なグリコールは，グリセリン，1,3－ブチレングリコール，プロピレングリコール，3－メチル－1,3－ブチルジオール，エチルヘキサンジオール，イソペンチルジオール，1,2－ヘキサンジオール，エトキシジグリコール，ペンチレングリコール，カプリリルグリコールあり，二量体は，ジグリセリン，ジプロピレングリコール，ポリオールはポリエチレングリコール，ポリプロピレングリコール等が代表的である。

5.2 グリコールの性質

グリコールは，水に自由に溶解し，水と界面活性剤の中間の極性に位置する。また，一部の極性の高い油性成分に溶解する。ヒドロキシ基と炭素数による極性の違いがあり，鎖式脂肪族炭化水素または環式脂肪族炭化水素の2つの炭素原子に一つずつヒドロキシ基が置換している構造をもつジオール化合物であり，常温で無色液体であるが，エタノールに比べて分子量のわりに融点や粘度が高いという性質をもっている。これはヒドロキシ基を介する水素結合が多いことに起因している。ヒドロキシ基と炭素数による極性の違いがあり，非常に便利な化粧品成分である。その性質を利用して多様な使い方が考えられている。

5.3 グリコールの用途

5.3.1 保湿剤，湿潤剤

クリーム類，化粧水，頭髪用化粧品の保湿成分として配合する。使用方法が洗い流さないつけっぱなしのタイプであるため使用感に直接影響を及ぼす。

保湿成分として使われる多価アルコールについて以下，分子構造と使用感について考える。

グリコールの使用感，保湿感は，水酸基の位置と数及び分子量で変わってくる。一番多く使われるグリセリン，1,3－ブチレングリコール，プロピレングリコールを検討すると化粧水で使われるのと同様に炭素数3，水酸基3のグリセリンが一番重く，炭素数4，水酸基2の1,3－ブチレ

ングリコールがしっとり感があり，炭素数3，水酸基2のプロピレングリコールは軽い感じである。また，イソプレングリコールは，1,3－ブチレングリコールにメチル基が1個多い炭素数5，水酸基2であり，疎水性が高まっているため，すべり感が得られる。基本的なグリコール類の感触を知っておくことが大切である。

5.3.2　安定剤

　水系のクレンジング剤に極性の高いエステルを配合する場合など分離を防ぐための安定化剤として配合する。また，化粧水等の水ベースの製剤にスクワラン，トコフェロール等の油成分をノニオン性活性剤のみで透明に可溶化できない場合に多価アルコールを加え可溶化ができる。高価アルコールは水より極性が低いため全体の系の極性が下がり可溶化ができると考える。

5.3.3　溶解剤，溶剤

　水に溶解しないが極性の高い油性成分を活性剤で可溶化し，透明製剤を作るときに可溶化助剤として配合する。パラベン類，メントール，セバシン酸エステル，アジピン酸エステル等を透明製剤に加える時イソプレングリコール，1,3－ブチレングリコール，プロピレングリコールが有効である。エタノールを併用している場合，エタノールの配合量を少なくすることもできる。

5.3.4　香料の可溶化助剤

　香料を液状製剤に可溶化する場合，ポリオキシエチレンアルキルエーテル系やポリオキシエチレン硬化ヒマシ油のノニオン性活性剤は水和しゲル状となる。この場合，1,3－ブチレングリコール，プロピレングリコールとノニオン性活性剤の混合液に香料を加えたものを水に加えると速やかに香料を可溶化できる。

5.3.5　高分子の分散剤

　高分子を水に溶解する場合，高分子の分散状態により塊が生じ，分散溶解に時間がかかる。通常はディスパーの剪断により分散を行うが，グリセリン等にあらかじめ分散しておき，水に加えると速やかに分散・溶解ができる。

5.3.6 防腐剤

ヘキサンジオール，ペンタンジオール，オクタンジオールは，防腐剤として配合されるが，有効配合量が数%となるため使用感に影響があり，他の多価アルコールとの配合量の調整が必要となる。

5.4 糖類

糖類は，アルデヒド基またはケトン基を一つもつ。アルデヒド基を持つ糖をアルドース，ケトン基を持つ糖をケトースと分類する。単糖は，鎖状のソルビトール，マンニトール，五角または六角の環状構造のブドウ糖（グルコース），果糖（フルクトース），マンノース，ガラクトース，二糖類は，2分子がグリコシド結合により1分子となったもので麦芽糖（マルトース），乳糖（ラクトース），ショ糖（スクロース），トレハロースがある。オリゴ糖は単糖2分子〜20分子程度が結合したものに3糖類のラフィノースがある。糖類は，不整炭素原子をもち，多くの光学異性体，立体異性体があるので旋光性を示し，D，Lにわけられる。

6 粉体

粉体原料は，ファンデーション等の粉体製剤，サンスクリーン剤等肌を被覆する目的で使われ，賦形剤，体質原料，着色，増量，増粘，滑沢，光沢化等の働きがある。無機粉体原料は，触媒としての働き，反応性，自己酸化性等がありこれらを抑えるため，親水性である原料を油性製剤に分散しやすくする目的で，表面のコーティング処理がなされ，粉体原料に透明薄膜処理で光の干渉・屈折によるパール外観や色調を得る。

粉体の機能の中には，多量の水や水溶液を吸収して粉末状を保つことができるケイ酸マグネシウムや液状油性物に粘度もたせられるシリカ等がある。

コーティング剤としてレシチン，トコフェロール，ステアリン酸，ハイドロジエンシリコーン，シリカ，水酸化アルミニウム等が使われている。シリカは，親水性があるためトリエトキシカプリルシラン等でコーティグされ，表面を親水性から親油性に変え，油性成分に均一に分散させることができる。酸化亜鉛は，水に溶けることが考えられるため，また，空気酸化を防止して安定性を保つ。

6.1 無機粉体

ケイ酸物質：シリカ，ケイ酸アルミニウム，ケイ酸マグネシウム，ケイ酸マグネシウムアルミニウム，ケイ酸ナトリウムマグネシウム，ケイ酸カルシウム
酸化物：アルミナ，カラミン，酸化亜鉛，酸化クロム，酸化チタン，酸化鉄，酸化アルミニウム，二酸化ケイ素
水酸化物：水酸化アルミニウム
リン酸塩：リン酸カルシウム，リン酸マグネシウム

第3章 化粧品の原料

表3-15 粉体原料

成分名		色調	特徴, 用途
カーボンブラック	炭素	黒色微粉末	黒色着色成分
黄酸化鉄	$FeO(OH)$ と $Fe_2(OH)_6$	黄色	表示名称は酸化鉄。黄, 黒, 赤と酸化チタンの白色の4色で肌色をつくる。
黒酸化鉄	Fe_3O_4	黒色	
ベンガラ	Fe_2O_3	暗赤-赤褐色	
グンジョウ	イオウ, ケイ酸アルミニウム, カーボンブラック等を原料とする	青-紫青色	耐熱, 耐日光, 耐薬品性に優れている。アルカリ性では安定であるが薄い酸により退色しイオウを有利する
カラミン	酸化第二鉄を含む酸化亜鉛	淡赤-赤色	収斂作用を有し, 皮膚の保護効果がある。酸化亜鉛に同じ
酸化亜鉛	ZnO	白色	医薬品用として湿疹・たむし等の処置に用いられる。収斂性と弱い防腐性がある。二酸化炭素を吸収して変質する。
酸化クロム	Cr_2O_3	暗緑色	耐酸アルカリ, 耐光性, 着色力と隠ぺい性に優れている。
酸化ジルコニウム	ZrO_2	白色	白色顔料
酸化チタン	TiO_2	白色	結晶構造がルチルよりアナターゼが勝る媒体への親和性・耐白亜化性・分散性向上のため表面処理されている。
オキシ塩化ビスマス	$BiOCl$	白色/パール顔料	弱酸, 希アルカリには安定であるが, 強酸に溶け, 強アルカリで分解する。
雲母チタン	雲母末に酸化チタンの薄膜被覆処理	パール顔料	酸化チタンの被覆の厚さが約30nm 銀, 40-90nm 金, 約115nm 赤, 約145nm で緑色の干渉色を呈する。耐熱, 耐日光, 耐薬品性に優れている。

成分名		特徴・用途
ケイ酸マグネシウム	ケイ酸マグネシウム	吸着性に優れたパウダー原料
カオリン	含水ケイ酸アルミニウム	粘度様な匂いがある。賦形剤, 増量剤, 被覆剤等の目的。
タルク	含水ケイ酸マグネシウム, 滑石	結晶性粉末。皮膚に散布するとスベリが良く, 付着慮が強い。
ベントナイト	コロイド性ケイ酸アルミニウム	ゲル形成力があり, 吸着力, 結合力, 粘着力がある。
マイカ	含水ケイ酸アルミニウムカリウム, 雲母	淡灰色・鱗片状粉末で白色顔料, パール顔料になる。賦形剤としても使われる。
無水ケイ酸	SiO_2	水を含んでゲル又は粘性状になる。増量剤, 増粘剤, 安定剤として使われる。
炭酸マグネシウム	含水塩基性又は含水正炭酸マグネシウム	比重の異なる軽質と重質がある。香料の担体としてパウダー製品に使われる

成分名	特徴・用途
デンプン	付着性が良い。濡れるとべたつきバクテリアの温床となる。
ステアリン酸亜鉛	粉白粉の固形化に良い。柔らかくふわふわしたスベリの良い粉体。香料の受容性と撥水性があるため発汗による流れを防止できる。
ステアリン酸アルミニウム	ステアリン酸亜鉛に同じ。
ステアリン酸カルシウム	ステアリン酸亜鉛に同じ。形成性改良に使える。
ステアリン酸マグネシウム	ステアリン酸亜鉛に同じ。吸湿性がある。

化粧品原料基準第2版注解Ⅰ 1984(薬事日報社)

炭酸塩：炭酸カルシウム，炭酸マグネシウム
鉱物：タルク，マイカ，カオリン，ベントナイト
その他：カーボンブラック，黒酸化チタン，グンジョウ，コンジョウ，マンガンバイオレット，チッカホウ素，合成金雲母，ジメチルシリル化シリカ，雲母チタン

6.2 有機粉体

ステアリン酸カルシウム，ステアリン酸マグネシウム，ステアリン酸亜鉛，ミリスチン酸亜鉛，デンプン，ナイロン

7 シリコーン[6]

ジメチルシロキサンを基本骨格とし，直鎖，環状構造で，アミノ基，アルキル基，ポリオキシエチレン，ポリオキシプロピレン等をケイ素原子または炭素原子に導入したモノマーとジメチルシロキサンとのコポリマーやブロックポリマー等多種ある。今後もいろいろな構造のものが作られると考えられる。

7.1 ジメチルポリシロキサン

シリコーンの基本骨格のポリマーで重合度を粘度で表し，化粧品原料としての粘度6csから数百万csまで各種ある。粘度の低い6，10csはクリーム類のバニシング性（手でこす手白くなる現象）を改善し感触にほとんど影響しない。20cs～100csは油性タイプのすべり感があり頭髪用化粧品に使われる。100cs～5000csはすべり感，なめらかさが強く感じられる。5000cs～数万csは残り感があるツルっとしたすべり感が得られる。

数万以上のジメチルポリシロキサンをクリームに加える時は，粘度が高く，多くの油性成分との相溶性が悪いこともあり，油相に加えても均一に分散しにくく良好な乳化しにくい。このため低分量のジメチルポリシロキサンやジメチルシクロペンタシロキサンに溶解したプレミックス原料として市販されているものを使用する。スキンケアクリーム等には粘度の低いタイプ，頭髪用化粧品には複数の粘度のタイプが使われ，幅広く多用されることが多い。

7.2 ジメチルシクロペンタシロキサン

五員環がおもに使われる。高重合ジメチルポリシロキサンの溶剤として使われるほか，油性成分として紫外線防止クリームに使われる。このシリコーンは，沸点が210℃と低いため加熱すると揮発し白煙を発生する。製造時，乳化温度を低くする，低温での添加の検討が必要である。

使用感は，さっぱりとしたさらさら感であり，非常に軽い感触のためスキンケア化粧品，頭髪用化粧品の洗い流さない化粧品に適していると考える。

7.3　ポリオキシエチレン，ポリオキシプロピレンジメチルポリシロキサン

ジメチルポリシロキサンにポリオキシエチレン及びポリオキシプロピレンを付加したノニオン性活性剤である。ジメチルポリシロキサンの末端にポリオキシプロピレン，ポリオキシエチレンを結合した直鎖共重合体タイプのPEG-12ジメチコン，PEG/PPG-19/19ジメチコン，ポリシリコーン-13とジメチル基の一方のメチル基をPOP，PEGに置換した側鎖タイプのPEG-10メチルエーテルジメチコンがある。アルキル基を加えたラウリルPEG/PPG-30/10ジメチコンがある。

ノニオン性活性剤としてクリームの乳化，シリコーンジェルの乳化剤として使われ，また，シャンプー等の水系化粧品のすべり感を向上させるために使われることがあるが，大きく感触向上にはつながらない。

7.4　アミノ変性シリコーン

ジメチルポリシロキサンのメチル基をアミノアルキル基に換えたアモジメチコン，(アミノエチルアミノプロピル/ジメチコン) コポリマー，またはポリオキシエチレン及びポリオキシプロピレンのコポリマーとなっている（ビスブチロキシアモジメチコン/PEG-60）コポリマー，また，この共重合体の両末端を長鎖アルコキシ基にしたビス（C13-C15アルコキシ）PGアモジメチコン，アニオン系アクリル樹脂をつけた共重合体の（アクリル酸アルキル/ジアセトンアミド/アモジメチコン）コポリマーAMP，アミノ基をアルキルエーテルカルボン酸でアミド化したPEG-12メチルエーテルラウロキシPEG-5アミドプロピルジメチコンがある。これらは頭髪用化粧品において非常に良好な感触が得られ，クリーム状のリンスに向いている。また，ポリオキシエチレン及びポリオキシプロピレンをつけたタイプはシャンプー等の液状化粧品に向いている。

7.5　アルキル変性シリコーン

トリシロキサン（直鎖3量体）の中央のSiにカプリル基を付加した揮発性のオイルでカプリルメチコン，ジメチルポリシロキサンのメチル基の一部をステアリル基，セチル基に置換したセチルジメチコン，ステアリルジメチコンがある。アルキル変性シリコーンは，油性成分との相溶性がよく，また，ジメチルポリシロキサンと油性成分の相溶剤となる。

8　有用性，有効性，コンセプトとなる成分
8.1　植物抽出液，生薬成分

化粧品成分には800種以上の植物由来成分がある。植物の花，葉，茎，根，種子などを水，1,3-ブチレングリコール，エタノール等で抽出したエキス類，植物そのままを粉末等にして化粧品に用いる。植物は産地，気候の影響を受けやすく，一定の品質を得られにくく，植物抽出液は多種の混合物からなり，すべての成分が確定されていないのが難点である。しかし植物抽出液

は古くから有効性や作用が伝承や経験で知られており，一部有効成分も解明されてきている。植物抽出液は美白，アンチエイジング，しわ，抗炎症，ニキビ，保湿，スリミング，スカルプケア，育毛，ダメージヘアといったコンセプトで配合されている。

8.2 微生物由来成分

微生物由来成分は，ダイズ，牛乳，コメヌカ等をサッカロミセス，乳酸桿菌，酵母といった微生物の発酵・培養により得られる成分である。発酵・培養エキスにはアミノ酸，ビタミン，ミネラル，酵素等が含まれ，化粧水，クリーム等のスキンケア化粧品に保湿，しわ，アンチエイジングをコンセプトに配合される。

発酵エキス：ウメ果汁発酵エキス，アンズ果実発酵エキス，オオムギ発酵エキス，クロレラ発酵エキス，コノヌカ発酵エキス，サッカロミセス／，乳酸桿菌／オリーブ葉発酵エキス，乳酸桿菌／ダイズ発酵エキス，乳酸桿菌／セイヨウナシ発酵エキス，乳酸桿菌／ブドウ果汁発酵エキス等

培養液エキス：加水分解酵母エキス，酵母エキス，乳酸桿菌培養液，サッカロミセス培養液等

8.3 タンパク質，アミノ酸

化粧品に使われるタンパク質は，コラーゲン，ケラチン，ダイズ，シルク，ミルク，小麦，真珠，ゴマ等があり，アミノ酸組成が異なりそれぞれに特徴がある。これらを加水分解してタンパク質の分子量の大小のものが作られる。また，これらタンパクから4級アンモニウム化誘導体，アシル化誘導体，シリル化誘導体，エチルエステル化誘導体が作られている。化粧品に使われる加水分解タンパクの性質は，アミノ酸組成，分子量，誘導体の種類により性質が異なる。

タンパク質を構成するαアミノ酸のうち，おもなもので20種あり，側鎖の構造により性質に特徴が現れる。イオン性は中性アミノ酸，塩基性アミノ酸，酸性アミノ酸に大分類される。中性アミノ酸の中で脂肪族側鎖はグリシン，アラニン，バリン，ロイシン，イソロイシンであり，ヒドロキシル基をもつ親水性のセリン，トレオニン，イオウを含むシスチン，メチオニン，酸性アミノ酸のアミド誘導体のグルタミン，アスパラギン，ベンゼン誘導体のフェニルアラニン，チロシン，ヘテロ環をもつトリプトファン，プロリン，ヒスチジンがある。塩基性アミノ酸はヒスチジン，アルギニン，リシンである。酸性アミノ酸は，アスパラギン酸，グルタミン酸である。コラーゲンに特有のアミノ酸としてヒドロキシプロリン，ヒドロキシリシンがある。アミノ酸は，側鎖の構造によりイオン性，親水疎水性等の性質が現れ，皮膚及び毛髪への効果が異なる[7]。

8.4 セラミド類

生体由来脂質としてのセラミド類は，セラミド1，セラミド2，セラミド3，セラミド6Ⅱ，イソステアリン酸フィトステリル，フィトスフィンゴシン，コレステロール，フィトステロール等がある。高融点の固形セラミド類を透明にマイクロカプセル化したものを化粧水，クレンジング剤等の透明製剤に加えた場合，製剤中の活性剤の多少にかかわらず経日で沈殿を生じることが

ある。低 HLB ノニオン性活性剤またはレシチンと高 HLB ノニオン活性剤で透明に可溶化した場合は安定に配合できる。

8.5 ビタミン類

アスコルビン酸，アスコルビン酸ナトリウム，イノシット，クマリン，ビタミン A 油，レチノール，ピリドキシン，ジカプリン酸ピリドキシン，ジパルミチン酸ピリドキシン，パンテノール，アセチルパンテトテニルエチルエーテル，パルミチン酸アスコルビル，リン酸アスコルビル Mg，トコフェロール，酢酸トコフェロール等があり，それぞれ有用性がある。

8.6 抗炎症剤

グアイアズレン類：グアイアズレンスルホン酸ナトリウム，グアイアズレンイソプロピル
グリチルリチン酸類：グリチルリチン酸ジカリウム，グリチルリチン酸ステアリル，アラントイン，ビサボロール等がある。

8.7 紫外線吸収剤[8]

紫外線吸収剤は，表 3-16 に記載された 32 種の成分であり，UVA または UVB に吸収帯をもつものである。化粧基準の成分名と表示名称は異なる。おもな油溶性 UVB 吸収剤は，メトキシケイヒ酸エチルヘキシルでもっとも多く使われ，液状，溶解性がよく，吸収力も強い。パラジメチルアミノ安息香酸 2-エチルヘキシルは，液状で紫外線吸収力が強い。ほかにオクトクリレン，エチルヘキシルトリアゾンがある。水溶性 UVB 吸収剤は，オキシベンゾン-4，フェニルベンズイミダゾールスルホン酸である。油溶性 UVA 吸収剤は 4-tert-ブチル-4-メトキシ-ベンゾイルメタンで液状で強い吸収力をもつが，溶解性が悪い。ジエチルアミノヒドロキシベンゾイル安息香酸ヘキシルは，UVA 領域で高い防御能をもち光安定性に優れている。UVB から UVA のブロードスペクトル吸収剤は，ビスエチルヘキシルオキシフェノールメトキシフェニルトリアジン，メチレンビスベンゾトリアゾリルテトラメチルブチルフェノールが使われている。

9 感覚にうったえる成分

9.1 着色剤

製品を着色するのに使われる色素には，アニオン系タール色素，天然色素等がある。アニオン系タール系色素は，法定色素ともいわれ，スルホン酸塩，カルボン酸塩の構造をとり，発色はベンゼン骨格等と結合する発色団（ニトロ，ニトロソ，フェノール，トリフェニルメタン，アントラキノン，キノリン等）の種類により各色の色がでて，水，エタノールに溶解する。耐熱性，耐光性，pH，酸アルカリ剤に安定なものが多くあるが，酸化還元剤に対応できる色素は少ない。また，紫外線，太陽光，蛍光灯の光で褪色するものが多い。

表3-16 紫外線吸収剤の成分名，表示名称と INCI 名

別表4の成分名	表示名称	INCI
2-シアノ-3,3-ジフェニルプロパー2-エン酸2-エチルヘキシルエステル	オクトクリレン	OCTCRYLENE
4-tert-ブチル-4'-メトキシジベンゾイルメタン	t-ブチルメトキシジベンゾイルメタン	BUTYL METHOXYDIBENZOYLMETHANE
2-[4-(ジエチルアミノ)-2-ヒドロキシベンゾイル]安息香酸ヘキシルエステル	ジエチルアミノヒドロキシベンゾイル安息香酸ヘキシル	DIETHYLAMINO HYDROXYBENZOYL HEXYL BENZOATE
ジヒドロキシジメトキシベンゾフェノン	オキシベンゾン-6	BENZOPHENONE-6
ジヒドロキシジメトキシベンゾフェノンジスルホン酸ナトリウム	オキシベンゾン-9	BENZOPHENONE-9
ジヒドロキシベンゾフェノン	オキシベンゾン-1	BENZOPHENONE-1
ジメトキシベンジリデンジオキソイミダゾリジンプロピオン酸2-エチルヘキシル	ジメトキシベンジリデンジオキソイミダゾリジンプロピオン酸オクチル	ETHYLHEXYL DIMETHOXYBENZYLIDENE DIOXOIMIDAZOLIDINE PROPIONATE
テトラヒドロキシベンゾフェノン	オキシベンゾン-2	BENZOPHENONE-2
2,4,6-トリス[4-(2-エチルヘキシルオキシカルボニル)アニリノ]-1,3,5-トリアジン	エチルヘキシルトリアゾン	ETHYLHEXYL TRIAZONE
パラジメチルアミノ安息香酸2-エチルヘキシル	パラジメチルアミノ安息香酸2-エチルヘキシル	
パラメトキシケイ皮酸2-エチルヘキシル	メトキシケイヒ酸エチルヘキシル	ETHYLHEXYL METHOXYCINNAMATE
2,4-ビス-[{4-(2-エチルヘキシルオキシ)-2-ヒドロキシ}-フェニル]-6-(4-メトキシフェニル)-1,3,5-トリアジン	ビスエチルヘキシルオキシフェノールメトキシフェニルトリアジン	BIS-ETHYLHEXYLOXYPHENOL METHOXPHENYL TRIAZINE
2-ヒドロキシ-4-メトキシベンゾフェノン	オキシベンゾン-3	BENZOPHENONE-3
ヒドロキシメトキシベンゾフェノンスルホン酸	オキシベンゾン-4	BENZOPHENONE-4
ヒドロキシメトキシベンゾフェノンスルホン酸ナトリウム	オキシベンゾン-5	BENZOPHENONE-5
フェニルベンズイミダゾールスルホン酸	フェニルベンズイミダゾールスルホン酸	PHENYLBENZIMIDAZOL SULFONIC ACID
2,2'-メチレンビス(6-(2H-ベンゾトリアゾール-2-イル)-4-(1,1,3,3-テトラメチルブチル)フェノール)	メチレンビスベンゾトリアゾリルテトラメチルブチルフェノール	METHYLENE BIS-BENZOTRIAZOLYL TETRAMETHYLBUTYLPHENOL

第3章　化粧品の原料

　天然色素は，植物由来のものが多く，クチナシ，カロチン，ウコン，パプリカ，ベニバナ，シコン，銅クロロフィリンナトリウム，グアイアズレンスルホン酸ナトリウム等がある。動物由来ではコチニール，ラッカイン酸がある。pHにより色調が変化するものが多く，耐光性，耐熱性が比較的悪く，褪色，変色が起こりやすい（表3-17）。植物抽出物では，カンゾウエキス，オオバクエキス等があり，茶色，黄色系が多い。また，糖類を原料とするカラメルがある。

　頭髪の染色に用いられる染料は，医薬部外品に使われるパラフェニレンジアミン，2,6ジアミノピリジン等の酸化染料と発色させるレゾルシン，m－アミノフェノール等が染毛剤承認申請要領別表2に記載されている[9]。化粧品では，美容室でヘアマニキュアに配合される酸性染料（タール系色素），一般市場でカラートリートメントに配合される塩基性染料とHC染料（ニトロ染料）がある。

9.2　着香剤

　香料原料は，天然香料と合成香料があり，これらの複数を使って調合香料が作られ，調合香料が多く使われる。天然香料は，動植物から抽出，圧搾，水蒸気蒸留により精油として得られるが，産地，天候により一定の品質が得られにくい。天然香料は，オレンジ油，カモミル油，グレープフルーツ油，スペアミント油，ゼラニウム油，ハッカ油，ユーカリ油，ラベンダー油，レモン油，ローズマリー油，ダマスクバラ花油等約70種がある。合成香料は，石油化学工業から大量に入手でき，香りがある物質であれば制限がない[10]。

　香料成分の化学構造は，炭化水素，アルコール，アルデヒド，カルボン酸，ケトン，オキサイド，エステル，エーテル，ラクトン，チオールといった種類があり，同じ官能基をもち小さい分子の匂いは似る傾向がある。幾何学異性体のシス体とトランス体の匂いには違いがあり，シス体に優れたものが多くある。官能基と二重結合の位置により匂いが異なる。光学異性体も同様である。同族体においては強さが異なるものの似たような匂いとなることが多い（表3-18）。

　花，果実，葉といった植物由来の抽出液にも匂いのある成分がみられる。バラ水，ラベンダー水，リンゴ水等がよく使用されるが，製品に配合した後，経日で匂いが弱くなることがあるので安定性試験を十分に行い，匂いの変化の確認することが必要である。

　化粧品に香料を配合する場合，クリーム類のエマルジョンは乳化終了後，温度が下がった時に添加すればよいが，透明製剤の場合，香料の可溶化が必要となる。香料の種類により可溶化に適した活性剤を見つけ，最小必要量で可溶化することが多い。香料の安定性は，pH，酸化還元の影響を受けるアルデヒド，エステル類を含むので製剤の条件に合った香料を調合してもらうことになる。また，温度，経日による製剤の変臭・着色もあるので，安定性の確認を要する。経日の安定性は，匂い立ち，匂いの強さの維持が確保されなければならなく，油性成分を多く含むエマルジョン系では時間とともに香料が油相に移動し匂いが弱くなり変臭することがある。油性成分が微量の可溶化系では比較的匂いの変化は小さい。使用部位に塗布した時の匂いの継続性についても検討をする必要があり，塗布直後の匂いを長く保持させるのか，早く匂いが弱くなることが

表3-17 天然色素

	ウコンエキス	βカロチン	クチナシ青	クチナシ黄	コチニール	パプリカ
原基	ジケトン系色素	カロチノイド色素 合成法で多く製造されている	クチナシの果実よりエタノール溶液抽出	アカネ科クチナシ、アヤメ科サフラン、マホガニー材	昆虫エンジムシの雌の乾燥粉末から得られる	トウガラシよりくキサン抽出
主成分	クルクミン	プロビタミンの1つ		カロチノイドの一種	アントラキノン誘導体の一種	カロチノイド系
化学式と分子量	クルクミン $C_{12}H_{20}O_6$：368.4	カロチン $C_{30}H_{56}$：536.9			カルミン酸 C22H20O13：492.4	カプサイシン $C_{30}H_{59}O_3$：597.0、カプソルビン $C_{30}H_{60}O_4$：605.0
色調	黄色-暗橙	赤紫-暗赤色	暗青色-暗青藍色	黄色-橙黄色	赤-暗赤褐色	橙色-赤褐色
溶解性	BG-水、PG-水で抽出	水、PG、エタノールに不溶 有機溶剤に少し溶解	50%PG、水に澄明に溶解	水、薄エタノール、薄PGに溶解	水、エタノール、PGに溶解	水に不溶 アセトン、クロロホルムに易溶
pH	酸性で淡黄色 アルカリ性で暗赤褐色	酸性分解が促進する 弱アルカリで比較的安定	酸性で凝集沈殿を起こす	酸性で分解 pH7-8位で安定	pHで変化（水酸化ナトリム液に溶解しやすい） pH3で黄色系、4-5で赤系、6-8で紫系	pH6が最も安定
耐光性	褐色に変化	不安定		酸性で退色		酸性で弱い、pH6が最も安定
耐熱性	比較的強い	分解する		酸性で分解		比較的安定（160℃で2時間）
金属イオン				金属イオンの存在かで劣化する	金属イオンで水不溶の塩になる	Fe、Cu、Coイオンで退色する
酸素				酸化される		
安全性	一日の摂取許容量（WHO）0-2.5mg/Kg		急性毒性LD50 16.7g/Kg（経口）			急性毒性LD50 24g/Kg（経口）

（つづく）

第3章　化粧品の原料

表3-17　天然色素（つづき）

	ベニバナ赤	ベニバナ黄	グアイアズレン	シコニン	銅クロロフィリンNa	ラッカイン酸
原基	キク科ベニバナの花を弱ベニバナアルカリ水で抽出	キク科ベニバナの開花期の管状花より抽出	ユンナン木の精油から得たグアイオール	ムラサキより抽出された結晶	ポルフィリン	ラッカカイガラムシの雌が分泌するセラックよりえられる
主成分	フラボノイド系カルタミン		ジメチルイソプロピルアズレン		銅クロロフィルaとbのNaの塩化合物	天然アントラキノン系のジカルボン酸
化学式と分子量	カルタミン $C_{21}H_{32}O_{11}$：236.3	$C_{21}H_{22}O_{11}$：450.4	グアイアズレン $C_{15}H_{18}$：198.3	アルカニン $C_{16}H_{19}O_5$：288.3	$C_{34}H_{30}O_5N_4CuNa_2$：684.2 $C_{34}H_{28}O_6N_4CuNa_2$：684.2	ラッカイン酸 A $C_{26}H_{19}NO_{12}$：537.4, B $C_{24}H_{16}NO_{12}$：496.4
色調	暗赤色〜暗紫色	黄色	青色	赤色	黒緑〜青黒色	橙赤色
溶解性	水に不溶	冷水に溶解	水に不溶	有機溶剤に溶解 アルコールに溶解		水に溶けにくい アルカリ性で溶解
pH	アルカリ性で退色	薄エタノール、PGに易溶、澄明 酸性で不安定	pHで色調が変化 酸性で赤系アルカリ性で青紫〜青〜紫			pHで色調が変化 酸性で橙〜橙赤色、中性赤、弱アルカリで赤紫
耐光性	弱い	中性付近で安定				酸性で安定
耐熱性	安定	100℃、1時間は安定			安定	酸性側で安定、アルカリ性で劣る
金属イオン	Feで黒変する				良好	金属イオンで劣化する
酸素			消炎作用、抗菌、抗カビ作用	抗菌力がある		
安全性	急性毒性LD50 20g/Kg（経口）	急性毒性LD50 1.22mg/Kg（経口）				急性毒性LD50 3300mg/Kg（経口）

化粧品ハンドブック（日光ケミカルズ㈱）

表3-18 主な合成香料

分類	成分名	天然にはどんなものに存在するか
炭化水素	アルファピネン	松柏科植物
	カンフェン	レモン，オレンジ，ジンジャー等の多くの精油
	リモネン	植物精油中に広く分布
アルコール	αターピネオール	オレンジ油，ネロリ油，ゼラニウム油，レモン油
	ゲラニオール	パルマローザ油，ゼラニウム油，シトロネラ油
	1-オクタノール	オレンジ油
	シトロネロール	ローズ油，ゼラニウム油
	βエチルフェニルアルコール	ローズ油，ゼラニウム油
	ベンジルアルコール	リンゴ，プラム
	1-メントール	ハッカ
	リナロール	ボアドローズ，コリンダー，オレンジ，レモン
フェノール	アネトール	アニス種子油，フェンネル油等
	オイゲノール	クローブ油，シンナモン葉油の主成分
アルデヒド	オクタナール	オレンジ，レモン，ローズ，ミント等の精油
	シトラネラール	シトロネラ油，ユーカリ油
	シンアミックアルデヒド	ケイヒ油等の多くの精油
	ヘキサノール	アップル，ストロベリー，オレンジ，レモン等の精油
	ベンズルデヒド	シナモン，カシア，ネロリ，ヒヤシンス，アカシア等の精油
エーテル	1,8-シネオール	ユーカリ油，その他の多くの精油
オキサイド	リナロールオキサイド	ゼラニウム油，ラベンダー油
	ローズオキサイド	ブルガリアローズ油，ゼラニウム油
ケトン及ケタール	イオノン	ジンジャー，レモンバーム，レッドセイジ
	ダマスコン	ローズ油，ゼラニウム油
	ダマセノン	ダマスクローズ油，ゼラニウム油，ラズベリー
カルボン酸	フェニル酸	ブルガリアローズ油，ブドウ等の果実
ラクトン	γウンデカラクトン	ピーチ・アップル等の果実
	γジャスモラクトン	ジャスミン油，ペパーミント油
	γデカラクトン	ピーチ，マンゴ等の果実
	γドデカラクトン	パパイヤ，ピーチ等の果実
	δウンデカラクトン	ココナッツ，バター，ミルク
	δデカラクトン	ピーチ，ベリー等の果実
	δドデカラクトン	ココナッツ，バター
エステル	安息香酸ベンジル	ジャスミン油，シンナモン油，カナンガ油，トールバルサム
	イソ吉草酸メチル	パイナップル，オレンジ
	オクタン酸アミル	ストロベリー，リンゴ
	桂皮酸エチル	パイナップル，イチゴ，ワイン
	酢酸シトロネリル	シトロネラ油，ゼラニウム油等の多くの精油
	ヘキサン酸エチル	リンゴ，バナナ，オレンジ等の多くの果実
含窒素及び含硫黄化合物	アントラニル酸メチル	ネロリ，イランイラン等の精油，オレンジ果皮油
	インドール	ジャスミン等の花，柑橘類
	ジエチルジサルファイト	ストロベリー，チキン，ビーフ
	N-メチルアントラニル酸メチル	オレンジ果皮油，マンダリン，ヒヤシンス花精油

香料の初歩知識　日本香料工業会　2009年　抜粋

第 3 章　化粧品の原料

要求されるのかを考えることも必要である。

10　製品の安定性を確保する成分

化粧品の品質・安定性を保つため添加する成分がある。類別及び使われる成分にもよるが必ず加えなければならない。化粧品は，開封後，長い期間にわたって使用されるため，変質，腐食するおそれが大きい。いずれの化粧品も耐酸化性，耐温度性，耐光性等の経時安定性の確保が重要であり，製品の安定性を確保するための防腐剤，pH 調整剤，キレート剤，酸化防止方法等の検討が必要である。

10.1　防腐剤

化粧品基準の別表 3 [11]に記載されている成分を防腐剤に使用するが，参考に米国で一番多く使われている防腐剤は，メチルパラベン，プロピルパラベン，フェノキシエタノール，ブチルパラベン，エチルパラベンの順である[12]。別表 3 以外に防腐効果のある成分を使った防腐剤フリー化粧品と称する場合に使用できる。

防腐剤フリー化粧品について

化粧品は通常，防腐剤等の安定性を確保する成分の添加が必須である。しかし，近年では，ナチュラル化粧品，オーガニック化粧品へのニーズ，敏感肌への対応として，防腐剤フリー化粧品が一部で人気を集めている。化粧品基準の別表 3 に記載されていない成分で防腐効果を得るための成分で化粧品を作る方法を以下に述べる。防腐効果のある成分は，グリコール，多価アルコール類，植物抽出液，脂肪酸グリセリルに分類される。これらを製剤の pH，使われている成分によって選別し，成分を組み合わせて配合する（表 3-19）。

10.2　pH 調整剤

化粧品の pH 調整は，製剤の安定性，有用成分の安定性確保のため必要となる。pH を調整する方法は，酸またはアルカリで目的の pH に調整する方法と弱酸-強塩基の組み合わせで緩衝力をもたせて調整する方法がある。化粧品の pH は，弱酸性から中性にすることが多く，有機酸または水酸化アルカリが使われる。

塩類：クエン酸ナトリウム，リンゴ酸ナトリウム，乳酸ナトリウム，リン酸ナトリウム塩等
酸：クエン酸，グリコール酸，リンゴ酸，乳酸，酒石酸，リン酸等
アルカリ剤：水酸化ナトリウム，水酸化カリウム，モノエタノールアミン，トリエタノールアミン，2-アミノ-2-メチル-1-プロパノール（AMP），2-アミノ-2-メチル-1,3-プロパンジオール（AMPD），アルギニン等

10.3　酸化防止剤

油性成分の酸化防止のために配合される。油性のトコフェノール，γ オリザノール，BHT，

表3-19　防腐剤フリー処方に使用される防腐剤，殺菌剤

表示名称	配合量	
1,2-ヘキサンジオール		保湿成分，クリーム等の粘度が低下することがある。
ペンチレングリコール		保湿成分
カプリリルグリコール		保湿成分，低温で固化する
オクトキシグリセリンまたはエチルヘキシルグリセリン	0.2%位	防腐対策用の多機能性化粧品成分
カプリル酸グリセリン		保湿成分
エチルヘキシルグリセリン		ノニオン活性剤の混合原料，医薬部外品にも配合可能
ラウリル酸ポリグリセリル-2		ノニオン活性剤の混合原料，広い抗菌スペクトルを持つ配合乳化剤
ヤシ油アルキルPGジモニウムクロリドリン酸ナトリウム		安全性が高い，カルボマー，アクリル酸ナトリウム，CMC等には不可
アルキルジアミノエチルグリシン	0.03-0.3%	アミノ酸系両性活性剤
ココイルアルギニンエチルPCA		カチオン活性剤
カプリロイルグリシン		水酸化ナトリウム，カリウムで中和して溶解する。pHが低いと析出する。
フェノキシエタノール	1%以下	カチオン活性剤と併用で効果
グレープフルーツ種子エキス	0.5%位	植物抽出液
チョウジエキス，カワラヨモギエキス，カプリル酸グリセリル，ラウリン酸ポリグリセリル-10，BG（*1）	1%前後	真菌にも効果がある
チョウジエキス，カワラヨモギエキス，カプリル酸グリセリル，BG（*2）	0.5%前後	真菌にも効果がある

*1　SYプランテックスKTB（阪本薬品）
*2　SYプランテックスKP（阪本薬品）

　レシチンは，クリームの油相に加え，乳化して製品に添加される。水溶性の亜硫酸ナトリウムは，pH8.5以上のアルカリ性で安定に配合でき，石鹸等のpHの高い製剤の酸化防止，着色防止に効果がある。アスコルビン酸及びその誘導体，エリソルビン酸は，それ自体の着色等がみられるため，安定性の確保を図らなければならない。エルゴチオネイン[13]は，水溶性のメルカプト成分で，クリーム等の有効成分（光老化・しわを防止，チロシナーゼ活性・メラニン産生抑制による美白効果，TNF-α抑制による抗炎症効果）として加えられる。

10.4　キレート剤[14]

　キレート剤は金属イオンによる製品の濁り，沈殿，変色，洗浄性向上，酸化，腐敗等の防止，安定性確保のために配合されるが，封鎖できる金属イオンの種類とpHが異なる。目的に合わせて配合することになる。おもなキレート剤について以下に述べる。

10.4.1　エチレンジアミン四酢酸塩（EDTA）

　代表的なキレート剤で2，3，4のナトリウム塩が市販されている。水に酸性では溶解しづらく，それぞれの水溶液のおよそのpHは4，8，12である。EDTAは各金属イオンと1：1でキレー

トされ，金属イオンとの安定度定数はpHにより異なる。中性から弱アルカリ性でカルシウム，マグネシウムイオンに適し，鉄イオンには適さない。過酸化水素の安定剤に適さない。

10.4.2 ジエチレントリアミン五酢酸五ナトリウム（DTPA）

重金属に対し安定度定数が高く，リン酸塩の妨害を受けない。過酸化水素の安定剤に適する。

10.4.3 ヒドロキシエチルエチレンジアミン三酢酸三ナトリウム（HEDTA）

EDTAより安定度定数がわずかに低いが，アルカリ性で鉄イオンをキレートする。

10.4.4 ヒドロキシエタンジホスホン酸（HEDP）

EDTA等のカルボン酸系キレート剤より酸性領域で水溶性のため使用可能である。

10.4.5 フイチン酸[15]

フィチン酸は，myo−イノシトールの分子内にある6個の水酸基すべてにリン酸が配位したリン酸エステルであり，二価以上の金属イオンと広いpH域にわたって強く結合してキレート化合物を作る。フィチン酸はマグネシウム，カルシウムと結合塩を作るが，水不溶である。

10.4.6 クエン酸

pH領域が広く酸性からアルカリ性において各金属イオンに有効であり，酸化防止，着色防止剤としても利用できる。

10.4.7 グルコン酸

アルカリ性から強アルカリ性で金属イオンの封鎖に適し，pHが高くなる製剤の固形石鹸，液体石鹸等のカルシウムイオンの封鎖に有効である。

文　　献

1) 『化粧品等の適正広告ガイドライン』2012年版，日本化粧品工業連合会（2012）
2) 『油脂化学便覧』第2版，日本油化学会編，丸善出版（1971）
3) 花王㈱香料品・医薬品原料カタログ
4) 花王㈱カタログ，川研ファインケミカル㈱カタログ
5) 味の素㈱カタログ
6) 東レ・ダウコーニング㈱，パーソナルケア用シリコーンカタログ
7) ㈱成和化成プロモイス ペプチドルネッサンスカタログ
8) ㈱マツモト交商，BASFジャパン，第16回化粧品原料基礎セミナー発表（2012）
9) 染毛剤製造（輸入）承認基準，平成3年5月14日薬発第533号，厚生省薬務局長通知
10) 『香料の初歩知識』，日本香料工業会（2009）
11) 化粧品基準の別表3（本書第2章）
12) *Cosmetic & Toiletries magazine*, vol.**123**, no.10（2008）
13) 日光ケミカルズ㈱チオタインカタログ
14) キレスト㈱ホームページ
15) 築野食品工業㈱ホームページ

第4章　エマルジョン

1　エマルジョンの処方の組み方

　水，油性成分と界面活性剤とで作られるエマルジョンは，化粧品成分の中でもっとも多くの化粧品に使われている。有用な油性成分と水溶性成分を一つの系に入れられるという特性から，化粧品に機能性をもたせることができるためだ。

　油性成分の極性，融点，化学構造と界面活性剤の親水基の種類と構造，アルキル基の構造の組み合わせ方が，エマルジョンの性状，機能，使用感等に大きく関わる。また，水，界面活性剤，油性成分の組み合わせにより，安定な系を作り上げることも重要である。

　高機能なエマルジョンも多く開発・販売されているが，独自の組み合わせで目的のエマルジョンを設計する知識と技術が，新しい化粧品を創りだす際には必要である。

　エマルジョンは，均一には溶解しない二液の一方が微粒子（分散相）となって，他方の液体中の連続相に分散している系のことをいう。エマルジョンは常に分離する方向に向かう性質のため，安定化がエマルジョン処方の最大の目的となる。両方の相をつなぎ，エマルジョンを作る物質が乳化剤である。単一の界面活性剤，あるいは，複数の界面活性剤を組み合わせて使用する。

　エマルジョンの処方を組み立てる上で，目的に合わせて粘度，使用感を得るためにはまず次の項目を決定しなければならない。

① コンセプト成分，有効成分，有用成分の配合
② エマルジョンの型（O/W または W/O にするか）
③ アニオン，カチオン，ノニオンのイオン性
④ 目的にあった使用感，感触
⑤ 容器にあった剤型，粘度

　ここでは目的とする機能・外観・粘度，そして配合しようとする成分によりエマルジョンの型，イオン性などを検討し，剤形を作る油性成分・乳化剤の選択を行う。本章では，エマルジョンを作る際におきた問題解決方法について述べる。以下，エマルジョンの型とエマルジョンを作るための油性成分の選択と界面活性剤の選択について検討方法を説明する。

1.1　エマルジョンの型を決める因子

　エマルジョンは型によって使用感が大きく異なり，使用目的により選択されることが多い。

　O/W 型エマルジョンは，べとつきがなくさっぱり，しっとりした感触となる。洗い流さないタイプ，洗い流すタイプの両方の化粧品に使用できる。W/O 型エマルジョンはオイリーな感じになるため，洗い流すタイプも含め特別な機能を要求される際に作られ，クレンジングクリーム，クリームファンデーション等によく使用される。

> a) 分散層と連続層の容積比
>   容積比（配合量）の多いほうが外側（連続層）になりやすい。
>   O/W の場合　油成分量：1～25％
> b) エマルジョンの形態を決める HLB（Hydrophile Lipophile balance）のおよその範囲
>   O/W 型　HLB：8～15
>   W/O 型　HLB：3～6

1.2　界面活性剤の選択

　乳化剤として使用される界面活性剤の種類選択は，使用部位，使用方法，使用目的，すなわち皮膚用化粧品か頭髪用化粧品かによって異なる。

　皮膚用化粧品の場合は，ノニオン性活性剤を中心にしてアニオン性活性剤または脂肪酸との組み合わせが多く見られ，頭髪用化粧品では，カチオン性活性剤を中心に処方が組まれる。頭髪用化粧品の中でも洗い流さないタイプ（ヘアワックス，ヘアクリーム等）については皮膚用化粧品と同じような組み合わせのこともある。

1.3　界面活性剤の組み合わせ
1.3.1　乳化剤としてのノニオン性活性剤の組み合わせと量

　ノニオン性活性剤は，親油基には，ラウリル，セチル，ステアリル，イソステアリル，オレイル等，親水基はポリオキシエチレン，グリセリン等が適している。ノニオン性活性剤の組み合わせとしては，脂肪酸グリセリルとポリオキシエチレン脂肪酸エステル，脂肪酸ソルビタンとポリオキシエチレン脂肪酸ソルビタン，ポリオキシエチレンアルキルエーテルの HLB の組み合わせ，ポリグリセリン脂肪酸エステルの HLB の組み合わせ，脂肪酸ショ糖エステルの組み合わせ等が考えられる。

　ポリオキシエチレン，グリセリン等の親水基のモル数が少ないと HLB が低くなり，疎水性を示して油に溶解し，モル数が多くなると HLB が高くなり親水性を示して水に溶解する。エマルジョンを作る場合，HLB に差のある2種類以上のノニオン性活性剤を使用する。

　単純な組み合わせの場合，温度による影響を受け，安定性が悪くなる。例えば流動パラフィン，エステル，高級アルコールの油成分を O/W 型エマルジョンにする場合，HLB16－20，HLB9－15，HLB8 以下のノニオン活性剤を配合比 3－6 部，1 部，2－4 部を組み合わせると活性剤と油性成分の比率は 1：4～6 でおおむね乳化ができる。もちろん乳化剤の最適 HLB は，油性成分により異なり，極性が高い場合は高くなり，極性の低い場合は低くなる。

1.3.2　イオン性活性剤を使った場合の活性剤の組み合わせと量
①　脂肪酸を使った石鹸乳化の場合

　脂肪酸はステアリン酸を使うのが一般的である。ステアリン酸とアルカリ剤の量でエマルジョンの粘度が変化する。アルカリ剤がステアリン酸のモル数に近いときは，エマルジョンの粘度が

第4章　エマルジョン

低くpHが高くなり，アルカリ剤がステアリン酸のモル数の10～20％では粘度が高くなりpHは7付近となる。未中和のステアリン酸はカルボキシル基をもつので，酸性物質として働くためと考えられる。ステアリン酸の配合量はおおむね2～8％がよく，ステアリン酸の配合量が多くなると粘度も高くなる。また，未中和のステアリン酸は増粘剤にもなり，エマルジョンの粘度が高くなる。ステアリン酸はパルミチン酸を含んでいるため，この含有比がエマルジョンの粘度を変化させる。ステアリン酸の含有量が多い場合，エマルジョンは硬く粘度が高くなりやすく，パルミチン酸の含有量が多い場合は比較的粘度が低く，なめらかなエマルジョンとなる。これは両者の間の炭素数2個の差がそうさせるようである。

　また，生成されるステアリン酸塩は，温度が高い場合，液状であり，温度が低い場合は固体となる。ステアリン酸ナトリウムのクラフト点は50～65℃付近である。クラフト点以下の低温状態では，ステアリン酸ナトリウムは乳化剤としての働きは悪くなる。このため温度による粘度変化が大きく，ステアリン酸とアルカリ剤だけで乳化したエマルジョンは高温安定性が悪くなる。脂肪酸を使った石鹸乳化をする場合は，非イオン性活性剤と高分子の併用が必要となる。非イオン性活性剤は低温で乳化剤として働き，高分子は温度による粘度変化は小さくエマルジョン粒子の動きを抑え高温安定性に寄与する。アルカリ剤の影響は，その種類によりエマルジョンの性状が異なる。水酸化ナトリウムの場合は，外観のキメが粗くなって硬めのクリーム状になり，水酸化カリウムは，外観のキメはツヤがあり比較的やわらかい適度な粘度になりやすく，トリエタノールアミンは，キメの細かいツヤのある性状で柔らかく粘度の低いクリームとなる。

　②　アニオン性活性剤を使った場合

　アニオン性活性剤を乳化剤に使う場合も脂肪酸を使った石鹸乳化の場合と同様に考えるとよい。アニオン性活性剤はエマルジョンの粘度にもよるが，ステアリン酸ほど多く配合する必要はなく，数％でよい。もちろんノニオン性活性剤の併用も必要である。製剤のpHは必ずしも高くする必要はなく弱酸性のクリームを作ることができる。

　③　カチオン性活性剤を使った場合

　カチオン性活性剤を使う乳化は，カチオン性活性剤だけで乳化することが多い。カチオン性活性剤だけで安定なエマルジョンを作ることができる。その理由は，前項のエマルジョンと異なり頭髪用化粧品に使われるため使用感が重視される。油性成分にセタノール等の高級アルコールが多く配合され，油性成分の50％以上がセタノールとなることが多い。セタノールは末端にOH基を有するため極性が高く，水との親和性がよくエマルジョンの粘度が高くなりやすいためである。カチオン性活性剤の配合量は，油性成分のおよそ20％で安定なエマルジョンを作ることができる。エマルジョンの粘度はカチオン性活性剤と高級アルコールの比率でおおむね決まる。詳しくはヘアトリートメント処方の組み方で述べる。

表4−1 界面活性剤の組み合わせと化粧品の種類

界面活性剤の組み合わせ	皮膚用化粧品等	頭髪用化粧品	
		洗い流すタイプ	洗い流さないタイプ
アニオン性活性剤−ノニオン性活性剤	○（スキンクリーム等）		○（ヘアクリーム）
脂肪酸−ノニオン性活性剤−アルカリ剤	○（スキンクリーム等）		○（ヘアワックス，ヘアクリーム）
カチオン性活性剤−ノニオン性活性剤		○	○
カチオン性活性剤		○	○
ノニオン性活性剤	○		○

1.4 油性成分の選択
1.4.1 粘度からみた油性成分の構造と極性と粘度

製品（エマルジョン）の粘度は充填する容器によって制限されるため，粘度をどのように調整するかが問題となる。クリームの粘度を決める因子はアルキル基の構造，極性，融点であると考えられる。

第一にアルキル基の構造と粘度の関係であり，アルキル基が直鎖，二重結合の有無，分岐の有無が後述するように粘度に大きく影響を及ぼす。油成分の基本となるアルキル基の種類にはC12のラウリル，C14のミリスチル，C16のパルミチル，C18のステアリル，C20のアラキル，C22のベヘニルの直鎖があり，二重結合を1個もつオレイル，2個のリノール，3個のリノレンがある。化粧品成分としてリノール，リノレンは酸化されやすいため使われることは少ない。分岐鎖にはC16ヘキシルドデシル，C18のイソステアリル，C20のオクチルドデシルがある。同じ成分処方で目的の油性成分のみを変えて，アルキル基と粘度の関係についての実験を行い，以下の考察を得ている。実験では，

① クリームを作る基本の成分である高級アルコール（C12～C22）
② 二重結合をもつオレイルアルコール
③ 分岐鎖のある成分（C16ヘキシルドデカノール，C18のイソステアリルアルコール，C20のオクチルドデカノール）

を対象として選んだ。以下，得られた考察を述べる。

① アルキル基の鎖長さと粘度の関係は，特に高級アルコールで顕著に現れる。高級アルコールのアルキル基の長さとクリーム粘度の関係は，炭素数が増えると粘度が高く，また，融点が高くなるほど粘度も高くなると考えられる。C12のラウリルアルコール，C14のミリスチルアルコール，C16のパルミチルアルコールの順に粘度が高くなっていくが，C18のステアリルアルコール，C20のアラキルアルコール，C22のベヘニルアルコールの粘度は高くなりにくく，C16のパルミチルアルコールがもっとも粘度が高くなる。高級アルコールはC12の末端のOH基により親水性が強くなり，一方C22は炭素数が多いためOH基の影響が弱くなり疎水性に傾く。水との親和性が一番強い炭素数はC16と思われる。

第4章　エマルジョン

　②　オレイルアルコールは柔らかいクリームが作りやすく，オレイルアルコール単独でのエマルジョンでは流動性のあるクリーム，乳液を作ることができる。二重結合はシス体，トランス体があり，直鎖型アルコールと比較すると二重結合の部位でアルキル基が曲がっているため若干均一に配向しにくいと考えられる。

　③　分岐している C16 のヘキシルドデカノール，C18 のイソステアリルアルコール，C20 のオクチルドデカノールは粘度が低くなる傾向がある。分岐型アルコールは分岐構造が立体障害をおこすため，均一に配向されにくいと考えられ，また，炭素数が同じ直鎖と比べると分子の長さが短くなるため，粘度が高くなりにくい。

　C18 の同じ炭素数の高級アルコールの構造の違いによる特徴は，直鎖のステアリルアルコールは安定なクリームを作り，粘度が高くなって経時で粘度が上昇する。オレイルアルコールは粘度の低いクリームを作る。イソステアリルアルコールは粘度の低いクリームになり，単独では乳化ができない。油成分のアルキル基が直鎖の場合，粘度が高くなりやすく，二重結合をもつものは粘度が低い傾向が見られ，分岐をもつものはさらに粘度が低くなる傾向が見られる。後述，第7章3リンスの項で例を挙げる。

　第2に粘度に影響を与える構造は極性である。化粧品の油性成分の多くは炭化水素，ロウ，トリグリセライド，エステル，高級アルコール，脂肪酸に分類でき，油性成分は炭化水素を除き，酸素原子を持っている。末端に OH，COOH 基を持つ高級アルコール，脂肪酸は極性が高く，粘度が高くなり，極性が低い炭化水素は低くなる傾向が見られる。分子の末端が OH，COOH 基の酸素原子は電子密度が高いため極性が高く，水との親和性が強くなるためと考える。

　一方，炭化水素は酸素原子をもたないため電子密度の高い部分がなく，均一なため極性が低く，水との親和性が悪く，粘度が高くなりにくい。エステル結合をもつロウ，天然油脂のトリグリセライド，エステル油は，炭化水素と高級アルコールの間に位置する極性である。ロウは，おおむね分子量の比較的高い脂肪酸と高級アルコールのエステルで，トリグリセライドは，3個の脂肪酸が3個のエステル結合を囲むようにアルキル基が外側の立体構造をとるため，みかけ上の極性が低くなると考えられ，エステル油は，2個のアルキル基の間にエステル結合があるため中間の極性となる。エステル結合を有する油性成分はエマルジョンの粘度に対する影響力は小さく，エステルの種類を変えても粘度の変化は小さい。

　第3に粘度に影響を与えるのは融点である。配合量が一定である条件では炭化水素の融点が高いマイクロクリスタリンワックスを流動パラフィンに代えてクリームを作った場合，クリームの粘度が大きく変わることはあまりない。極性の低い油性成分の融点は粘度に影響が小さく，極性の高い高級アルコール，脂肪酸は影響が大きい。エステル類は，配合量が少ない場合は粘度にあまり影響がないが，配合量が多くなる場合高融点であるため粘度は高くなる。極性が高い成分であるが高級アルコールなどと比較すると粘度を高くする効果は小さい。高融点油性成分の配合量，配合比が高くなれば粘度も当然高くなる（表4-2）。

表4-2 油性成分の粘度を決める因子

油性成分のエマルジョンの粘度を決める因子	粘度
成分および活性剤のアルキル基の構造	飽和直鎖（高い）＞不飽和，分岐型（低い）
油性成分の極性	非極性物質（低い）＜極性物質（高い）
油性成分の融点	高い融点（高い）＞低い融点（低い）

1.4.2 粘度と油性成分，ノニオン性活性剤の選択

エマルジョンの粘度を容器に合わせて作ることが要求される場合に油性成分と活性剤の選択目安をまとめてみた。

粘度の低いエマルジョンを作る場合

a) 液状炭化水素を比較的多く配合する。
b) 直鎖高級アルコールを少なくする。
c) 分岐型高級アルコールを配合する。
d) オレイル基，イソステアリル基，ラウリル基を持つノニオン性活性剤を使う。
e) 油性成分と活性剤成分の比率を小さくする（活性剤を多く配合する）。

粘度の高いエマルジョンを作る場合

a) 固体油性成分を配合する。
b) 直鎖高級アルコールを使う。
c) 分岐型高級アルコールを少量配合する。
d) セチル基，ステアリル基を持つノニオン性活性剤を使う。
e) 油性成分と活性剤成分の比率を大きくする（活性剤を少なく配合する）。

2 安定性からみた成分の選択

2.1 融点と極性の組み合わせ

目的によって成分を選択しなければならないが，基本的には，油成分の性質を融点と極性に分けて選択する。目的によって配合しなければならない油性成分がある場合には，その油性成分の極性と融点が異なる油性成分を加える。経時で安定なエマルジョンを作るためには，極性の異なるものを2つ以上，融点の高いもの，低いものを2つ以上選択することが必要である。組み合わせる油性成分の融点は，室温で固形であるものと液状で可能な限り融点の0℃以下のものを選ぶ。また，極性の目安としては，極性の低い順に炭化水素，ロウ，植物油脂，エステル，高級アルコール，脂肪酸等を複数配合しなければならない。たとえば油性成分が液状植物油脂のオリーブ油で，流動性のあるクリームの処方を目的とした場合，オリーブ油は極性が中間で室温液状の油性成分であるので，非極性油については固体炭化水素のパラフィンワックスを選び，極性の高い油性成分として固体のミリスチルアルコールと液状のオクチルドデカノールを選択する。

第4章 エマルジョン

2.2 高分子の添加

エマルジョンの安定性を確保するため，使用感の改質を行う目的で高分子を加えることが多い。ただし，高分子を加えることで逆に安定性が損なわれることもあるので，十分な安定性試験を行うことが必要である。

アニオン系，脂肪酸系エマルジョン及びノニオンエマルジョンに加えられる高分子は，カルボキシビニルポリマー，ポリアクリル酸，キサンタンガム等が安定性も良好である。

カチオン系クリームに加えられる高分子は，安定剤としてカチオン化グアガム，カチオン化セルロース，ヒドロキシエチルセルロース等が使われ，頭髪用化粧品では安定剤として使われる以外に感触の向上，セット剤としても多種の高分子が使われる。また，高分子乳化剤としてアクリル酸・メタクリル酸アルキル共重合体（アクリレーツ／アクリル酸アルキル（C-10-30）クロスポロマー），ポリアクリルアミド，（アクリル酸ヒドロキシエチル／アクロイルジメチルタウリンナトリウム）コポリマー，（ジメチルアクリルアミド／メタクリル酸エチルトリモニウムクロリド）コポリマー等がある。

3 粘度，安定性に影響を与える要素と対応策

エマルジョンの不安定とみられる現象は，分離，凝集，沈殿，粘度変化，不均一などの性状の変化であろう。原因は成分の配合組成によることが多いが，温度，光などによっても変化は起こる。エマルジョンの分離は，高温度での粘度低下，室温経時により起こることが多い。

3.1 高温時の分離・粘度低下を防ぐ方法

高温時の粘度低下，分離は油性成分の融点が低く固体が液状になってしまい，流動性が高くなり比重の軽いエマルジョン粒子が上昇するためである。この現象は高融点物質を加えることである程度防ぐことができる。また，ノニオン性活性剤のHLBが低いため温度耐性の不足，塩濃度の影響などが考えられ，ノニオン性活性剤の配合比を増やす，アルキル基としてステアリル，セチル基を使う，HLBの高いものを加える等で解決できることもある。

---
a) 高分子を加える。高分子は粘度による影響が小さいからである。
b) セチル，ステアリル基の活性剤を使用する。
c) イソステアリル基，オレイル基の活性剤を使用しない。

3.2 室温経時の粘度上昇を抑える方法

経日で粘度が高くなることはしばしばあり，製造時と製造から時間がたった後のクリームの外観，流動性が異なる現象が見受けられる。粘度の上昇を抑制する成分はヘキシルデカノール，イソステアリルアルコール，オクチルドデカノールの分岐型高級アルコール及流動パラフィン，流動イソパラフィン，スクワラン等の液状非極性の液状油炭化水素とである。分岐型高級アル

コールは，セタノールとの併用でセタノールの結晶化を妨害するため油性成分に流動性をもたせることができ，液状炭化水素は非極性であるため水と親和性が悪く水素結合，イオン結合の形成を阻害するためと考える。油性成分の組み合わせの中でこれらの成分を少量加えることで経時での粘度上昇を抑えることができる。おおむね配合量は油成分の20％から5％加えるとよい。活性剤はセチル基，ステアリル基にラウリル基，オレイル基，イソステアリル基をもつ活性剤と併用する。やはり活性剤も融点の低いアルキル基と併用したり変えたりすることで流動性を保つことができる。イオン性のアニオン，カチオン性活性剤は，OH基，PEGの分子をもつ活性剤を加えるのがよい。たとえば塩化オレイルジポリオキシエチレンメチルアンモニウム，ポリオキシエチレンラウリル硫酸ナトリウムを0.5％位加えることにより，水との親和性を高くすることで粘度上昇を小さく抑えられる。

エマルジョンの粘度変化を抑える方法
a) セタノール，ステアリルアルコール等の直鎖高級アルコールを少なく，イソステアリルアルコール，オクチルドデカノールの分岐型高級アルコールを加える。
b) スクワラン等液状炭化水素を加える。
c) 活性剤のアルキル基をラウリル，オレイル，イソステアリルに一部置き換える。
d) 親水性の高いイオン性活性剤を加える

3.3 エマルジョンのキメ，外観の変化を抑える方法

エマルジョンは，経年により外観・性状に変化がみられ，エマルジョンのつやがなくなり，不均一になり，パール状に変化する等の現象がみられる。このような現象の原因は，油性成分と活性剤の相溶性が悪く，融点の高い油性成分が結晶化または凝集してくるためと考える。イオン性の異なるカチオン，アニオン性の両者の成分が含まれている場合，コンプレックスを徐々に生じ，安定性が損なわれる。高分子が含まれる場合はイオン性にかかわらず高分子の官能基にエマルジョン粒子が集まり凝集が生じることも考えられる。高分子は分子間にエマルジョンの流動性を抑え安定化することが目的で配合されるが，その逆の現象があらわれることがある。

低温におけるパール状の外観になる結晶析出，粘度低下は，固体油性成分でのみで作られた場合や固体油性成分が多く配合された場合，油性成分どうしの相溶性が悪い場合などに起きやすい。油性成分が固体成分のみの場合，各油性成分は結晶を生成し体積が増え大きい粒子となって結晶が現れる。直鎖アルキル基の場合も分子同士が配向し結晶を生じる。流動パラフィンとステアリルアルコールの組み合わせの場合も，同じ油性成分でも極性が大きく異なるため相溶性が悪く，結晶が生じやすい。この場合は両者の中間に位置する液状のエステルを少量加えることで解決できる。

低温状況下での粘度低下は，結晶が生じたため乳化剤と油性成分が遊離し，エマルジョン粒子の動きが自由になるためと考えられる。この場合，温度を上げて室温に戻すことでリカバリーで

第4章　エマルジョン

きることもある。

エマルジョンの性状変化を防ぐ方法
 a)　アニオン性活性剤，中和剤の対イオンを水酸化カリウム，トリエタノールアミンにする。
 b)　活性剤の量を多くする。
 c)　高HLBのノニオン性活性剤を増やす。
 d)　油成分に液状成分を多くする。
 e)　油性成分の相溶性を上げる。液状エステルを加える。
 f)　せっけん乳化の場合アルカリ剤を水酸化ナトリウムよりも水酸化カリウム，トリエタノールアミンに変更する。
 g)　ステアリン酸を使用している場合，pHを高くする。

3.4　塩類の添加対応策

　エマルジョンに多くの塩類を加えなければならない製品として，パーマネント・ウェーブ用剤，染毛剤がある。pH調整のために，エマルジョンに塩類（酸，アルカリ）を添加した場合，エマルジョンの粘度の低下，分離がみられることがある。

塩類の添加による粘度の低下

　エマルジョンの粘度は第一にエマルジョン粒子と水との間に水素結合ができて粘度が出てくることが考えられるが，エマルジョンに塩類を加えることで，塩類のイオンがこの水素結合を切ってしまい，粘度が下がると考えられる。

　粘度が下がってしまう場合にはイオン性活性剤とノニオン性活性剤の比率を変え，ノニオン性活性剤を増やすことが有効である。イオン性活性剤は塩類に弱いと考え，ノニオン性活性剤はイオン結合にあずからないため塩類の影響が小さくなる。ただし，ノニオン性活性剤は塩類の影響で曇点が下がるので高温安定性が低下することが考えられる。高温安定性の確保はイオン性活性剤によるところが大きいので，アルキル基の短いイオン性活性剤を加えることもよい。アルキル基が短い活性剤は塩類による塩析効果が弱くなるためである。塩類を加える時の粘度低下を防ぐ方法として，塩類水溶液をできるだけ低濃度に希釈することとできるだけ低温で加えることにより防ぐことができる場合もある。

塩類の添加による分離を防ぐ方法
 a)　ノニオン活性剤の量を増やす。
 b)　HLBを上げる方法を試みる。
 c)　イオン性活性剤のアルキル基の小さいもの（ラウリル基）を加える。

3.5 不安定原因と予防策

室温経時の分離は活性剤が最適の配合比率でないためにおこると思われる。再度活性剤の組み合わせについて検討が必要である。また下記のことも一因と考えられる。

分離等の不安定な原因は，配合成分全体の組み合わせが悪いためにおこることもある。安定性を向上させるためには水，活性剤，油性成分の極性の検討をすべきであり，水，グリコール，イオン性活性剤，ノニオン性活性剤の組み合わせ，油性成分の極性油から非極性油の配合比について水から非極性油までの各成分が一様に分布され，主要成分の間に位置する極性物質を少量加えることで配合成分につながりをもたせることで解決できる。その予防策を以下に挙げてみた。

安定性に注意を要する組み合わせ
  a) アニオン，カチオン性活性剤の併用。
  b) 高分子と高分子の併用。
  c) イオン性活性剤と高分子。
  d) 高モル数のノニオン性活性剤と高分子の併用。

乳化安定性を高める手法
  a) HLBを高くする。または低くする。最適なHLBに調整する。
  b) イオン性活性剤とノニオン性活性剤と併用する。
  c) 液状エステルを加える。

乳化ができない場合
  a) 活性剤のHLBを変えてみる。
  b) 低HLBの活性剤を増やす。または高HLBの活性剤を増やす。
  c) 活性剤のアルキル基をラウリル基，オレイル基に一部変更又は置き換える。
  d) 油性成分の極性と非極性の相溶性を良くする。液状エステルを加える。

---

4 乳化操作方法

エマルジョンの処方が決まっても，製造するにあたり，試験室での製造条件と工場での製造条件が一致しないことが多々ある。製造スケールでも同じように乳化を行うためには，各相の添加方法及び順序，乳化装置，乳化条件についても検討を行わなければならない。

4.1 乳化方法の検討[1]

油相と水相の混合方法は，水相に油相を加える方法，または油相に水相を加える方法で，どちらで混合するかは，製造設備の都合により決まってしまう場合が多い。混ぜ方によりよいエマルジョンができないことがある。多くの処方ではどちらの方法でも同じ性状のエマルジョンができるように処方設計するのがよい。油と水を混合するときに，乳化剤を加えるタイミングについては表4-3にまとめた。

第4章　エマルジョン

表4-3　乳化方法と乳化剤のタイミング[1]

製造方法	タイミング
発生機法（石鹸乳化）	高級脂肪酸とアルカリを混合し石鹸（乳化剤）を作り，乳化する。
乳化剤を油相に入れる方法	化粧品の場合，この方法が多い。油相に活性剤を添加する利点は水の中に油層を加えた時点ですぐにエマルジョン粒子が形成されるからである。
乳化剤を水相に入れる方法	強い撹拌を要する。化粧品には向かない。油性成分をエマルジョンにするために活性剤が油成分の周りに集まる必要がある。この場合活性剤の量が多くしなければ乳化できないことがある。
転相乳化	両方の相または一方に乳化剤を加える。安定性の良いエマルジョンが生成する。※非イオン系活性剤の曇点を利用して，乳化高温時W/Oで，冷却によりO/Wのエマルジョンを作る。W/OからO/Wに変わるときの温度を転相温度といい，転相温度が高いほど高温安定性がよい。理論的には転相温度未満では分離しない。

4.2　乳化装置

　乳化装置の種類には，パトル型撹拌機，ディスパー，ホモミキサー，スクリュー羽根がある。それぞれの撹拌機の構造ごとに，特徴があり，目的にあった製造方法を検討する（表4-4）。

表4-4　乳化装置の種類と特徴

乳化装置	構造および特徴
パトル型撹拌機	化粧品の乳化に適する。剪断を与えず乳化ができる。
ディスパー	剪断力の強い分散機，エマルジョンの生成には向かない。高分子の分散及び溶解に適する。
ホモミキサー	化粧品の乳化に極めて有効である。しかし，乳化初期に使用し，長時間の使用は，エマルジョンの破壊をまねき，安定性及び粘度ブレが大きくなる。
スクリュー羽根の撹拌機	物質の溶解に適する。溶解用の機械で，乳化装置ではない。乳化は一定条件で行ってもロットによる変化が大きく，同じ外観・粘度のエマルジョンができにくい。

4.3　乳化条件

4.3.1　乳化条件と粘度

　エマルジョンは，界面活性剤の化学的な性質を利用し，適度な物理的エネルギーを油層と水層に与えることにより作られる。エマルジョンを作るための因子は乳化時間，乳化温度，撹拌速度である。これらを調整することで安定なエマルジョンを作ることができる。以下，乳化条件における注意点をまとめた。

粘度変化における乳化条件の注意点

　　a）　乳化時間と冷却時間

長時間の撹拌は粘度低下を起こす。

冷却速度を冷却水の温度・流量で制御し，夏冬の冷却時間を一定にする。

長時間の撹拌を避ける（長時間の撹拌はエマルジョンの破壊が起こりうる）。
　b）　乳化温度
水相・油相とも設定された乳化温度まで上げる。温度が低い場合エマルジョンの粒子が大きくなりザラつく（油の粘度が低下し混合しやすくなる）。
　c）　撹拌速度
むやみに撹拌速度を早くしない。エマルジョンの粘度が低下し，安定性が悪くなる。
→高速撹拌は剪断をうけ粘度の低下が起こりやすい。
各成分の添加方法，順序の検討
　a）　油相を水相に加える。または，水相を油相に加える。
　b）　相を加える時の速度：ゆっくり，または早く。
　c）　各相の温度と添加温度。

4.3.2　乳化条件の一定化

　常に同一な品質を得るためにはできるだけ条件因子を少なくし，作業操作の簡素化を図る。つまり，一定の製造条件で行うことで，いつも同じ外観・粘度を得ることができ，エマルジョンのロットぶれを少なくすることができるためである。下表に製造条件を一定にするための製造条件をまとめた。

乳化製造条件（製造条件を一定にするためのチェック項目）
　① 各成分の混合方法
成分の添加順序・添加速度
→混ぜ方によりよいエマルジョンができないことがある。
乳化装置構造および特徴
パドル型撹拌機化粧品の乳化に適する。剪断を与えず乳化ができる
ディスパー：剪断力の強い分散機，エマルジョンの生成には向かない。高分子の分散及び溶解に適する。
ホモミキサー：化粧品の乳化に極めて有効である。しかし，乳化初期に使用し，長時間の使用は，エマルジョンの破壊をまねき安定性及び粘度ブレが大きくなる。
スクリュー羽根の撹拌機：物質の溶解に適する。溶解用の機械で，乳化装置ではない。乳化は一定条件で行ってもロットによる変化が大きく，同じ外観・粘度のエマルジョンができにくい。
　② 乳化温度
油層と水層を測定し記録する
概ね80℃以上，常に設定温度の±3℃の範囲
→温度が低い場合乳化不良になることがある。

③ 乳化初期の撹拌速度
主にホモミキサーを使用するときの撹拌速度と時間の管理
→エマルジョンのキメ，粘度が異なってくる。

④ 冷却水の温度管理
冷却水の入口温度と出口温度チェックし記録する
夏冬問わず一定の温度になるように工夫する（流量の制御）
→冷却水温度がいつも同じでないと冷却時間が一定にならない。

⑤ 撹拌速度
常に一定にする。回転数を記録する
→粘度ブレが大きくなる。

⑥ 乳化時間
始めから終わりまでの各工程時間（何時何分≠何分間×）を記録する
→長時間の撹拌は粘度が低下する。
→安定性が悪くなる。

⑦ 添加物の投入
香料・色素・塩類等の添加はいつも同じ温度・希釈率・速度で入れる
また，この混合時間は同じにする
→色素・塩類等の濃厚液はエマルジョンを破壊する。
→急速な添加もエマルジョンを破壊する。
塩類などを加えた時急激に粘度低下を起こす場合は
→添加速度を遅くする。
→添加物濃度を薄くする。
→添加温度を下げる。
乳化途中の高温時に添加剤を加えない。
乳化終了後のpH調整を出来るだけ避ける。

⑧ 低温での撹拌
室温まで冷却する必要はない
余分な撹拌はせず，一定時間で止める
→粘度低下が起こる。

5　研究から製造に移す時の検討項目（スケールアップ時の注意点）

　製造段階には，研究室とはちがった注意点が必要である。すなわち，スケールアップにともなう撹拌条件，温度制御の差異は大きい。ここでは，簡単に注意点と解決策を列挙するにとどめる。

撹拌速度

試験装置の撹拌効率を製造に使用する乳化装置と同じに設定する。

製造装置の撹拌速度と同じになるように試験装置の回転数を早くする。

パドルの回転数と容器の直径から周速を計算し，同じ周速になるようにする。

　周速＝２πｒ×回転数

　※実際の撹拌速度は同じ構造の場合でも調整が必要となる。また，長時間の撹拌では同じようにならないことが多い。

冷却速度

試験における冷却時間を早くしない。試験では，急冷になりやすい製品の製造を行う場合は，冷却水の温度管理，冷却水の水量制御に注意する。

乳化装置と撹拌速度の再チェック

現在の方法がエマルジョンの生成に適しているか検討する。

製品の開発をする場合には製造設備の条件（容量・乳化条件）をよく把握し，処方を設計することが望ましい。

文　　　献

1)　廣田博,「化粧品のための油脂・界面活性剤」幸書房（1970）

第5章　化粧品の安定性

1　はじめに

いずれの化粧品も耐温度性，経時安定性の確保が重要であり，製品の安定性を確保するための防腐剤，pH 調整剤，キレート剤，酸化防止方法等を検討することが必要である。安定性については，分離，沈殿等のほかに変色，臭いの変化，粘度変化，pH 変化についての確認を要する。防腐効果が継続していること，製品が開封された後の二次汚染対策も重要である。化粧品成分として留意点を以下にまとめる[1]。

2　安定性試験の期間と条件

安定性試験は，室温，高温，低温，温度サイクルにおける安定性が確認できるまでの期間を要する。医薬部外品の承認・申請時の安定性について長期保存試験，苛酷試験，加速試験の実施が規定されている[2]。

長期保存試験：
一定の流通期間中の安定性を確認する試験で，25℃で3年以上となっている。

苛酷試験：
流通期間中に起こりうる極端な条件を設定をし，温度，湿度，光を考慮したものである。条件例として温度60℃，湿度90％RH，光量120万 Lex/hr，温度5−60℃のサイクル等があげられている。

加速試験：
流通期間中の品質安定性を短期間で推測する試験方法で，40℃，75％RH，6ヵ月以上に設定されている。

化粧品においては詳細な規定はないが，長期保存試験として，室温で可能ならば半年から一年の経日をみるとよいと考える。苛酷試験にあたる条件については，車の中に置かれた場合（高温状態），冬季に温度が−5℃凍結後解凍した場合，商品がディスプレイされた蛍光灯下での場合，太陽光にさらされた場合等の条件下で1週間から3ヶ月間に設定して行うことで対応できると考えられる。加速試験については40，42または45℃の温度で3ヶ月以上，5℃と40℃間での24時間サイクルで3ヶ月以上の期間で行う。

上記の保存試験は，化粧品の類別，配合成分，エマルジョンの剤型によって期間と条件を検討しなければならない。全ての化粧品が同条件で安定性が確保されることが最良であるが，化粧品によっては同一条件を達成できないこともある。たとえば高分子を含まないエマルジョン製剤は，油性成分と活性剤で構成されるため，油性成分中の融点とノニオン性活性剤の濁点以上で粘度が低下して分離することが考えられる。試験を行う化粧品の構成成分の性質を考慮して試験条件を設定する必要がある。

3　不安定の条件と原因

化粧品の安定性に係わる因子には，外からの影響は経日，温度，湿度，光等の外部因子と化粧品成分及び成分の組み合わせからくる内部因子があると考える。

不安定現象からその原因を考えてみると，外からの条件には，時間，温度，光等がある。これらを外部因子と考え，不安定となる条件である不安定因子でなく，外部因子に対して重点をおいた対策を講じることが安定性のよい化粧品を作ることにつながる。不安定現象の原因として予想される成分，そしてその成分と他の成分の配合の組み合わせ，製造条件に起因することを内部因子という。

4　不安定現象とその原因の推測

内部因子と考えられる不安定現象の状況とその原因と思われる事例について述べる。

分離：
・エマルジョンの場合は，水と油が分離するため，活性剤の組み合わせと配合量及び油性成分の組み合わせ，高分子へのエマルジョン粒子の凝集が考えられる。

凝集：
・エマルジョンの場合は，高融点成分の析出，凝集して沈殿することが考えられる。低粘性のエマルジョンに高融点のキャンデリラロウ，カルナウバロウ等を使った場合，経日で白色の結晶性物が析出する。
・低粘度または透明状の油性製剤の場合，固体油性成分をマイクカプセル化，可容化して配合した場合，低温で白色の浮遊物が生じる。
・同じイオン性の高分子を複数組み合わせる場合でもコンプレックスが生じることも考えられる。

濁り：
・透明製剤に融点が高い油性成分を可溶化またはマイクロエマルジョンを配合する場合，結晶が析出し白濁がみられる。
・透明製剤にステアリル基，セチル基を有する活性剤を可溶化剤等として使った場合，室温では透明外観であるが低温になると白濁する。
・カチオン化高分子配合の透明シャンプーに両性活性剤を入れた場合，カチオン化高分子とアニオン活性剤間のコンプレックスを両性活性剤では可溶化できずに濁る。
・透明製剤に植物抽出液を配合した場合，経日で濁りを生じる。

沈殿：
・透明製剤に配合されている成分間のコンプレックスが生じて不溶性になり沈殿を生じる。高分子としてポリクオタニウム−10と高モルノニオン活性剤オレス−50を使った透明製剤の場合，室温経日で沈殿を生じる。
・植物抽出液を配合した化粧水の場合，数か月で黄色の沈殿を生じる。

第5章　化粧品の安定性

粘度変化：
- エマルジョンの粘度については第4章を参照いただきたい。
- 増粘用非イオン活性剤を多く配合した高粘度透明シャンプーの場合，経日での粘度低下がみられる。

不均一：
- エマルジョンの場合，低温時のパール外観，粘度低下がみられる。セタノールを多く配合して，液状油成分を配合しない場合，もしくは少量の場合に，セタノールの結晶が生じ，パール外観になり粘度が低下する現象がみられる。
- ステアリン酸を使ったクリームの場合，pHを7以下にした場合，経日でパール外観となりやすい。
- 高融点と液状の油性成分のみからなる固形からペースト状の製剤の場合，経日で表面に液状油の浮きがみられたり，性状が斑模様となる。

変臭・着色：
- 天然油脂及びオレイン酸，リノール酸のエステルを配合したクリームの場合，経日で着色・異臭が生じる。
- アミン，カチオン活性剤，アミノ変性シリコーンを含む製剤をpH調整してアルカリ性にした場合，アミン臭が強くなり，黄色に変色する。高温時では早急に変色する。
- タール系色素または天然色素を配合した透明シャンプー等の透明製剤の場合，太陽光，蛍光灯下で退色する。

pHの変化：
- カチオン活性剤製剤の製造時pHを中性付近に調整する場合，経日でpHが低下する。

5　成分に由来する不安定要素の検討

　不安定要素の原因となるのは，内部因子であると考える。化粧品に使われる個々の成分の性質を把握することが重要であり，基本的な事項を知っていなければならない。化学構造，立体構造，分子量，アルキル基の長さと構造（直鎖・二重結合と分岐），官能基は，成分の性質を示す。

　化粧品成分の性質を示す項目は下記のとおりで，配合される成分が安定性に影響すると考えられ，多くの成分が一つの系にあると成分間の相互作用やコンプレックスの生成等がおこって不安定要素となる。不安定の原因となると思われる事象についても以下，性質とともに記載する。

① 性状：固体を透明製剤に使う。
② 反応性：酸・アルカリ成分を併用する。
③ イオン性：アニオン性・カチオン性成分を併用する。
④ 極性：水と油の関係と油性成分間の関係。
⑤ 溶解性：溶媒への溶解度。
⑥ 相溶性：成分が均一に混合する。油性成分が均一になる。

⑦　融点：製剤の粘度等温度による変化がおこる。
⑧　pH：成分自体の安定性に影響する。
⑨　耐酸化性：多重結合を有する油性成分の安定性向上する。

単体の成分の性質を把握するばかりでなく，化粧品成分は単体のものが少なく混合物になっている場合が多いので，以下の項目のようなできるかぎりの情報を調べておくことが必要である。これにより製品への安定性に影響が出る場合がある。

①　油性成分及び活性剤のアルキル分布
②　ノニオン性活性剤のポリキシエチレン分布
③　純分，有効成分量
④　添加剤，防腐剤
⑤　溶剤
⑥　不純物

6　安定性に注意を要する成分の組み合わせ

製剤の安定性を確保するには，成分の性質を考えて処方を組み立てることが重要である。以下に考えられる事項についてまとめた。エマルジョンについては第4章を参照いただきたい。

・エマルジョン安定性
　イオン性活性剤とPEG系ノニオン性活性剤と併用する。
　塩類の添加量を少なくする。
　融点，極性の異なる油成分を組み合わせる。
　高分子を配合する。
・エマルジョンの経日での粘度上昇を防ぐ方法
　分岐型高級アルコール，炭化水素を配合する。
　乳化剤の一部のアルキル基は，オレイル，イソステアリル基を使う。
・耐酸化の安定性
　弱酸性に調整する。
・耐アルカリ性製剤の安定性
　カチオン性成分，エステル結合をもつ成分を使用しない。
・コンプレックス生成に注意を要する成分
　カチオン性成分とアニオン性成分の併用はどちらかを過剰になる比率にする。

7　安定性を確保する成分と方法

化粧品の品質・安定性を保つために添加する成分は，類別及び使われる成分にもよるが，必ず何かしら加えなければならない。化粧品は，開封後，長い期間にわたって使用されるため，経日変化するおそれが大きい。いずれの化粧品も耐酸化性，耐温度性，耐光性等の経時安定性の確保

第 5 章　化粧品の安定性

が重要であり，製品の安定性を確保するための pH 調整剤，酸化防止，キレート剤方法等の検討が必要である。実例を挙げて説明する。

7.1　pH 調整

　製剤の pH 調整は，変色，変臭，防剤効果等の製剤の安定性を保つために必要なことである。pH は配合された各成分の安定性を確保，成分の効果をもたらし，製剤の pH の変化を防止する。
・ステアリン酸（脂肪酸）を使ったクリームの pH 調整は，ステアリン酸をアルカリで中和するクリーム類の安定性は 7 以上に保つ必要がある。pH が低くなると経日でパール外観に変化する。
・カチオン性活性剤，アミン類を含むヘアリンス，頭髪化粧品は，酸性側が安定である。そもそもステアルトリモニウムクロリドの 1％水溶液の pH は 4 である。pH を中性付近に調整した場合経日で pH の低下がみられる。この原因についてははっきりしない。また，塩化ステアリルトリモニウムの 1％水溶液に 10％水酸化ナトリウムを加え pH を高くするとアミン臭が発生する。
・3 級アミン（ステアラミドジメチルアミン）は酸で中和して使われるが，その pH は 5 以下で安定性が確保される。これらを pH の高い状態におくと着色が生じ，アミン臭が発生する。
・天然油脂を配合する場合，中性からアルカリ性で酸化されやすく，酸化臭が生じるため，弱酸性に調整する。

7.2　酸化防止

　油性成分を含むエマルジョン等の製剤でとくに天然油脂またはオレイル基を有する成分を配合する場合にトコフェノール，レシチンを加え酸化防止を図るが，酸化防止剤としての効果は弱いと考える。
・天然油脂またはオレイル基を有する成分を配合した製剤の場合，酸化防止剤を加えることが必要であるが，さらに酸化防止の効果を高めるため弱酸性に調整する。
・天然油脂を配合するステアリン酸，カルボマー等のアルカリ中和を要する弱アルカリ製剤の場合，酸化防止が困難になるため天然油脂の配合を避けるか，微量配合にとどめる。
・石鹸や酸化した天然油脂，脂肪酸を石鹸にする場合，ケン化中に亜硫酸ナトリウムを加えると酸化臭はなくなる。亜硫酸ナトリウムの水溶液は pH が高くなるため，pH が高い製剤に使用され，石鹸の酸化防止に効果がある。また，アルカリ石鹸溶液の着色防止に有効である。

7.3　キレート

　水道水はカルシウム・マグネシウムイオンの二価金属，鉄イオンを含む。透明製剤の沈殿を防ぐのにキレート剤は有効である。化粧品には通常精製水が使われるのでキレート剤は不要と考えられるが，化粧品を洗い流す時には水道水が使われるためキレート剤を添加することを薦める。石鹸を配合する場合は特に必要となる。
・EDTA は，アルカリ性で二価金属に効果があるが鉄イオンには弱い。

・ヒドロキシエタンジホスホン酸は，鉄イオンに対して酸性からアルカリ性領域で効果がみられる。0.01％硫酸第一鉄溶液に50％チオグリコール酸アンモニウムを1滴加えると紅色に着色する。ヒドロキシエタンジホスホン酸を加えると色は消えるが，EDTA－2Na を加えても色は消えない。
・クエン酸・グルコン酸・フイチン酸は，広い pH で各金属イオンに効果がある。

8　防腐

大腸菌，緑濃菌，黄色ブドウ球菌等の一般生菌と酵母，黒カビ等の真菌に対応できる防腐剤を選択する。

防腐効果が継続してあり，製品の開封前の防腐対策はもちろんのこと，製品が開封され使用され続けていく中での二次汚染に対しても対策をとり，菌の発生がなく防腐効果があることが求められる。

防腐剤の検討：
・化粧品類別，使用部位により安全性を考慮し選択する。
・化粧品の成分により防腐剤の種類を決める。
・化粧品の性状により防腐剤の種類を決める。
・pH を調整する。
・複数の防腐剤を組み合わせる。

9　充填される製品容器と製剤の安定性試験

安定性試験に使用する容器及び製品に使われる容器の材質を考え，なるべく化粧品製剤の性質に適した容器を選択した上で試験を行うことも重要である。容器の材質，形状で安定性の確保ができない場合もありうる。容器の材質と内容物の間については他の文献[3]をみられたい。製品容器の試験では内容物の漏れ，容器の変形等についても確認することが必要である。

文　　献

1)　鈴木惠子他，化粧品用語集，表5-1　化粧品の安定性にいての留意点，日本化粧品技術者会
2)　『化粧品・医薬部外品製造販売ガイドブック 2011-12』薬事日報社（2011）
3)　大須賀弘，フィルムの香気収着・透過と保香包装，『最新 食品用機能性包材の開発と応用』シーエムシー出版（2006）

第6章　化粧品の使用感

1　使用感の表現

　化粧品を手にとり使用部位に塗布したときの使用感が，目的に適っているということは，よい化粧品となるための重要な要素である。使用感は，個人により感じ方は様々で，その表現も様々であるが，化粧品の開発者は，使用感の評価をより正確に客観的に行う必要がある。ここでは，筆者の行った実験や経験をもとに使用感の表現を分類し，使用感を切り口に各種原料の理解を深めたい。

1.1　表現の分類

　化粧品を使った時の使用感は個人により様々であり，表現も様々であるが，人それぞれの感じた感触をできるだけわかりやすく言葉にして表現することが重要である。化粧品の使用感の表現として大きくわけて，
　「しっとり感」
　「さらさら感」
　「すべる感じ」
　「やわらかい感じ」
の4つの表現で言われることが多い。いずれもポジティブな表現として使用される機会が多い。一方，使用感に使われるネガティブな表現には，
　「きしむ感じ」
　「残り感」
というものもある。「すべる感じ」や「なめらか」といった表現は，ポジティブ，ネガティブ両方に用いられることがある（本書で使用する際には，基本的にポジティブな感触を指す）。
　以上の6タイプの表現には，それぞれ類似表現もある。また，「非常に」，「強い」，「やや」，「若干」といった強弱を示す形容詞などを付けて表現されることになる（表6-1）。

表6-1　使用感の表現の例

	主な表現	類似表現
ポジティブな表現	しっとり感 さらさら感 すべる感じ やわらかい感じ	油性感　濡れている　重い感じ 軽い　さっぱり なめらか　つるつる　スリップ ソフト感　柔軟感
ネガティブな表現	残り感 きしむ感じ	吸着感　コーティング感 かたい　つっぱる　ひっかかる　かさつく

1.2 好まれる使用感の違い
1.2.1 使用目的による違い

好まれる使用感の傾向は，化粧品の類別，使用部位，または使用される季節によっても変化する（表6-2）。

たとえば，ハンドクリームと顔に使用するクリームは，成分や処方に大きな差異はないものの，好まれる使用感の傾向には大きな違いがある。ハンドクリームは，手に使うタイプなので，物を手に取った時すべらず，べたつかず，しっかりもつことができることが重要となり，軽い感じのさらさら感のあるものが好まれる。一方，顔に使用するクリームは，保湿感があり，しっとり感が持続するものが要求されることが多い。

また，スキンケア化粧品の場合は季節の温度・湿度により求められる付け心地も変化し，要求される使用感も変わってくる。夏季の高温多湿時は，さっぱりとした軽い感じが求められ，冬季の低温乾燥時には，濡れたようなしっとり感の強い感じが求められる。

表6-2 化粧品の類別と使用者に好まれる使用感

使用部位	使用方法	類別	好まれる使用感
頭髪	洗い流す	シャンプー、リンス	なめらか　しっとり
	洗い流さない	頭髪用化粧品	すべる　さらさら
顔	洗い流す	洗顔料、クレンジング	しっとり
	洗い流さない	化粧水、クリーム類	夏：さらさら　冬：しっとり
全身	洗い流す	ボディソープ	なめらか　しっとり
	洗い流さない	ボディミルク等	さっぱり　さらさら

1.2.2 使用者による違い

使用者の立場によって，好まれる使用感の傾向が異なる場合もある。特に頭髪用化粧品の場合に多いが，一般の使用者と美容師とでは好む使用感には大きな差がある。シャンプー，リンスは洗い流すタイプの化粧品のため，一般の使用者では，すすぎ時の「なめらか（すべる感じ）」さが早くなくなり，洗い流された感じになることが要求され，美容師はすすいでいる時の「なめらか（すべる感じ）」さが長く持続するものがよいと評価する傾向にある。

1.3 加齢に対応する場合

スキンケア化粧品では，年代による使用感に違いがみられ，年代が高くなるにつれてしっとり感が要求される傾向がある。皮膚の老化の症状としては年齢とともに皮膚は弾力を失い，乾燥しがちになるほか，加齢とともに皮膚が本来もっている機能も低下してくる[1]。

化粧水，クリーム等のスキンケア化粧品は，加齢による皮膚の老化に対応し，目的の感触を得るために多価アルコール，油性成分等の種類と組み合わせ，配合量を変えている。これら成分の使用感については次項においてアルキル基の長さと使用感と多価アルコール使用感を参考にして

第 6 章　化粧品の使用感

いただきたい。

2　使用感の評価

　化粧品の使用感の評価方法の確立は，被験者の使用感を客観的に扱うために，もっとも重要であり，同時にもっとも難しい課題でもあるだろう。また，開発者にとっても，試作した化粧品の使用感をどのように表現できるかという視点から重要になる。

　近年では，機器による評価も試みられており，使用感の一部に限るが，摩擦，曲げ強度等の客観的な数値データが得られる。機器を用いた定量的な評価は，今後も進展が期待される分野といえる。しかし，実際に人が感じた感覚と数値に開きがあることが多々ある。現時点では，人の手による評価が多面的な使用感全体を捉えることができ，よい試験方法であるといえる。

2.1　人による評価の注意点

　人の手による評価にはどうしても個人の主観が入ることは避けられない。しかも，評価する者によってその主観にも傾向がある。それらを踏まえて評価を行うことが，正確な評価につながる。

2.1.1　化粧品の類別と使用者に好まれる使用感

　成分内容を知っているために，思い込みにより過大評価してしまうケースもある。たとえば研究所内で，他の研究技術者の評価と講評は，より客観的で，扱いやすい回答を得やすく，また，その後もアドバイスをもらうこともできる。しかし一番大事なのは，使用者である消費者の外部評価を得ることである。

　使用者へのアンケートは，多くの評価結果を得られ，統計的な評価ができる。しかし回答や表現にばらつきが多くなる可能性があるので，回答方法の誘導（フォームの使用等）といった簡便な手法をとるとよい。

　また，その時の状況により結果が左右されることもありうるため，報告された結果の評価について検討を要することもありうる。

　評価とは，化粧品の使用方法により塗布から仕上がり，乾燥まで各使用工程の評価をするものである。塗布した時，洗い流す時，濡れている時，タオルドライの時，乾燥した時，仕上がった時等，個々に評価を行う。次頁に清浄用化粧品，シャンプー，リンス，洗い流さない化粧品について評価表の例を示す。

使用感評価シート（洗浄用化粧品）

試験項目		評価		
塗布時	泡立ち，泡のキメ	良い	普通	悪い
	なめらかさ	良い	普通	悪い
	ソフト感	良い	普通	悪い
	すべり感	良い	普通	悪い
	刺激について	ない		ある
すすぎ時	すすぎ時のぬめりの持続	続く	普通	続かない
	すすぎ時の感じ	良い	普通	悪い
	すべり感	良い	普通	悪い
	刺激について	ない		ある
タオルで拭き取った時	しっとり感/さらさら感	しっとり	中間	さらさら
	すべり感	良い	普通	悪い
	なめらかさ	良い	普通	悪い
乾いた時	しっとり感/さらさら感	しっとり	中間	さらさら
	なめらかさ	良い	普通	悪い
	かさつき	ない	普通	ある
	つっぱる感じ	ない	普通	ある

※ 刺激については，熱く感じる，ひりひりする。痛くなる等

使用感評価シート（シャンプー用）

試験項目		評価		
塗布時	泡立ち，泡のキメ	良い	普通	悪い
	なめらかさ	良い	普通	悪い
	ソフト感	良い	普通	悪い
	すべり感	良い	普通	悪い
	引っかかる感じ	ない	普通	ある
濯ぎ時	濯ぎ時のヌメリの持続	続く	普通	続かない
	濯ぎ時の指通り	良い	普通	悪い
	すべり感，なめらかさ	良い	普通	悪い
	引っかかる感じ，きしむ感じ	ない	普通	ある
タオルドライ	しっとり感/さらさら感	しっとり	中間	さらさら
	すべり感	良い	普通	悪い
	なめらかさ	良い	普通	悪い
	引っかかる感じ，きしむ感じ	ない	普通	ある

第6章 化粧品の使用感

使用感評価シート（ヘアリンス用）

試験項目		評価		
塗布時	毛髪へのなじみ，のび	良い	普通	悪い
	すべり感	良い	普通	悪い
	ぬめり感	良い	普通	悪い
	柔らかくなった感じ	ある	普通	ない
すすぎ時	すべり感	良い	普通	悪い
	ぬめり感の持続	続く	普通	続かない
	引っかかる感じ，きしむ感じ	ある	普通	ない
タオルドライ	しっとり感／さらさら感	しっとり	中間	さらさら
	すべり感	良い	普通	悪い
	ソフト感／硬さ	ソフト	中間	ハード
仕上がり時（乾燥時）	毛束のまとまり，広がり	まとまる	普通	広がる
	すべり感	良い	普通	悪い
	ソフト感／硬さ	ソフト	中間	ハード
	しっとり感／さらさら感	しっとり	中間	さらさら

使用感評価シート（用化粧品；洗い流さないトリートメント用）

試験項目		評価		
塗布時	毛髪へのなじみ，のび	良い	普通	悪い
	すべり感	良い	普通	悪い
	ぬめり感	良い	普通	悪い
	バニシング性（白くなる）	ない	普通	ある
	べとつき	ない	普通	ある
仕上がり時（乾燥時）	毛束のまとまり，広がり	まとまる	普通	広がる
	すべり感	良い	普通	悪い
	ソフト感／ハード感	ソフト	中間	ハード
	しっとり感／さらさら感	しっとり	中間	さらさら
	均一性（根元〜毛先）	良い	普通	悪い
	べとつき	ない	普通	ある
	つや	ある	普通	ない

使用感評価シート（スキンケア用）

試験項目		評価		
塗布時	肌へのなじみ，のび	良い	普通	悪い
	すべり感	良い	普通	悪い
	なめらか感	良い	普通	悪い
	バニシング性（白くなる）	ない	普通	ある
	べとつき	ない	普通	ある
	刺激について	ない		ある
塗布後時間が経過してから	なめらか感	良い	普通	悪い
	しっとり感／さらさら感	しっとり	中間	さらさら
	かさつき	ない	普通	ある
	べとつき	ない	普通	ある

※ 刺激については，「熱く感じる」，「ひりひりする」「痛くなる」など，具体的な表現にかえてもよい。

3 化粧品成分の使用感

それぞれの化粧品成分によって，どのような使用感が得られるかを知ることは化粧品を作るうえで非常に重要である。これらの化学的，物理的性質を理解し，個々の成分の使用感を覚えることが使用感設計の上でポイントとなる。

3.1 アルキル基の構造と使用感

油性成分，界面活性剤のアルキル基には使用感に直結する構造があると考えられる。アルキル基の性質や特長には，分子量が増えると融点が高くなる傾向，酸素原子と化学構造（二重結合，側鎖の有無，官能基の種類）の違いによる極性がある。官能基により他成分との相溶性，相互作用があり，それらが粘度，稠度として感触に影響し，外観・粘度・硬さ・伸びにも影響を及ぼす。人の受ける使用感・感触は，アルキル基のこれらの構造によることが大きい。化粧品を作るうえでの一番重要な性質である。

アルキル基が短いと「きしむ感じ」があり，中間は「すべる感じ」があり，長いと「ソフト感」，「しっとり感」になりやすい。また，分子中アルキル鎖の二重結合をもつ成分は，「しっとり感」，「油性感」を増し，分岐構造は「さらさら感」，「軽い感じ」をもたらす。

分子構造の複雑さは，複雑になると「しっとり感」，「残り感」が強くなる。分子量が大きくなると融点が高くなり，固体となるためすべる感じが弱くなり，「さらさら感」，「なめらかさ」のない使用感になる（表6-3）。

表6-3 アルキル基と使用感

アルキル基	脂肪酸	高級アルコール	使用感
n-12	ラウリン酸	ラウリルアルコール	きしむ
n-14	ミリスチン酸	ミリスチルアルコール	さらさら　すべる
n-16	パルミチン酸	セチルアルコール	しっとり
n-18	ステアリン酸	ステアリルアルコール	しっとり
n-20	アラキン酸	アラキルアルコール	-
n-22	ベヘニン酸	ベヘニルアルコール	ソフト
e-18'	オレイン酸	オレイルアルコール	油性，しっとり
iso-16	-	ヘキシルデカノール	軽い，すべる
iso-18	イソステアリン酸	イソステアリルアルコール	すべる
iso-20	-	オクチルドデカノール	すべる

3.2 油性成分の使用感

油性成分は，アルキル基を基本構造とし，酸素原子をもたない炭化水素，エステル結合を有するエステル・ロウ類があり，分子の末端に酸素原子のある高級アルコール・脂肪酸がある。この油性成分の感触を決める因子は，アルキル基と官能基の違いによるところが大きい。アルキル基の性質や特長には，分子量が増えると融点が高くなる傾向，酸素原子と化学構造（二重結合，側鎖の有無，官能基の種類）の違いによる極性がある。官能基により他成分との相溶性，相互作用

第6章　化粧品の使用感

があり，それらが粘度，稠度として感触に影響し，外観・粘度・硬さ・伸びにも影響を及ぼす。人の受ける使用感・感触は，化粧品を作るうえで一番重要な性質である。油性成分は，アルキル基を基本構造とし，酸素原子をもたない炭化水素，エステル結合を有するエステル・ロウ類があり，分子の末端に酸素原子のある高級アルコール・脂肪酸がある。この油性成分の感触を決める因子は，アルキル基と官能基の違いよるところが大きい。

　融点の高いロウ類になると「吸着感」が現れ，表面が覆われている感じがでてくる。エステル結合や水酸基，カルボキシル基は直接感触に影響を与えることはあまりないと思われるが，製品の粘度，稠度に大きく影響を及ぼす。粘度が高い方が「なめらかさ」，「柔らかさ」を感じやすく，粘度が低くなると「軽い感じ」になりやすい。スキンケア化粧品の場合，「すべる感じ」を要求される時は液状油性成分を多く配合し，「すべる感じ」をなくしたい場合は固体油性成分を多くするとよい。

3.3　界面活性剤の使用感

　アニオン性活性剤の親水基は，カルボキシル基，リン酸基，スルホン酸基，硫酸基であるが，これらの基の酸素原子とイオウ原子の数により，水との親和性が大きく強いものと弱いものの両極になる。

　カチオン性活性剤は，親水基がトリメチルアンニウム構造で，アルキル基の長さにより使用感が異なる。カチオン性活性剤の項で述べた通り，アルキル基が短いラウリルの場合，きしみ感があり，セチル基，ステアリル基，ベヘニル基と長くなるにつれてしっとり感が強くなる。

　両性活性剤は，シャンプー，洗浄用化粧品の洗顔料，浴用化粧品のボディソープ等に洗浄剤として使われることが多く，ラウリル基，ココイル基がほとんどであるため，使用感は親水基の構造の違いによる。ラウリルベタインのように構造がシンプルで直鎖構造をとる場合は軽い感じになり，ココアンホ酢酸ナトリウムのように構造が複雑になると，すべり感が劣り，しっとり感が強く感じられるようになる。

　ノニオン性活性剤は，ポリオキシエチレン鎖の長さによりきしみが感じられ，使用感は悪くなるが，高級アルコールと同様にアルキル基の長さ，二重結合，側鎖の特長がみられるが，油性成分，カチオン性活性剤のような顕著な使用感の差異は見られない。

　水との親和性が強いものは皮膚や毛髪から流れ落ちやすく，親和性が弱いものは流れ落ちにくくなる。硫酸基を有するポリオキシエチレンラウリル硫酸ナトリウムを使ったシャンプーは一般にさらさらタイプが作りやすく，アミノ酸性活性剤を使ったものはしっとり系になることが知られている。

3.4 多価アルコールの使用感
3.4.1 グリコール類の使用感

　保湿成分として使われるグリコールの，分子構造と使用感について考える。グリコールの使用感，保湿感は，水酸基の位置と数及び分子量に影響される。

　化粧品成分としてもっとも多く使われるグリセリン，1,3-ブチレングリコール，プロピレングリコールで，これらを比較する。化粧水で使われる場合と同様に，炭素数3，水酸基3のグリセリンが「重く（強いしっとり感）」，炭素数3，水酸基2の1,3-ブチレングリコールが「しっとり感」があり，炭素数3，水酸基2のプロピレングリコールは「軽い感じ」になる。また，イソプレングリコールは，1,3-ブチレングリコールにメチル基が1個多い炭素数5，水酸基2であり疎水性が高まっているため「すべる感じ」が得られる。基本的なグリコール類の感触を知っておくことが化粧品の使用感に直接影響を及ぼす。ジプロピレングリコール，ジグリセリンの2量体は，いずれも粘度が高くなる。使用感は，ジプロピレングリコールはやわらかさが加わり，ジグリセリンはベとつきが感じられしっとり感が強くなる。

　化粧水として配合したときの感触及びヘアミストとして頭髪に使用したときの感触を表にあらわす（表6-4）。

表6-4　グリコール類の使用感

成分	感触 皮膚	感触 頭髪
ジグリセリン	すべり感　しっとり	少しべタつく
グリセリン	少ししっとり	ベタつく
1,3-ブチレングリコール	しっとり	少しべタつく
イソプレングリコール	少しサラッとする	さっぱり軽い
ジプロピレングリコール	柔らかくなめらか よくすべる	さっぱり
プロピレングリコール	よくすべる	よくすべる とてもさっぱり

3.4.2 糖類の使用感

　糖類は，結晶でグリコール類よりさらっとした感触であるが，中にはべたつくものもある。化粧品に配合した時の使用感についてまとめる。

スキンケア化粧品に配合した場合

　糖類は，グリコール類と組み合わせることで使用感に軽さとさっぱり感を与える。グリセリン，1,3-ブチレングリコールにマンニット，トレハロース等の結晶性糖類を配合すると，しっとりとした感触と滑らかさが抑えられる。

頭髪用化粧品に配合した場合

　洗い流さない頭髪用化粧品の場合，糖類は軽い感じになる傾向があり，数％と配合量が多くな

第6章　化粧品の使用感

るとすべり感が弱くなり毛髪に滑らかさがなくなる。

洗い流す化粧品に配合した場合

　糖類は，水に溶解して洗い流されてしまうので使用感にはあまり影響しない。また，ジプロピレングリコール，グリセリン等のグリコール類と異なりすすぎ時の滑らかさの向上にも寄与しない。

文　　　献

1)　門田麻里,「加齢と湿疹・皮膚炎について」, 田辺三菱製薬ホームページ（2010）

第 7 章　化粧品処方の実践

化粧品の性状・剤型及び類別

　化粧品は使用部位，使用方法等に合わせて，使用者にとっての使いやすさを考慮して性状・剤型が設計される。近年，同じ使用目的，使用部位であっても，ライフスタイルの提案やマーケティングの側面から様々なタイプの容器がデザインされ，これまでと異なる性状・剤型が選ばれることもある。

　おもな剤型として液状，粘性液，乳液，クリーム，ジェル，ワックス，固形，粉末，エアゾールがある。化粧品の類別（シャンプー，リンス，スキンクリーム，化粧水等，ボディーソープ，口紅，ファンデーション等）によって，各種成分を目的に合ったように組みあわせて処方をつくる。類別ごとに使われる構成成分を，石鹸及び清浄用化粧品，シャンプー，ヘアリンス，クリーム類，頭髪用化粧品，油性成分を主体とする水を含まない化粧品，特定成分を配合しない化粧品について例をあげ，本章で概説する。

1　石鹸及び洗浄用化粧品

　石鹸及び洗浄用化粧品は，皮膚の汚れを洗い流し清潔に保つものである。石鹸をおもに成分とする化粧品にはボディソープ，洗顔クリーム（洗顔料），化粧石鹸等がある。剤型は，化粧石鹸は，固形であり，ボディーソープ，洗顔料はクリーム状から液状となっている。石鹸の製造は，天然油脂を水酸化ナトリウム等のアルカリでケン化する方法が昔から行われてきた。現在は脂肪酸を中和して作られるものが多くなっている。成分構成は脂肪酸塩が多く用いられるが，アニオン活性剤，両性活性剤が洗浄成分として構成されるタイプと脂肪酸塩と併用されるタイプの 2 つが多い。保湿剤としてグリセリン等の多価アルコール類が配合される。クリーム状にするためは高級アルコール，ノニオン活性剤も配合される。また，粘度と使用感に変化をつけるために高分子が使われる。

1.1　成分の組み合わせと製剤

　石鹸に使われる脂肪酸とアルカリ剤は製剤の性状により選択しなければならない。化粧石鹸，粉末石鹸はラウリン酸，パルミチン酸，ステアリン酸，オレイン酸のナトリウム塩が使用され，洗顔クリーム（洗顔料）のようなクリーム状，ペースト状の製剤はラウリン酸，ミリスチン酸，パルミチン酸のカリウム塩が使用される。

　石鹸の性状は脂肪酸組成とアルカリ剤により異なる。すなわち，長鎖の飽和脂肪酸のナトリウム塩は固体となり，逆に短鎖や不飽和脂肪酸のカリウム塩はクリーム状や液状になりやすい。このように石鹸は脂肪酸のアルキル基の炭素数と融点の影響を直接受け，炭素数が増えると固体となり，減少するとクリーム状や液体となる。ただオレイン酸は二重結合を分子の中央に有するた

め，ナトリウム塩はペースト状に，カリウム塩は透明な粘性液となるという特徴を有する。

1.2 化粧石鹸

　化粧石鹸の製造法には，牛脂80%，ヤシ油20%を水酸化ナトリウムでケン化した後，食塩水で塩析してニートソープを取り出し，これを乾燥して石鹸素地を得るケン化法と，これらの油脂の脂肪酸を水酸化ナトリウムで中和したニートソープから石鹸素地を得る脂肪酸中和法がある。

　またニートソープを乾燥して固形石鹸にするには枠練り法と機械練り法の2種類がある。枠練り法はニートソープを枠に入れて乾燥させるもので，製品の水分はJISで28%以下となっている（処方1-1）。

処方1-1　化粧石鹸（枠練法）

	Part	Ingredient	g
1	A	ヤシ油脂肪酸（nv255）	20.00
2	A	牛脂脂肪酸またはパーム油脂肪酸（nv198）	80.00
3	A	グリセリン	6.00
4	C	EDTA-2ナトリウム	0.20
5	C	クエン酸ナトリウム	0.50
6	B	水酸化ナトリウム（85%）	17.57
7	B	精製水	44.00
		合計	168.27

DIRECTIONS：
① 1～3を80℃に加温する（A）。
② 6を7に溶解する（B）。
③ AとB，4，5を混合する（A＋B＋C）。
④ 型に入れ乾燥させる。

SPECIFICATIONS：
　　　pH：10.0-10.5（1%液）

　機械練り法はニートソープを真空乾燥機などで乾燥させ，ペレット状の石鹸素地にした後，ロール等の機械でよく練り合わせる。これを加温しながら棒状に押し出し，型打ちして製品とするものである。この製品の水分はJISで16%以下となっている。水分の少ない機械練り法の石鹸は浴用に適し，枠練り法の石鹸は洗顔用に適している。

1.3 クリーム状石鹸

　洗顔料などのクリーム状石鹸はラウリン酸，ミリスチン酸，パルミチン酸，ステアリン酸のカリウム塩が主体である。脂肪酸カリウム塩の融点は使用する脂肪酸によって大きく変化するため，性状が著しく異なる。このため広い温度域で一定の粘度を維持することは難しい。ある程度

第7章 化粧品処方の実践

一定な粘度を維持するには単一脂肪酸ではなく，これら複数の脂肪酸カリウム塩の使用が望ましい。さらにはこれら脂肪酸の配合比率，配合量などの検討が必要である。

また各温度での安定性は示差熱分析（DTA）や示差走査熱量分析（DSC）により確認することができる。安定性を良くするにはセタノール等の高級アルコール，グリセリン，PEG等の添加が不可欠であり，両性活性剤，アニオン活性剤の添加も必要となる（処方1-2）。

処方1-2 クレンジングクリーム（クリーム状洗顔料）

	Part	Ingredient	%（100g）	%（100g）
1	A	ラウリン酸（nv280）	4.00	2.00
2	A	ミリスチン酸（nv245）	8.00	8.00
3	A	ステアリン酸（nv208）	12.00	14.00
4	B	水酸化カリウム（85%）	11.06	6.44
5	B	クエン酸	0.50	0.50
6	B	EDTA-2ナトリウム	0.20	0.20
7	B	グルコン酸ナトリウム	0.50	0.50
8	B	グリセリン	3.00	3.00
9	B	ポリエチレングイコール400	6.00	6.00
10	C	1,2-ペンタンジオール	1.00	0.20
11	C	ジステアリン酸エチレングリコール	3.00	2.00
12	C	スクワラン	0.20	0.20
13	C	セタノール	-	1.50
14	C	ジオレイン酸PEG-120メチルグルコース	2.00	-
15	C	コカミドDEA	-	2.00
16	C	ココイルメチルタウリンナトリウム（30%）	-	6.00
17		精製水	to 100g	to 100g

DIRECTIONS：
① 1～3を，70℃に加温する（A）。
② 4～9を17に溶解する（B）。
③ AとBを混合してから85℃まで加温する（A+B）。
④ 10～16を加え撹拌し，均一にする（A+B+C）。
⑤ 40℃まで冷却してpHを測定し，KOH（10%）で調整後，補水する。

SPECIFICATIONS：
　　pH：9.5-10.2

1.4 液体石鹸

基本的にはヤシ油脂肪酸を水酸化カリウムで中和して作られる粘度のほとんどない液状石鹸である（処方1-3）。ヤシ油はラウリン酸を45～50%以上含み，カプリル酸，カプリン酸，ミリスチン酸と少量のオレイン酸を有しているため，液体石鹸に一番適した油脂である。

石鹸濃度は10～30%が適切であるが，石鹸濃度だけでは粘度調整はできない。また石鹸濃度

処方1-3　透明液体石鹸（手洗い用，ボディ用，洗顔用；フォームボトル対応）

	Part	Ingredient	％（100g）
1	A	ヤシ油脂肪酸	12.50
2	A	グリセリン	3.00
3	A	クエン酸	0.50
4	C	ベタイン	0.10
5	C	PCA－ナトリウム	0.50
6	C	グリチルリチン酸ジカリウム	0.10
7	B	水酸化カリウム（85％）	4.34
8	B	精製水	to 100g

DIRECTIONS：
① 7を8に溶解する（B）。
② Bに1～3を加え，80℃に加温する（A＋B）。
③ 50℃まで冷却して4～6を加える（A＋B＋C）。
④ 10％KOHでpH調整後，補水する。

SPECIFICATIONS：
　　　pH：9.8－10.5

　を30％以上にすると液はゲル状となる。従って石鹸濃度を高くする場合は，ゲル化を防ぐため5～6％のグリセリンやプロピレングリコールの添加が必要となる。またこのゲルは温度の上昇とともに解消する。液体石鹸の粘度調整をパルミチン酸やステアリン酸のような長鎖脂肪酸で行うと，室温でも白濁，沈殿が生じるため適切ではない。これは長鎖脂肪酸カリウムの溶解度が低いためである。液体石鹸の粘度は主成分がヤシ油脂肪酸またはパーム核油脂肪酸のカリウム塩の場合，通常微粘性である。これに粘度を付与する場合はメチルセルロース，ジオレイン酸PEG－120メチルグルコース等の添加が必要となる（処方1-4）。シャンプーの増粘剤として良く使用されるヤシ油脂肪酸ジエタノールアミドやヤシ油脂肪酸モノエタノールアミドなどではこの系は増粘できない。

　製剤の安定性はpHの影響が大きく，pHを9.8～10.5に合わせることが必要である。pHが低いと低温で白濁し，経時で着色や酸化による酸敗臭が生じる。

第7章 化粧品処方の実践

処方1-4 透明粘性タイプ液体石鹸

	Part	Ingredient	％（100g）	％（100g）	％（100g）
1	A	ヤシ油脂肪酸（nv255）	18.00	15.00	15.00
2	A	オレイン酸	2.00	-	-
3	A	クエン酸	1.00	1.00	1.00
4	A	グリセリン	3.00	3.00	3.00
5	B	水酸化カリウム（85％）	7.05	5.68	5.68
6	B	精製水	24.00	24.00	24.00
7	C	EDTA-4ナトリウム	0.20	0.20	0.20
8	C	グルコン酸ナトリウム	1.00	1.00	1.00
9	D	ジオレイン酸PEG-120メチルグルコース	-	-	2.00
10	E	ヒドロキシメチルプロピルセルロース	-	0.40	-
11	E	精製水	to 100g	to 100g	to 100g

DIRECTIONS：
① 5を6に溶解する（B）。
② Bに1～4を加え80℃に加温する（A＋B）。
③ 10を11に溶解する（E）。
④ A＋Bに7～9を溶解する（A＋B＋C＋D）。
⑤ 45℃に冷却後，Eを加え補水する（A＋B＋C＋D＋E）。

SPECIFICATIONS：
　　pH：9.8-10.5

1.5 透明化粧石鹸

　透明石鹸は牛脂脂肪酸又はパーム油脂肪酸70％とヤシ油脂肪酸30％から作られるナトリウムの石鹸素地にエタノールやグリセリン，砂糖等を各10％以上加えて乾燥させて製造する。成分的には一般の化粧石鹸よりラウリン酸ナトリウム，グリセリン，砂糖が多いため，起泡性はよいが水に溶けやすいため浴用より洗顔に適している。また，エタノールを加え透明にするが，エタノールの残留が多くなると目，皮膚に対して刺激が強く，痛みを感じる。

1.5.1 pHと遊離アルカリ

　石鹸は脂肪酸の中和量以上の遊離アルカリを有するタイプが一般的であり，pHは9.5～10.5の範囲にすることが重要である。石鹸の遊離アルカリはJISで規定されている。その測定法はビーカーに試料約5gを秤り，これを煮沸させて二酸化炭素を除去し，フェノールフタレイン指示薬に水酸化カリウム・エタノール液で中和したエタノールを入れ，ウォーターバス上で溶解させる。試料が溶解すればフェノールフタレインを指示薬に0.1N塩酸標準液で滴定する。この時の塩酸標準液の消費量は1ml／g以下になるようにする。またJISの遊離アルカリの規定値は0.1％以下となっている。

1.5.2 石油エーテル可溶分

　天然油脂の中にはトリグリセライド以外に不ケン化物が存在する。また天然油脂はトリグリセ

ライドのため未反応の油脂が微量存在する。これらを石油エーテルで抽出した量を JIS で石油エーテル可溶分とし，化粧石鹸の場合は 3%以下と規定している。化粧石鹸には香料，スクワラン，セタノールなどの油性成分を添加しているため，これらはすべて石油エーテル可溶分となる。石鹸の泡立ちや洗浄力はこれらの成分が含まれていても影響を受けることはない。

1.5.3 キレート剤の効果

脂肪酸塩は水中に存在するカルシウム，マグネシウムイオンと反応して水に不溶な脂肪酸の金属塩，いわゆるスカムと呼ばれる金属石鹸を生成し，石鹸の起泡力を低減させる。これを防ぐために EDTA のようなキレート剤を石鹸に加えている。またクエン酸には pH の広い範囲でキレート力があるため EDTA との併用に相乗効果が認められる。

1.6 洗浄用化粧品

洗浄用化粧品は，洗顔料，手，ボディーソープ等身体の汚れを落とし清潔にする化粧品であり，アニオン活性剤を主剤とし，性状は液体からクリームまである。構成成分は，アニオン活性剤，両性活性剤を主成分に，脂肪酸カリウム石鹸との併用もある（処方1-5，処方1-6，処方1-7）。

処方1-5　透明粘性タイプボディソープ（ポンプ容器対応）

	Part	Ingredient	%（100g）
1	A	（アクリレーツ/アクリル酸アルキル（C10-30））クロスポリマー*	0.40
2	A	精製水	50.00
3	A	グリセリン	3.00
4	A	EDTA-2ナトリウム	0.10
5	B	BG	2.00
6	B	1,2-ペンタンジオール	0.80
7	B	メチルパラベン	0.20
8	B	プロピルパラベン	0.05
9	C	ココイルメチルタウリンナトリウム（30%）	18.00
10	C	コカミドプロピルベタイン（30%）	12.00
11	C	ココアンホ酢酸ナトリウム（30%）	4.00
12	C	コカミドDEA	2.00
13	C	10%水酸化カリウム	1.60
14		精製水	to 100g

DIRECTIONS：
① 2に1を均一に分散後，3,4を加え60℃に加温する（A）。
② 5～8を加温して均一にする（B）。
③ AにBを加え，9～12を加え，均一にした後，13で中和する（A+B+C）。
④ 40℃まで冷却し，補水する。

SPECIFICATIONS：
　　　pH：6.0-7.5
*Pemuren TR-2

第7章　化粧品処方の実践

　性状は液体からクリームまである。クリーム状，粘性状の剤型を作るためにはジステアリン酸エチレングリコール，セタノール等の飽和高級アルコール，脂肪酸アルカノールアミド等の成分を増粘剤として加える。また，ジオレイン酸PEG-120メチルグルコース，ヒドロキシメチルプロピルセルロース，モノステアリン酸ポリエチレングリコール，ジステアリン酸ポリエチレングリコール等を使用して粘度をつけることもできる。

処方1-6　アニオン-両性活性剤タイプ洗顔フォーム（フォームボトル対応）

	Part	Ingredient	％（100g）
1	A	EDTA-2ナトリウム	0.10
2	A	安息香酸ナトリウム	0.20
3	B	BG	3.00
4	B	1,2-ペンタンジオール	0.90
5	B	PEG-20ソルビタンココエート	0.40
6	B	香料	0.20
7	C	ココイルメチルタウリンナトリウム（30％）	18.00
8	C	コカミドプロピルベタイン（30％）	12.00
9	C	ココアンホ酢酸ナトリウム（30％）	4.00
10	C	コカミドDEA	2.00
11	C	ジラウロイルグルタミン酸リシンナトリウム（30％）	0.10
12	C	グリセリン	3.00
13	A	精製水	to 100g

DIRECTIONS：
① 1，2を13に溶解する（A）。
② 3〜6を均一にする（B）。
③ Aに7〜12を加え，Bを加え，補水する（A＋B＋C）。

SPECIFICATIONS：
　　　　pH：6.0-7.5

処方1-7　液体石鹼タイプ洗顔フォーム（フォームボトル対応）

	Part	Ingredient	％（100g）
1	A	水酸化カリウム	1.10
2	A	クエン酸	1.00
3	A	EDTA-2ナトリウム	0.30
4	A	安息香酸ナトリウム	0.20
5	B	ヤシ油脂肪酸カリウム液（40％）	20.00
6	B	ココイルメチルタウリンナトリウム（30％）	8.00
7	B	コカミドプロピルベタイン（30％）	6.00
8	B	コカミドDEA	3.00
9	B	グリセリン	3.00
10	C	BG	2.00
11	C	PEG-20ソルビタンココエート	0.40
12	C	香料	0.20
13	C	フェノキシエタノール	0.50
14	C	1,2-ペンタンジオール	0.80
15	A	精製水	to 100g

DIRECTIONS：
① 15に1を溶解後，2～4を溶解する（A）。
② 10～14を均一にする（C）。
③ Aに5～9を加え，70℃に加温して均一にする（A＋B）。
④ 50℃まで冷却してCを加え，補水する（A＋B＋C）。

SPECIFICATIONS：
　　　pH：9.2-10.2

第7章　化粧品処方の実践

2　シャンプー

　シャンプーは，頭髪，頭皮の汚れを落とすために使われる洗髪化粧品である。シャンプーの基本的な成分構成はアニオン性活性剤が第1の洗浄剤として一番多く配合され，両性活性剤が第2の洗浄剤として配合される。泡安定剤，増粘剤としてアルカノールアミド等のノニオン活性剤，感触向上剤，増粘剤としてカチオン化ポリマーが配合され，この4種が主成分になり，製品の粘度，使用感がほぼ決まる。感触向上のための成分としてシリコーンが多く配合される。これら成分の選択が目的に合っていることが理想的なシャンプーとなる。

　最近では自然派志向を追及する消費者も多く，防腐剤，シリコーン，旧指定成分，合成界面活性剤を配合しない製品の開発要求も出てきている。

2.1　シャンプーの処方目的と成分

　シャンプー処方の検討事項はシャンプーの外観，粘度，泡立ち，洗浄力，安全性，安定性，使用感である。シャンプーの外観は一般の人が使うものはパール外観が多く，美容師が使うものは透明な外観が多い。シャンプーの粘度は容器から手に取るとき出しやすく手のひらからこぼれにくい粘度のものがよいとされる。泡立ちについては泡の立つ早さが要求され，泡はクリーミーなことがおおむね好まれる。シャンプーを手に取り泡立たせる際，粘度が高いと粘りが出て泡立ちが悪く，べたつくので好まれない。洗浄力については，髪の汚れは軽度の場合がほとんどなのであまり考慮する必要はない。安全性については配合される成分により目に刺激を感じることがある以外はおおむね心配なく配合できると考える。

2.2　シャンプーに使われるアニオン性活性剤

　アニオン性活性剤はシャンプーに一番多く配合される。アニオン性活性剤の配合は洗浄と泡立ちが重要な目的である。アニオン性活性剤の種類により安全性（目の刺激），起泡力，使用感，粘度に大きく影響する。使用感は，アニオン性活性剤と高分子の組み合わせ及びアニオン性活性剤と両性活性剤の組み合わせが影響する。また，シャンプーの粘度にも影響する。

　アニオン性活性剤の構造はアルキル基がラウリル基またはココイル基，パーム核油基がほとんどであり，その親水基の構造でスルホン酸基，硫酸，カルボン酸基により大分類される。アニオン性活性剤は，カチオン化高分子とコンプレックスを生じ，アルキル基が同じため，シャンプーの泡立ち，使用感，コンプレックスの強さは親水基の性質が大きく影響する。また，アニオン性活性剤のアルキル基と親水基の間にあるポリオキシエチレンは低温で濁りを防止する。透明シャンプーにはラウリル硫酸ナトリウムはクラフト点が高いため使われず，ラウレス硫酸ナトリウムを使う。アミノ酸類は使用感に影響する。アミノ酸等窒素原子を含む構造を有するものは使用感を向上させる。アニオン性活性剤の親水基は，スルホン酸，硫酸基は泡立ちがよく，軽くさらさらになる傾向になり，カルボン酸基はシットリした感じになる傾向がある。また，すすぎ時のなめらかさにも大きな影響を与える（表7-1）。アニオン性活性剤の種類は別表の通りでこの

表7-1　シャンプー配合時のアニオン性活性剤の特徴

		粘度	泡立ち	感触
グルタミン酸型	ココイルグルタミン酸 TEA	やや低い	やや低い	しっとり重い
N-アシルアミノ酸型	ヤシ油脂肪酸サルコシンナトリウム	低い	ふつう	軽い
アラニン型	ココイルメチルアラニンナトリウム	低い	良い	ソフト
アルキルエーテルカルボン酸型	ラウレス-3酢酸ナトリウム	中間	やや低い	軽い
N-アシルタウリン型	ココイルメチルタウリンナトリウム	低い	良い	ソフト
スルホコハク酸型	スルホコハク酸ジオクチルナトリウム	出にくい	やや低い	軽い
スルホン酸型	オレフィン (C14-16) スルホン酸ナトリウム	高い	高い	軽い
PEG アルキルエーテル硫酸型	PEG ラウリル硫酸 TEA	高い	高い	軽い
アルキル硫酸型	ラウリル硫酸 TEA	高い	高い	軽い
PEG 脂肪酸アミド硫酸型	PEG-3ヤシ油脂肪酸アミドMEA硫酸ナトリウム	中間	普通	重い

　中から選択される。また，複数を組み合わせすることにより使用感に変化をつけられる。
　アニオン性活性剤は原料中の塩濃度やpHにより，製品の低温安定性と粘度に影響するので注意が必要である。アニオン性活性剤は塩濃度が高くなると低温で白濁や沈殿を生じる。また，製品の粘度が高くなる傾向がある。特にラウレス硫酸ナトリウムを使用した場合，食塩の添加で粘度を高くすることができる。カルボン酸基を有するアニオン性活性剤は塩濃度が高くなると低温で濁る傾向がみられる。
　また，アニオン性活性剤はアルカリ性において，洗浄力等本来の性質が発揮できる成分であるが，シャンプーを作るときpHを低くすることがコンセプト等により要求される。その場合の注意点はアニオン性活性剤の親水基の種類により濁りや沈殿を生じやすいものがある。具体的には，カルボン酸系活性剤は低温で濁りやすい。硫酸基，スルホン酸基は酸性でも安定性が確保でき，性能も劣らないものである。ラウレス硫酸ナトリウムは低pHでも安定であり，カルボン酸基構造を有する場合はpH6以上に高くすることがよい。

第7章　化粧品処方の実践

表7-2　アニオン性活性剤によるシャンプーの感触の違い

感触評価用処方 (1)

ingredient	%（100g）
アニオン性活性剤	10.80
ヤシ油脂肪酸アミドプロピルベタイン液	8.00
ラウリン酸アミドプロピルジメチルアミノキシド液	3.60
ヤシ油脂肪酸モノイソプロパノールアミド	1.20
メチルパラベン	0.20
ポリクオタニウム-10（高粘度／低アミン価）	0.60
50%クエン酸	0.20
安息香酸ナトリウム	0.20
精製水	to 100g

感触評価用処方 (2)

ingredient	%（100g）
アニオン性活性剤	10.80
2-アルキル-N-カルボキシメチル-N-ヒドロキシエチルイミダゾリニウムベタイン液	8.00
ヤシ油脂肪酸ジエタノールアミド	4.00
メチルパラベン	0.20
ポリクオタニウム-10（低粘度／高アミン価）	0.70
50%クエン酸	0.20
安息香酸ナトリウム	0.20
精製水	to 100g

評価したアニオン性活性剤

No.	
1	ココイルメチルタウリンナトリウム
2	PEG-3ヤシ油脂肪酸アミドMEA硫酸ナトリウム
3	PEGラウリルエーテル硫酸ナトリウム
4	ラウリル硫酸アンモニウム
5	ラウリル硫酸TEA
6	スルホコハク酸ジオクチルナトリウム
7	オレフィン（C14-16）スルホン酸ナトリウム
8	ヤシ油脂肪酸サルコシンナトリウム
9	ココイルグルタミン酸TEA
10	ココイルグルタミン酸ナトリウム
11	ココイルアスパラギン酸ナトリウム
12	ココイルメチルアラニンナトリウム
13	PEG-3ラウリル酢酸ナトリウム

表7-2 アニオン性活性剤によるシャンプーの感触の違い

感触評価結果 (1)

アニオン性活性剤	泡立ち	塗布時	濯ぎ時	タオルドライ時	総合評価
1	やや良い	柔軟感があり、すべり良く、ぬめり感もあり、手触りも良い。	しっとりしているがすべり感が少し弱い。	すべりが少し重く、少しむ、ひっかかる。	B
2	やや良い	きしむ、さらつく、ひっかかる。	すべりが悪い、さらつく。	すべりが悪い、きしむ、ひっかかる。	CD
3	弱い	柔軟感があり、すべりは重、ひっかかる。	すべりは悪い、ひっかかる。	2より少し良い。	CD
4	弱い（細かい）	柔軟感はあるが、ぬめり感、ぬめり感が弱い。	1より良い、ぬめり感、すべり感が弱い。	1より少しすべりが悪く、4より良い。	BC
5	やや良い	1と同じく、4より良く、しっとり感、ぬめり感が弱い。	1と同じ、ぬめり感が弱い。	1より悪く、4より良い。	B
6	やや良い（大きい）	柔軟感があり、しっとり感がある。	しっとり感がある、残っている。	しっとりしていて、すべりが良く、手触りも良い。	A
7	やや良い	柔軟感が残る。	しっとり感がある、残っている。	少しすべりが重、少しひっかかる。	BC
8	良い（細かい）	7と同じ。	しっとり感があり、残っていて手触りが良い。	少しすべりが重、少しひっかかる。	AB
9	やや良い（大きい）	7と同じ。	超しっとり感があり、すべりが良く、手触りも良い。	少しすべりが重、少しひっかかる。	AB
10	100	しっとりしていて、すべりが重い。	しっとり感があり、すべりが良く、手触りも良い。	しっとり感もあり、指通りも良い。	A
11	弱い（細かい）	7より少しすべりが重い。	しっとりしていて、ぬめり感があり、手触り感が悪い。	少しすべりが重、少しひっかかる。	AB
12	やや良い（大きい）	超柔軟感で、ぬめり感、すべりが重い。	しっとりしていて、ぬめり感、すべりが悪い。	少しすべりが重、少しひっかかる。	AB
13	良い（大きい）	柔軟感があるが、すべりが重、ひっかかる。	しっとり感があるがすべり感が重、少しざらつく。	すべりが重、ひっかかる。	CD

感触評価結果 (2)

アニオン性活性剤	泡立ち	塗布時	濯ぎ時	タオルドライ時	総合評価
1	普通	良いぬめり感あり。	早く落ちてぬめり感が無く、残った感じはあるが悪い、ソフト感は普通。		C
2	弱く、細かい	1よりぬめり感、弾力があり柔らかい。	1より良く、柔らかい。		C
3	弱く、細かい	すべりは2と同じ。	1と濯ぎ易さ、ぬめりの持続が同じで、1より少し柔らかい。		CD
4	悪く、細かい	最もぬめり感があり、非常に柔らかい。	ぬめりの持続があまり無くキュキュする、すべりは良いが非常に柔らかい。		A
5	良く、少し細かい	ふんわりぬめり感があり、9より柔らかい。	濯ぎ易さは4に類似。4よりすべり感が少ない。	ソフト感がある。	AB
6	悪く、粗い	すべりは良くなくソフト感がない。	3に類似。		AB
7	良く、少し細かい	泡立ち、キメはすべり感、ソフト感。ソフト感は26と27の中間	残り感が強く、すべり、ソフト感は弱い。	ソフト感がある。	A
8	悪く、細かい	すべり感があり柔らかい。	すべり感が強い残り感が柔らかい。	はり、吸着感がある。	B
9	普通、細かい	ふんわりすべり、ソフト感は普通。	最も残り感が強く、ブレーキがかかる、ねっとりしている。	軽いさらさら感がある。	AB
10	普通、細かい	ふんわりぬめり感があり、9より柔らかい。	すべりが良く、程よいハリが残った感じ。	すべりが良い。	AB
11	悪く、非常に細かい	すべり感が少しあるも、残りソフト感がない。	柔らかいがすすぎ悪く、残る感じ。		BC
12	非常に良い、普通	すべり感、ソフト感が普通。	すべき感は11より8ほどのコード感は無いか軽い。		B
13	良く、細かい	すべり感重、ソフト感が強い。	すすぎ時のぬめり感すぐ落ちる、すべり良くごわついて硬い。		

（注）A：手触りが良い、AB：BよりA良くAに近い、B：普通、BC：CよりB良くBに近い、C：手触りが軽い、CD：DよりC良くCに近い、D：手触りが悪い

試験結果 ポリクオタニウム-10の粘度とアミン価によりシャンプーの感触が変わる。

第7章　化粧品処方の実践

2.3　シャンプーに使われる両性活性剤

シャンプー処方の中で両性活性剤は2番目に多く配合される成分である。アニオン性活性剤との組み合わせで洗浄性，起泡作用，刺激緩和，使用感の向上を図ることができる。使用感はおおむねイミダゾリニウム型はすべり感が悪く，残り感が強くなり，よく使われるコカミドプロピルベタインは良好なすべり感が得られる。ラウリルベタインはさっぱりした感じが出る傾向があり，泡立ちがよい。カルボン酸系活性剤を用いた場合はコカミドプロピルベタインとの組み合わせがよい。粘度はラウレス硫酸ナトリウムとの組み合わせでは，ココアンホ酢酸ナトリウム，コカミドプロピルベタイン，ラウリルベタインの順に粘度が低くなる。

表7-3　シャンプー配合時の両性活性剤の特徴

		粘度	泡立ち	感触
イミダゾリニウムベタイン型	2-アルキル-N-カルボキシメチル-N-ヒドロキシエチルアミノ酢酸ベタイン	普通	やや低い	しっとり
アミドベタイン型	ラウリルアミドプロピルジメチルアミノ酢酸ベタイン	やや高い	良い	すべる
ベタイン型	ラウリルジメチルアミノ酢酸ベタイン	高い	高い	軽い
アミンオキサイド型	ラウリルジメチルアミンオキサイド	普通	良い	ややしっとり

2.4　カチオン化高分子

シャンプーの使用感に大きく影響を及ぼす成分がカチオン化高分子である。一番多く使われているのがポリクオタニウム-10である。使用感が一番よく，すすぎ時のぬめり感（なめらかさ）の持続があり，美容室では好評である。ポリクオタニウム-10にはセルロースの分子量とカチオン化度の違いにより複数のタイプがある。ポリクオタニウム-10の選択はアニオン性活性剤との相性によって選択され，ラウレス硫酸ナトリウムに対しては高カチオン化度，低粘度タイプが良く，アミノ酸系に対しては低カチオン化度，高粘度タイプがよいと思われる。アニオン性活性剤との組み合わせで使用感と粘度が異なるため目的にあった選択が必要である（表7-4）。

2.4.1　マーコートの配合

次項リンスでも述べるが，シャンプーやリンス等の洗い流す化粧品の使用感を向上させる成分として，ポリクタニウム-10と同様にコポリマーのマーコート（ルーブゾール㈱）がよく配合される（マーコートの成分等については第2章の高分子の項を参照いただきたい）。透明シャンプーを基本処方として，マーコートを配合したときの安定性と感触を比較したものを表7-5に示す。結果は，ポリクオタニウム-10との併用によって使用感は向上し，マーコートの種類により差異が生じた。

表7-4 アニオン性活性剤、ポリクオタニウム10の違いによるシャンプーの感触評価

処方番号	1	2	3	4	5	6
アニオン性活性剤	ココイルメチルタウリンナトリウム	ココイルグルタミン酸TEA	POEラウリルエーテル硫酸ナトリウム	ココイルメチルタウリンナトリウム	ココイルグルタミン酸TEA	PEGラウリルエーテル硫酸ナトリウム
ヤシ油脂肪酸アミドプロピルベタイン液			36.00			
ヤシ油脂肪酸ジエタノールアミド			8.00			
メチルパラベン・安息香酸ナトリウム			4.00			
			各0.2			
ポリクオタニウム-10	高粘度/低アミン価	高粘度/低アミン価 1.00			低粘度/高アミン価 1.00	
50%クエン酸			0.30			
精製水			to 100g			
泡立ち	泡立ちがよく、きめが細かい。	泡立ちはややよく、きめが粗い。	泡立ちはよく、きめが粗い。	泡立ちは1と同じで、きめは1より粗い。	泡立ちは2と同じで、きめは2より量かに粗い。	泡立ち、きめは1と同じ。
すすぎ時	やわらかさは適度で、ぬるぬるしたすべり感がある。	1よりやわらかさ、すべり感が少ない	適度なすべり感があるが、ぬめり感、少し硬い。	1よりぬめり、すべり感が少ない。	2より硬く、すべり感が少ない。	3より硬く、すべり感が少ない。
タオルドライ時	ぬめり感の持続性があり、すべりが良い。やわらかさは適度	1よりぬめり感の持続がややあり、すべり感が1よりやや劣る	ぬめり感の持続性は1と同じ、すべり感、やわらかさは1より劣る。	1よりぬめりの持続があり、すべり感、やわらかさは1と同じ。	ぬめりの持続性、すべり感、やわらかさが2よりある。	やわらかさは3と同じで、ぬめり感の持続性、すべり感が少ない。
総合評価	AB	B	B	BC	C	C

(注) A：手触りが良い、AB：Bより良くAに近い、B：普通、BC：Cより良くBに近い、C：手触りが軽い、CD：Dより良くCに近い、D：手触りが悪い

試験結果 ポリクオタニウム-10の粘度とアミン価によりシャンプーの感触が変わる。

第7章 化粧品処方の実践

表7-5 マーコートの種類によるシャンプーの感触の違い

基本処方

ポリクオタニウム-10　高粘度/低アミン価	0.40
マーコート	x
EDTA-2ナトリウム	0.10
メチルパラベン	0.10
安息香酸ナトリウム	0.10
ラウレス硫酸ナトリウム (30%)	28.00
コカミドプロピルベタイン (30%)	8.00
コカミドMEA	3.00
50%クエン酸液	pH adj.
精製水	to 100g

マーコートの安定性

	安定性（室温）	安定性（冷蔵庫）
マーコート 100	沈殿	—
マーコート 280	透明	透明
マーコート 295	沈殿	—
マーコート 550	透明	透明
マーコート Puls 3330	微濁	透明
マーコート Puls 3331	透明	透明
マーコート 2001	僅かに濁る	僅かに濁る
マーコート 2003	白濁	—

評価結果

ダメージヘア使用

検討成分	基本処方	マーコート 280	マーコート 550	マーコート Plus 3330	マーコート Plus 3331	マーコート 2001
配合量	マーコートなし	0.20%	0.80%	0.80%	0.80%	0.40%
塗布時	ぬめり感、すべり感が弱い、少しひっかかる。	ぬめり感、すべり感が弱い、ひっかかりが少ない。	ぬめり感、すべり感が弱い。	ぬめり感、すべり感があり、しっとりし ていて手触りが良い。	ぬめり感、すべり感が弱く、しっとりし ていて手触りが良い。	ぬめり感、すべり感があり、しっとりし ていて手触りが良い。
すすぎ時	少しすべり感があるが、少しひっかかる。	少しすべり感があるが、僅かにひっかかる。	すべりが少し重い。	柔軟感があり、しっとりして手触りが良い。	柔軟感があり、しっとりしてすべりが良い。	しっとり感、残り感があり、すべりが良い。
タオルドライ時	すべりが重く、ひっかかる。	すべり感が重い。	すべり感が良い。	なめらかですべりが良い。	なめらかですべりが軽い。	すべりが良い。

131

2.4.2 ポリクオタニウム－10 の代替

　しかし，ポリクオタニウム－10 は継続使用するとアニオン性活性剤とのコンプレックスが髪に残り，ごわつきが感じられることがあるため，ポルクオタニウム－10 に代わる素材が検討されるようになった。

　その結果，ポリクオタニウム－7，ポリクオタニウム－22，ポリクオタニウム－39，ポリクオタニウム－47，ポリクオタニウム－52，ポリクオタニウム－67，コロハヒドロキシプロピルトリモニウムクロリド，グアーヒドロキシプロピルトリモニウムクロリドなどの高分子と併用されることが最近多くなっている。単独でグアーヒドロキシプロピルトリモニウムクロリドを使う製品もみられる。

2.5　パール化剤

　パール化剤はジステアリン酸グリコール，ジステアリン酸ポリエチレングリコールが使われる。セタノール，オレイルアルコールを併用する場合もある。パールシャンプーは分離，粘度低下が起こりやすく安定性の確保が難しい。粘度を高くし安定性を確保するために，食塩の添加，カチオン化高分子の選択，アニオン性活性剤を選ぶことで安定なパールシャンプーを作ることができる。パールシャンプーは水に不溶な成分，油成分の添加もでき，透明シャンプーでは濁る成分も加えることができる。また，コンセプト成分の添加，感触向上成分も幅広く加えることができる。たとえば，植物油脂のホホバ油と PEG（80）ホホバ油 1.5％の組み合わせで添加できる。パール化剤を配合する時の注意点はジステアリン酸エチレングリコール等が高融点のため 70℃以上の温度で溶解を確認し，ほかの活性剤とよく混合後冷却しないと溶解不十分で析出し沈澱，分離が生じる。

2.6　塩の影響

　塩は粘度と低温安定性に影響を与える。また塩は電解質のためイオン活性剤を塩析させ粘度が高くなる。ラウレス硫酸ナトリウムを使った透明シャンプーの場合，塩濃度が高くなるとシャンプーの粘度が高くなる。低温での安定性が良好であるが，ココイルグルタミン酸トリエタノールアミン，ココイルメチルタウリンナトリウムは使った場合は，粘度は上がりにくく，低温での白濁，沈澱が生じやすい。パールシャンプーの場合，粘度が高くなるので分離を防ぎ安定性を向上させることができる。ラウレス硫酸ナトリウムを使用する場合粘度が比較的高くすることができるので安定性が確保しやすく，カルボン酸系の場合，粘度低下を起こすため安定性の確保が難しい。

2.7　増粘剤，泡安定剤

　シャンプーの増粘剤，泡安定剤はアルカノールアミド系のノニオン活性が一般的である。ラウラミドジエタノールアミド，ココアミドジエタノールアミドが透明シャンプーの場合最も粘度が

第7章 化粧品処方の実践

出やすく，泡安定性が良好であるため多くの製品に使われている。パールシャンプーにはヤシ油脂肪酸モノエタノールアミド，ヤシ油脂肪酸モノイソプロパノールアミドがよく使われる。透明シャンプーには沈澱が生じることがあるので使われることがあまりない。ほかの増粘剤，泡安定剤にはジオレイン酸PEG-120メチルグルコース，トリイソステアリン酸PEG-120があるが，メチルグルコースは少量で粘度が上がるものの使用感が重い感じになりやすい。

ブチレングリコールラウリン酸エステルは，ラウレス硫酸系のアニオン性活性剤には増粘効果があるが，カルボン酸系のアニオン性活性剤では粘度が高くならない。ラウリルグルコシドなどのアルキルグルコシドは比較的多く配合しないと粘度を上げることができない。PEGステアリン酸エステルは少量で粘度が上がるが重たい感じになり泡立ちに時間がかかる。シャンプーの粘度を下げる成分としてのグリコール類，エタノールがある。とくに1,3-ブチレングリコール，プロピレングリコール等を数%加えた場合，粘度は大きく下がりやすい。

2.8 感触をよくする物質

シャンプーに添加して使用感を向上させる成分としポリオキシエチレン系植物油，アシル化加水分解タンパク，アミノ酸類，シリコーンエマルジョン，アミノ変性シリコーン，ポリオキシエチレン，ポリオキシプロピレンシリコーンがある。すべり感が向上する成分としてシリコーン類が一番多く使われ，ポリオキシエチレン系植物油脂等のノニオン系活性剤もしっとり感を付与できる。各種の植物油脂のポリオキシエチレン付加物が市販されるようになった。以前はポリオキシエチレンラノリン系が美容師向けに使われていた。アシル化加水分解タンパクもしっとり感を向上させるのによい成分と考えられる。通常使われる加水分解タンパクより効果がみられる。アシル化されたことでタンパク質の活性剤としても働く。

2.9 有用性成分，コンセプト成分

有用性成分，コンセプト成分は加水分解タンパク，アミノ酸類，セラミド類，植物抽出液，多糖類，フルーツ酸等がある。これら成分の注意点は，シャンプー成分とのコンプレックスを生じ安定性を損なわないようにしなければならない。融点の高い油性成分が含まれる原料で可溶化が必要であったり，アミノ基をもつ成分やカチオニックな成分とアニオン性活性剤がコンプレックスを生じ析出したりすることが考えられる。少量の添加でも安定性の確認が必要である。

2.10 安定剤・防腐剤・pH調整剤

安定剤は金属イオンの封鎖を目的として配合する場合が多いが，金属により選択性があるため必要に応じて選ぶ必要がある。防腐剤は複数配合した方が効果に期待できる。防腐剤はpH，配合される成分によって効果がなくなる場合があるので菌のチャレンジテストを行う。

シャンプーのpH調整は製品の粘度と安定性に大きく影響し，pHが低くなるほど粘度が高くなり，低温での白濁などが起こる。

pHはアルカノールアミド中に含まれるアミンにより高くなることがある。pH調整はクエン酸，乳酸，グリコール酸，リンゴ酸などを使ことが好ましい。また，透明シャンプーを作る場合，アニオン性活性剤の種類によりpHを低くすると低温で白濁，沈殿を生じやすい。カルボン酸系アニオン性活性剤を配合する場合はpH6以上に調整する必要がある。

シャンプーは粘度変化，高温，低温の粘度変化があり，着色，変臭が起こる可能性があるため十分な試験が必要である。特にパールシャンプーは分離が起こることがある。

2.11 シャンプーの感触評価

シャンプーは一般の使用者と美容師とでは好まれる使用感が大きく異なる。対象をどちらにするのかは処方を組むうえで重要な用件である。一般の使用者がシャンプーを使う場合，シャンプーを頭皮・頭髪に塗布し泡立てて温水ですすぐ時なめらかな指通りがなくなり，洗い流されたような使用感にならないとシャンプーが残っているような気がして，すすぎを長時間行ってしまう。場合によっては，すすぎ落ちが悪いシャンプーという印象を商品に対して抱いてしまう。一方美容師はすすぎはじめのなめらかな手触りが持続することがよいシャンプーと評価する傾向がある。

シャンプーの使用感の評価方法はシャンプーの施術の各工程について評価を行うことで調査する。すなわち，少量のシャンプーを手に取り頭髪に塗布し，泡立て洗い，洗い流すという工程である。

塗布時は泡立ちと泡の大きさ，泡の硬さを調べ，泡により毛髪が軟らかく感じ，すべりがある感じかを調べる。すすぎ時には水で洗い流しその時のなめらかさが持続するのか，早くなめらかさなくなるのかを調べ，すすぎ終わりの手触りの良し悪し，手にまとわりつく，指通りがよい，すべる感じがある，やわらかさがあるなどをチェックする。詳細なチェック項目を表にしてまとめるとよい。次に，タオルで拭き取ることはまれであるが，このタオルドライ時の感触がアニオン性活性剤とカチオン化高分子といった成分の組み合わせが目的に合致しているかの評価となる。指通りがよく，なめらかなすべりが残っているのか，また反対に指に引っかかりがあるのか調べる。

2.12 香料の添加方法

シャンプーに香料，精油など着香する方法は，事前に香料可溶化剤と混合して加えるのが好ましい。香料可溶化剤としてPEG-20ソルビタンココエート，ポリソルベート80がよく使われている。香料と香料可溶化剤の比率は1:1から1:4位で混ぜると透明シャンプーに簡単に加えることができる。PEGアルキルエーテルやPEG脂肪酸タイプのノニオン性活性剤で可溶化する場合，これら活性剤は水と水和しゲルを形成するため，溶解時間が長くかかってしまう。活性剤と同等以上の1,3-ブチレングリコール，プロピレングリコールと併用すると容易に溶かすことができるが，粘度が低下することがある。

第7章　化粧品処方の実践

2.13　処方の組み立て

　処方の組み立てはアニオン性活性剤が原料（純分30％ととして）として30％－40％前後配合され，両性活性剤は10％前後配合され，増粘剤はおもにアルカノールアミド等のノニオン性活性剤が3－6％程度配合され，感触向上と増粘剤としてカチオン化高分子が0.3－1％配合されることが多い。カチオン化高分子とアニオン，両性活性剤の比率で使用感がおおむね決まり，粘度もこれら4種の成分の組み合わせで決まってくる。安定剤，防腐剤，pH調整剤も重要な成分であり充分検討を要する。pHによる粘度変化は大きく，pHが低くなると粘度は高くなる。アニオン活性剤の対イオンが中和されるためと考えられる。

クレンジングシャンプー

　ココイルメチルタウリンナトリウムを使った整髪料等汚れを落とすシャンプーで，スカルプクレンジングシャンプーとしても使用されている。

　ココイルメチルタウリンナトリウムとオレフィン（C14－16）スルホン酸ナトリウムの組み合わせで洗浄力と泡立ちがよく，なめらかな感触が得られる処方である。AMPと塩基性アミノ酸を加え汚れを落としやすくし，アミノ酸が感触を向上させる（処方2－1）。

処方2－1　クレンジングシャンプー

		ingredient	％（100g）
1	A	ココイルメチルタウリンナトリウム（30％脱塩タイプ）	18.00
2	A	オレフィン（C14－16）スルホン酸ナトリウム（37％）	9.00
3	A	コカミドプロピルベイン（30％）	8.00
4	A	コカミドメチルMEA	3.00
5	B	ポリクオタニウム－10（高粘度・低アミン化）	0.50
6	B	EDTA－2ナトリウム	0.20
7	B	安息香酸ナトリウム	0.20
8	C	PEG－20ソルビタンココエート	0.90
9	C	香料	0.20
10	D	メチルイソチアゾリノン（10％）	0.10
11	D	AMP	0.30
12	D	アルギニン	0.20
13	D	グルタミン酸	0.10
14	pH	50％クエン酸	0.60
15	B	精製水	to 100g

DIRECTIONS：
① 15に5を分散後，80℃に加温して溶解後，6，7を溶解する（B）。
② 8と9を均一にする（C）。
③ Bに1～4を加える（B＋A）。
④ 45℃まで冷却し，C，10～13を加える（A＋B＋C＋D）。
⑤ 14でpH調整後，補水する。

ソフト－しっとりタイプシャンプー

ココイルメチルタウリンナトリウムを使った硬い髪用シャンプーで，髪にやわらかさとしっとり感を与えるタイプである。ラウロイルアラニンナトリウムとココイルメチルタウリンナトリウム，ラウロイル加水分解シルクナトリウムのアニオン性活性剤，カチオン化グアガムとポリクオタニウム－7のカチオン化高分子を組み合わせることで柔軟感を感じさせる（処方2-2）。

処方2-2 ソフト－しっとりタイプ シャンプー

		ingredient	%（100g）
1	A	ラウロイルアラニンナトリウム（30%）	27.00
2	A	ココイルメチルタウリンナトリウム（30%）	8.00
3	A	コカミドプロピルベイン（30%）	9.00
4	A	コカミドメチルMEA	4.00
5	B	グアーヒドロキシプロピルトリモニウムクロリド	0.80
6	B	EDTA－2ナトリウム	0.20
7	B	安息香酸ナトリウム	0.20
8	B	クエン酸ナトリウム	0.40
9	B	ベタイン	0.50
10	B2	ポリクオタニウム－7	1.00
11	C	PEG－20ソルビタンココエート	1.20
12	C	香料	0.20
13	D	メチルイソチアゾリノン（10%）	0.10
14	D	ラウロイル加水分解シルクナトリウム（20%）	2.00
15	D	加水分解コラーゲン（20%）	0.50
16	pH	50%クエン酸	0.60
17	B	精製水	to 100g

DIRECTIONS：
① 17に5を分散後，80℃に加温して溶解し，6～9を溶解した後，10を加える（B）。
② 11と12を均一にする（C）。
③ Bに1～4を加える（A＋B）。
④ 45℃まで冷却し，C，11～15を加える（A＋B＋C＋D）。
⑤ 16でpH調整後，補水する。

第7章　化粧品処方の実践

ダメージケア用シャンプー

　ラウロイルメチルアラニンナトリウムとココイルメチルタウリンナトリウムのアニオン性活性剤の組み合わせとポリクオタニウム-10とポリクオタニウム-7のカチオン化高分子を組み合わせ，アミノ変性シリコンを配合した処方となっている。アニオン性，親水性になっている傷んだ髪に，シャンプー成分のコンプレックスが吸着してなめらかな使用感が得られる（処方2-3）。

処方2-3　ダメージケア用（傷んだ髪にしっとり感を与えるシャンプー）

		ingredient	％（100g）
1	A	ラウロイルメチルアラニンナトリウム（30％）	27.00
2	A	ココイルメチルタウリンナトリウム（30％）	9.00
3	A	コカミドプロピルベイン（30％）	9.00
4	A	ラウラミドプロピルアミンオキシド（30％）	3.00
5	A	ジオレイン酸PEG-120メチルグルコース	1.00
6	B	ポリクオタニウム-10（高粘度・低アミ化）	0.40
7	B	EDTA-2ナトリウム	0.10
8	B	安息香酸ナトリウム	0.20
9	B	ポリクオタニウム-7	1.20
10	C	PEG-20ソルビタンココエート	0.60
11	C	香料	0.20
12	D	メチルイソチアゾリノン（10％）	0.10
13	D	加水分解ケラチン液	1.00
14	D	ビス（C13-15アルコキシ）PGアモジメチコン	0.60
15	pH	50％クエン酸または50％クエン酸ナトリウム	0.30
16	B	精製水	to 100g

DIRECTIONS：
① 16に6を分散後，80℃に加温して溶解後，7, 8を溶解後，9を加える（B）。
② 10と11を均一にする（C）。
③ Bに1～5を加える（A＋B）。
④ 45℃まで冷却し，C, 12～14を加える（A＋B＋C＋D）。
⑤ 15でpH調整後，補水する。

すべるタイプのシャンプー（エクステンション対応）

引っかかりのある髪に適しているタイプで，ラウレス硫酸ナトリウムとスルホコハク酸ラウレス2ナトリウムを組み合わせてすべり感を感じやすくし，アミノ変性シリコーンを加えなめらかさを向上させる（処方2-4）。

処方2-4　すべるタイプのシャンプー（引っかかりのある髪に適しているタイプ（エクステンション用））

		ingredient	％（100g）
1	A1	ラウレス硫酸ナトリウム（30％）	28.00
2	A1	コカミドDEA	3.00
3	A	コカミドプロピルベイン（30％）	9.00
4	A	スルホコハク酸ラウレス2ナトリウム（30％）	8.00
5	B	ポリクオタニウム-10（低粘度・高アミン化）	0.60
6	B	EDTA-2ナトリウム	0.10
7	B	安息香酸ナトリウム	0.20
8	B	塩化ナトリウム	0.30
9	C	PEG-20ソルビタンココエート	0.60
10	C	香料	0.20
11	D	メチルイソチアゾリノン（10％）	0.10
12	D	ビス（C13-15アルコキシ）PGアモジメチコン	0.50
13	pH	50％クエン酸	0.30
14	B	精製水	to 100g

DIRECTIONS：
① 14を80℃に加温して5〜8を溶解する（B）。
② 9と10を均一にする（C）。
③ Bに1〜4を加える（A＋B）。
④ 45℃まで冷却し，C，11，12を加える（A＋B＋C＋D）。
⑤ 13でpH調整後，補水する。

第7章 化粧品処方の実践

ボリュームアップシャンプー

処方2-5は，細く，コシのない髪にハリを付与するタイプするシャンプーの処方である。すべり感を維持しつつ，毛髪が硬く感じるように，コカミドプロピルベタインをココアンホ酢酸ナトリウムに変え，ラウリルトリモニウムクロリドを加えることでアニオンとのコンプレックスを作り，残り感と吸着感が出るようにした処方．ステアルトリモニウムクロリドでは，吸着感が強くなりすべり感が低下する。

処方2-5 ボリュームアップシャンプー（髪の毛の細い，コシのない髪にハリを付与するタイプのシャンプー）

	Part	Ingredient	％（100g）
1	A	ラウレス硫酸ナトリウム（30％）	36.00
2	A	ココアンホ酢酸ナトリウム（30％）	8.00
3	A	ラウリルトリモニウムクロリド（35％）	0.50
4	A	コカミドDEA	3.00
5	B	ポリクオタニウム-10（高粘度・高アミ化）	0.50
6	B	EDTA-2ナトリウム	0.10
7	B	安息香酸ナトリウム	0.20
8	B	クエン酸ナトリウム	0.20
9	C	PEG-20ソルビタンココエート	0.60
10	C	香料	0.20
11	D	メチルイソチアゾリノン（10％）	0.10
12	pH	50％クエン酸	
13	B	精製水	to 100g

DIRECTIONS：
① 13に5を分散後，80℃に加温して溶解後，6〜8を溶解する（B）。
② 9と10を均一にする（C）。
③ Bに1〜4を加える（A+B）。
④ 45℃まで冷却し，C，11を加える（A+B+C+D）。
⑤ 12でpH調整後，補水する。

メントール配合シャンプー

メントールを配合した夏場に特に人気のあるシャンプーである。ポリブチレングリコール-3PEG/PPG-8/5グリセリン，エタノール，PEG-20ソルビタンココエートで可溶化し透明シャンプーに仕上げている（処方2-6）。

処方2-6 メントール配合シャンプー

	Part	Ingredient	％（100g）
1	A	ポリクオタニウム-10（高粘度・高アミ化）	0.50
2	A	EDTA-2ナトリウム	0.10
3	A	クエン酸ナトリウム	0.10
4	B	ラウレス硫酸ナトリウム（30％）	36.00
5	B	コカミドプロピルベタイン（30％）	9.00
6	B	コカミドDEA	4.00
7	C	メチルパラベン	0.20
8	C	プロピルパラベン	0.10
9	C	サリリル酸	0.20
10	C	ポリブチレングリコール-3PEG/PPG-8/5グリセリン	4.00
11	C	エタノール	2.00
12	C	PEG-20ソルビタンココエート	4.00
13	C	メントール	4.00
14	D	ビス（C13-15アルコキシ）PGアモジメチコン	0.50
15	pH	50％クエン酸	0.20
16	A	精製水	to 100g
		pH	5.80

DIRECTIONS：
① 16に1を分散後，70℃に加温して溶解後，2，3を溶解する（A）。
② Aに4～6を加える（A＋B）。
③ 7～9を10，11に溶解後，12，13を溶解する（C）。
④ A，Bを45℃に冷却して，Cを加える（A＋B＋C）。
⑤ 14を加える（A＋B＋C＋D）。
　　15でpHを調整後，補水する。

SPECIFICATIONS：
　　pH：5.0-6.0

第7章 化粧品処方の実践

植物油脂を配合したパールシャンプー

植物油脂，ポリオキシエチレン植物油脂にイソステアリルアルコールを可溶化助剤として加える。使用感はしっとり感があり，まとまりのある髪になる（処方2-7）。

処方2-7 オイルリッチコンディショニングシャンプー（ノンシリコーン）

	Part	Ingredient	%（100g）	%（100g）	%（100g）	%（100g）
1	A	ポリクオタニウム-10（高粘度・高アミ化）	0.50	0.50	0.50	0.50
2	A	EDTA-2ナトリウム	0.10	0.10	0.10	0.10
3	A	塩化ナトリウム	0.80	0.80	0.80	0.80
4	A	安息香酸ナトリウム	0.20	0.20	0.20	0.20
5	A	メチルパラベン	0.20	0.20	0.20	0.20
6	A	プロピルパラベン	0.10	0.10	0.10	0.10
7	B	ラウレス硫酸ナトリウム（30%）	36.00	36.00	36.00	36.00
8	B	コカミドプロピルベタイン（30%）	9.00	9.00	9.00	9.00
9	B	コカミドMEA	3.00	3.00	3.00	3.00
10	B	ジステアリン酸エチレングリコール	2.50	2.50	2.50	2.50
11	B	ホホバ油	--	0.50	0.50	0.50
12	B	イソステアリルアルコール	--	0.10	0.10	0.10
13	B	ホホバワックスPEG-80	--	--	1.50	--
14	B	ホホバワックスPEG-120	--	--	--	1.50
15	pH	50%クエン酸	0.40	0.40	0.40	0.40
16	A	精製水	to 100g	to 100g	to 100g	to 100g
		pH	4.20	4.50	4.50	4.50

使用感	塗布時	泡立ちはややよい	泡立ちはややよい	泡立ちはよい	泡立ちはよい
	すすぎ時（流水で10回コーミング）	きしみがある	僅かにきしみがあるがすべる	すべり感がありよい	すべり感があり，なめらか
	タオルドライ時	すべり感が弱く軽い	すべり感が弱く軽い	ぬめり感，すべり感がありよい	すべり感がありよい

DIRECTIONS：
① 16に1を分散後，75℃に加温して2～6を加え溶解する（A）。
② Aに7～14を加え混合して，45℃まで冷却する（B）。
③ 15でpH調整後，補水する。

SPECIFICATIONS：
　　　pH：4.0-6.0

ゼイン配合透明シャンプー

毛髪表面をコーティングするように吸着感のあるタイプである。水，油に溶解しないゼインを透明シャンプーに加えた処方となっている。ゼインは，DPGと水に溶解できる。シャンプーに加える場合，PEG#200，#400，PG，DPGで希釈して加えることで凝集を抑え，透明に溶解できる（処方2-8）。

処方2-8　ゼイン配合透明シャンプー

	Part	Ingredient	％（100g）
1	A	ポリクオタニウム-10（高粘度・低アミ化）	0.60
2	A	EDTA-2ナトリウム	0.10
3	A	ベタイン	0.30
4	A	メチルパラベン	0.20
5	A	プロピルパラベン	0.10
6	B	ココイルメチルタウリンナトリウム（30％）	9.00
7	B	ココイルグルタミン酸TEA（30％）	27.00
8	B	コカミドプロピルベタイン（30％）	9.00
9	B	ラウリン酸アミドプロピルジメチルアミンオキシド（30％）	3.60
10	B	PPG-2コカミド	2.40
11	C	10％水酸化ナトリウム	0.50
12	D	ゼイン，DPG	0.50
13	D	PEG#200.	0.50
14	pH	50％クエン酸	
15		精製水	to 100g

DIRECTIONS：
① 15に1～5を分散後，75℃に加温して透明に溶解する（A）。
② Aに6～10を加え混合する（A+B）。
③ 60℃まで冷却し，11を加える（A+B+C）。
④ 12と13を混合後，加える（A+B+C+D）。
⑤ 14でpH調整後，補水する。

SPECIFICATIONS：
　　　pH：5.8-6.5

第 7 章　化粧品処方の実践

3　リンス

　リンスはシャンプーとペアでシャンプー後に使用される洗い流すタイプの頭髪用化粧品である。リンスは，使用者の毛髪損傷程度や配合されるタンパク質，アミノ酸，保湿成分，有用成分等の目的によって販売名称が複数あり，一般的に「ヘアリンス」「ヘアコンディショナー」「ヘアトリートメント」「ヘアパック」などと呼ばれている。薬事法上での化粧品製造販売届出を行う場合，「リンス」として届出するため，以降リンスとして呼称する。リンスの目的は，頭髪の手触りの向上，損傷毛の補修が主である。処方を組み立てるにあたっては，製品の目的に合わせ，使用感を粘度，そしてどのような容器に充填するかということを，検討しなければならない。

3.1　リンスの使用感

　リンスは，シャンプー後の使用感を向上させ，指通り・くし通りをよくし，さらさら−しっとりにすることが要求される。これらの製品の使用感は，髪質，使用者の好み，イメージ，コンセプトよって選ばれるため，使用感は目的に合わせることが重要である。ただし，美容師等のプロと一般使用者との間で要求される使用感がシャンプーほど大きく異なることは少ない。リンス，コンディショナーはシャンプー後のきしむ感をなくし，すべり感等の使用感を向上させ，指通りをよくする製品であり，トリートメント，ヘアパックは時々使用され，補修成分にタンパク質，アミノ酸，保湿成分，有用成分を加え，毛髪損傷を修復する製品であることが求められる。

　リンスの使用感は，一番にカチオン性活性剤の選択が重要となり，2番目に高級アルコールの選択である。高級アルコールはリンスの粘度と使用感にも大きく影響を及ぼす。3番目にシリコーンの選択である。シリコーンは，リンスのすべり感，なめらかさ，さらさら感を出す成分である。次に，植物油脂，エステル，炭化水素等である。これらの組み合わせが使用感に大きく影響する。

3.2　リンスの粘度の調整

　目的に合わせ，また充填する容器に合わせて，粘度を検討しなければならない。リンスの粘度は，高級アルコールとカチオン性活性剤の配合量である程度決められる。基本は，塩化ステアリルトリメチルアンモニウム（70％）3％にセタノール6％を基準として検討を始めるとよい。セタノールが多くなると粘度が高くなり，減らすと低くなる。リンスは使用感が重要なため，可能な限り使用感を変えずに粘度調整を行う。この場合は，カチオン性活性剤を代えるよりも，油性成分のアルキル基，極性，融点を変えて検討する。

　経時でのクリームの粘度変化，温度によるクリームの粘度を調べる（粘度の調整方法については，「第3章1.3.1　粘度からみた油性成分の選択」，「第3章2　粘度，安定性に影響を与える要素と対応策」参照いただきたい。

3.3 リンスの基本処方と成分

　構成成分には乳化剤と感触向上として4級アンモニウム塩のカチオン性活性剤が必ず使われる。クリームを得るため，そして使用感をよくするために，高級アルコールを主体とする油性成分と天然油脂などを使うことができる。シリコーンはすべり感を得るために必須である。剤型は粘度の高低はあるもののクリームが中心になる。クリームの乳化性，安定性を高めるためにはノニオン性活性剤，グリコール類，高分子を配合することもある。これらも使用感に影響を与え，目的の使用感を得るためにわざわざ配合することも多々ある。コンセプト成分，有用成分，防腐剤，酸化防止剤，pH調整剤，香料の添加も必要となる。

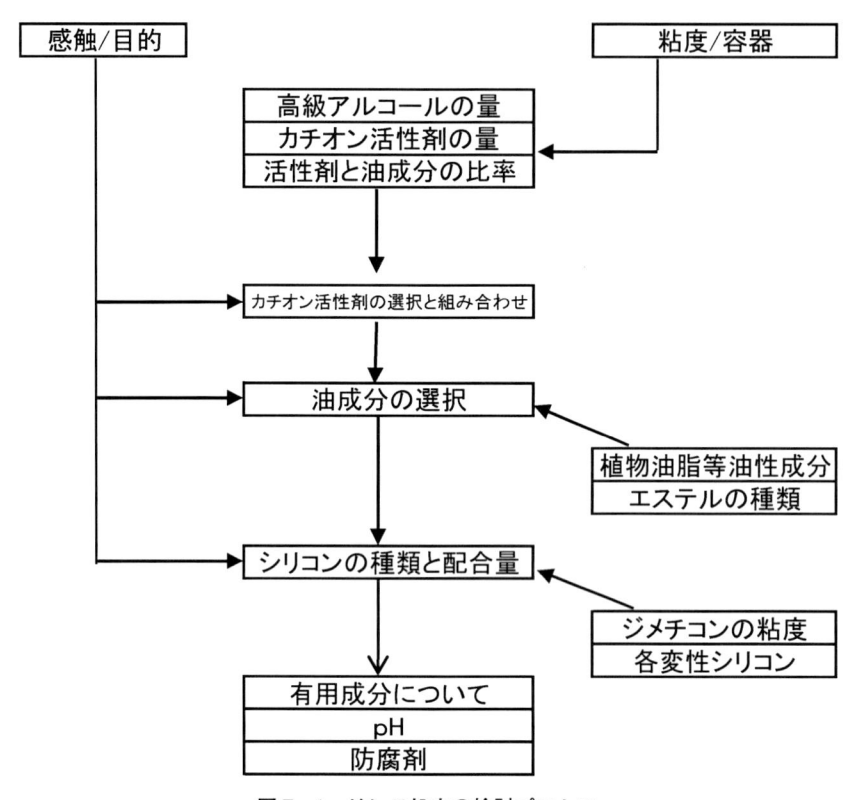

図7-1　リンス処方の検討プロセス

第7章　化粧品処方の実践

表7-6　リンスの一般的な処方の組み立て方

成分	目安	良く使われる成分	
カチオン性活性剤	1～4%	塩化ベヘニルトリメチルアンモニウム 塩化ステアリルトリメチルアンモニウム 塩化セチルトリメチルアンモニウム	乳化剤 最適乳化剤 乳化剤
	0～2%	メトサルフェイト塩	乳化剤
	0～2%	塩化ジアルキルジメチルアンモニウム	感触向上，乳化剤
高級アルコール	3～8%	セタノール セトステアリルアルコール ステアリルアルコール	基剤，増粘剤，感触
	0～1%	オクチルドデカノール，イソステアリルアルコール	粘度調整，油性剤
	0～1%	オレイルアルコール	油性剤
エステル	0～3%	エチルヘキサン酸セチル パルミチン酸エチルヘキシル イソステアリン酸ヘキシルデシル パルミチン酸イソプロピル ミリスチン酸イソプロピル	感触調整剤
炭化水素	0～6%	スクワラン 流動パラフィン，パラフィン	感触付与剤
ノニオン性活性剤	0～1%	PEGセチルエーテル(5)，(10)，(30) 等 親油型モノステアリン酸グリセリン	乳化補助剤，必要に応じ加える
シリコーン	1～10%	デカメチルペンタシクロシロキサン 高重合ジメチルポリシロキサン ジメチルポリシロキサン	すべり感，なめらかさ
	0～2%	ステアロキシメチルポリシロキサン アミノエチルアミノプロピルメチルシロキサン・ジメチルポリシロキサン共重合体	
植物油脂	0～6%	ホホバ油 マカデミアンナッツ油 オリーブ油	しっとり感，ソフト感
粘度のある，ペースト状の油性成分	0～2%	ラノリン及び類似油成分 ダイマー酸エステル 脂肪酸ペンタエリスリチルエステル	しっとり感 吸着感 残り感
グリコール類	0～4%	グリセリン，ジプロピレングリコール	
高分子	0～0.5%	ヒドロキシエチルセルロース	安定剤
酸化防止剤	0～0.1%	天然ビタミンE，酢酸トコフェロール，BHT	
防腐剤	1%以下	メチルパラベン，プロピルパラベン	
pH調整剤		乳酸，クエン酸，グリコール酸及びその塩類	
着香剤		香料，精油	
着色剤		タール系色素，植物色素，カラメル，甘草エキス	
有用成分	少量 微量 微量 微量	加水分解タンパク，アミノ酸類 セラミド類，ステロール類 植物抽出液，植物由来成分 天然物等	

3.3.1 カチオン性活性剤

リンスに使われるカチオン性活性剤は乳化剤と使用感を目的に塩化セチルトリメチルアンモニウム，塩化ステアリルトリメチルアンモニウム，塩化ベヘニルトリメチルアンモニウムのいずれかが主に使われる。カチオン性活性剤はC16，18，22のモノアルキルタイプ以外にジアルキルタイプの塩化ジココイルジメチルアンモニウム（ほかにC12-14タイプもある），塩化ジセチルトリメチルアンモニウム，塩化ジステリルトリメチルアンモニウムが使われることがあるが，乳化力が弱いためモノアルキルタイプとの併用が必須である。また，対イオンは塩化物のほかの臭化物，メトサルフェイト等がある。乳化力は塩化物が一番よく，臭化物はやや弱く，メトサルフェイトもやや弱い。

カチオン性活性剤のアルキル基の違いにより，乳化力，使用感，クリームの粘度が変化する。同条件の処方でアルキル基を変えた場合の乳化力については，C12ラウリルは乳化ができず，C16セチルは乳化力が強く，粘度が比較的低くなり使用感は軽い感じになる。C22ベヘニルは乳化力が弱く，この活性剤だけではクリームが作れないため，HLBの低いノニオン性活性剤が必要となる。また，クリームの粘度は高くなり，使用感はしっとりした柔軟感が得られる。両者の間に位置するC18ステアリルは一番使われているカチオン性活性剤で乳化力が強く，適度な粘度のクリームができあがり，使用感はすべりのあるなめらかな使用感が得られる。

表7-7　カチオン性活性剤の組み合わせとリンスの感触

配合比率		感触	
4から2部	1部	強く感じる感触	
塩化セチルトリメチルアンモニウム	塩化ジココイルジメチルアンモニウム	すべり	さらさら
塩化ステアリルトリメチルアンモニウム	塩化ジココイルジメチルアンモニウム	すべり	さらさら
塩化セチルトリメチルアンモニウム	塩化ステアリルトリメチルアンモニウム	しっとり	すべり
塩化ステアリルトリメチルアンモニウム	塩化セチルトリメチルアンモニウム	しっとり	すべり
塩化セチルトリメチルアンモニウム	塩化ベヘニルトリメチルアンモニウム	しっとり	ソフト
塩化ステアリルトリメチルアンモニウム	塩化ベヘニルトリメチルアンモニウム	ソフト	しっとり
塩化ステアリルトリメチルアンモニウム	塩化ジステアリルジメチルアンモニウム	ソフト	しっとり
塩化ベヘニルトリメチルアンモニウム	塩化ジステアリルジメチルアンモニウム	吸着	ソフト

3.3.2 高級アルコール

高級アルコールの炭素数と化学構造（二重結合，分岐構造）はクリームの粘度に大きく影響をおよぼす。同一処方で高級アルコールを変えた場合，C12，14，16，18，20，22の中でC16がもっとも粘度が高くなる。高級アルコールはC12の末端のOH基により親水性が強くなり，一方C22の末端は炭素数が多いためOH基の影響が弱くなり疎水性に傾く。水との親和性が一番よいのは炭素数がC16と思われる。また，オレイルアルコールは粘度の低いクリームとなり，分岐型の高級アルコールはさらに粘度が低くなる。ただし，セタノール，ステアリルアルコールを使用しない場合，ミリスチルアルコールとベヘニルアルコールとの組み合わせが考えられるが，粘度を高くしにくい。使用感も軽い感じになり，しっとり感を出しにくい。

第 7 章　化粧品処方の実践

　高級アルコールのアルキル基の長さと二重結合の有無，分岐の有無により使用感も変わってくる。高級アルコールはセタノールが一般的で一番多く使われている。それに対しラウリルアルコールは感触が悪く，きしむことと特異臭があることから，よい感触が得られないため使われない。高級アルコールで使用感を得るには，たとえばセタノールに，ベヘニルアルコール，オレイルアルコール，オクチルドデカノール，イソステアリルアルコールを少量配合することで感触を変えられる。ベヘニルアルコールはやわらかさを出し，オレイルアルコールはしっとり感，イソステアリルアルコールは軽いすべり感，オクチルドデカノールはなめらかさのあるさらさらの使用感を演出する。C16より炭素数が短くなると軽い感じになり，炭素数が多くなるとしっとりとした感じになってくる。ミリスチルアルコールは軽い感触になるため洗い流すタイプには向かない。二重結合のあるオレイルアルコールは油性感，重さがが出てくる。分岐型のヘキシルドデカノール，イソステアリルアルコール，オクチルドデカノールは軽い感じのすべり感を求める時に適し，洗い流すタイプにはオクチルドデカノールが最適である。

図 7-2　リンスに配合する高級アルコールの影響

(処方)			C12	C14	C16	C18	C20	C22
Part	Ingredient		%(100g)	%(100g)	%(100g)	%(100g)	%(100g)	%(100g)
A	塩化ステアリル TMA (70%)		3.00	3.00	3.00	3.00	3.00	3.00
A	オリーブ油		1.00	1.00	1.00	1.00	1.00	1.00
A	パルミチン酸イソプロピル		1.00	1.00	1.00	1.00	1.00	1.00
A	ラウリルアルコール		0.80	--	--	--	--	--
A	ミリスチルアルコール		--	0.80	--	--	--	--
A	セタノール		3.20	3.20	4.00	3.20	2.80	3.20
A	ステアリルアルコール		--	--	--	0.80	--	--
A	アラキルアルコール		--	--	--	--	1.20	--
A	ベヘニルアルコール		--	--	--	--	--	0.80
	精製水		to 100g	to 100g	to 100g	to 100g	to 100g	to 100g

外観	流動	ゆるい	クリーム	クリーム	クリーム	クリーム
粘度 (NO.4, 30rpm, 30sec. 20℃) 翌日	4547	5453	14333	12567	10567	10013

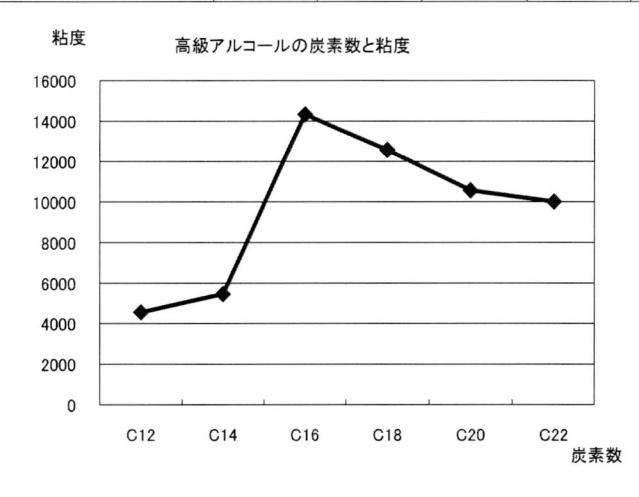

高級アルコールの炭素数と粘度

3.3.3　シリコーン

　シリコーンは，リンスに複数配合する傾向がある。代表的なジメチルポリシロキサン（ジメチコン）は粘度 6cs から 100 万 cs の高重合ジメチルポリシロキサンがある。ジメチルポリシロキサンの末端に OH 基のジメチコノールがある。高重合ジメチルポリシロキサンとアミノ変性シリコーンを併用する場合がある。ジメチルポリシロキサンの粘度とアミノ変性シリコーンの配合量と組み合わせの検討が重要である。トリートメントには，高重合ジメチルポリシロキサンが必ずといっていいほど多く配合されている。高重合ジメチルポリシロキサンの溶解剤として 10cs から 200cs のジメチルポリシロキサン，ジメチルポリシクロペンタシロキサン，イソドデカン等が使われている。この溶解剤の種類により使用感が大きく変わる。重い感じする場合はイソドデカンを使い，軽くするにはジメチルシクロペンタシロキサンを使う。洗い流すタイプなのでジメチルポリシロキサンタイプが一番適している。PEG，PPG をつけた水溶性，親水性のシリコーンは使用感を向上させることは難しい。PEG，PPG が親水性のため流れ落ちてしまうと考える。

　アミノ変性シリコーンはアモジメチコンが最も多く使われている。構造はジメチルポリシロキサンのメチル基の一部をアミノプロピル基に変えたもので，アミノ変性率の異なるタイプがある。また，PPG，PEG を付加したもの，アルキル基を付加したものもある。アミノ変性シリコーンはカチオニックのため毛髪のケラチンタンパクに吸着しやすく，特に傷んだ毛髪はシステイン酸などアニオン性が高くなっているためよく吸着する。

　リンスへのシリコーン配合は複数の各種のシリコーンを使い，配合量は数％〜10％くらいがよい。おおむね高重合ジメチルポリシロキサンのプレミック原料として 2％〜6％，ジメチルポリシロキサンの中粘度を数％，アミノ変性シリコーンを 1％以下の組み合わせがよい。3 液式タイプ等の美容室でよく使われる多剤式のシステムトリートメントは 1 液にアミノ変性シリコーンを数％と多く配合し，後から使う 3 液に高重合ジメチルポリシロキサンを多量配合する処方が見受けられる。ここでの 2 液はタンパク液やシリコーンオイルが使われる。

シリコーンの添加方法

　製造工程においてシリコーンの添加をどこでするかが使用感に大きく影響する。配合方法については，一般にオイル成分はすべて活性剤とともに油相に加えて乳化するのが基本である。あえてリンスの場合はクリームの乳化が終わった 45℃以下の低温でクリームに直接加え，クリームの水相に分散させることが使用感の向上になる。なぜなら，シリコーンが油相に存在するとほかの油成分と混ざりシリコーンの効果が強く現れないためである。水相に分散されることでシリコーンオイルが毛髪に残りやすくなり使用感がよくなると考える。また，シリコーンを後から添加する利点は，シリコーンはリンスに使用されるカチオン性活性剤，油性成分との相溶性が悪く，油相を均一にすることが難しいためでもある。ジメチルシクロペンタシロキサンは揮発性が高いために乳化温度まで加温すると白色のガスとなり揮発する。また，アミノ変性シリコーンは高温にさらすと経時で黄変し，クリームの着色原因となる。

　シリコーンを粘度の低いクリームに添加する場合，シリコーンオイルを分散できないことが

多々ある。粘度が低く撹拌を行っても分散しない。このような場合はシリコーンエマルジョンを使う。カチオン性活性剤やノニオン性活性剤で乳化してあるため簡単に添加できる。ただし，使用感は軽くなる傾向が見られる。

3.3.4 天然油脂

植物油脂はコンセプト成分として配合されることが多いが，天然油脂の使用感は，おおむねしっとり感となめらかさが得られるので，使用感を目的として数％配合する場合もある。天然油脂は，不飽和脂肪酸のオレイン酸，リノレン酸，リノール酸を多く含み，酸化されるため，変臭，変色が起こることが考えられる。そのため比較的ヨウ素価の低いものを選び，酸化を防止するためpHを低くするのがよい。また，トコフェロール，レシチン等の酸化防止剤の配合も有効である。

具体的にはマカデミアナッツ油，オリーブ油，メドフォーム油，コメヌカ油等のヨウ素価の比較的低いタイプを推奨する。シア脂等の半固形脂もよい。ヤシ油，パーム核油等はラウリン酸，ミリスチン酸，低級脂肪酸を多く含むため軽い感じなりやすく適さない。また，ラウリン酸特有の匂いが出てくるため製品のマスキングが難しい。

3.3.5 エステル

エステルは構成する脂肪酸とアルコールの組み合わせであるので多種ある。エステルは目的によって選択された脂肪酸，アルコールを原料として使うため，アルキル分布が狭く天然油脂由来の原料でもオレイン酸，リノール酸等の不飽和物が含まれないため，酸化されることが少なく安定に配合できる。

エステルは，炭化水素と高級アルコールの中間の極性であるため油成分の相溶性が向上する。経日のクリームの変化が小さく，乳化がしやすくなる。また，エステルの種類を変えてもクリームの粘度変化は極わずかである。

エステルの感触は，液状のエチルヘキサン酸セチル，イソステアリン酸セチル，パルミチン酸セチル等脂肪酸または高級アルコールの一方が分岐型のものはすべり感のある良好な感触が得られる。パルミチン酸セチル，ステアリン酸ステアリル等脂肪酸と高級アルコールの両方が直鎖の固体型では，なめらかさは劣るが軽い感じまたは硬い感じの感触になる。ジリノール酸ジリノレイル等ダイマー酸型のエステルは吸着感が得られ，残り感のある感触となる。ヒマシ油，ステロール，ペンタエリストリット等構造が複雑なエステルはしっとり感や油性感が得られる。

3.3.6 ロウ

ロウ類は融点が高くアルキル基が長いものが多いため毛髪に吸着されやすい。特にリンスではラノリンがもっともよい感触が得られ，しっとり感・なめらかさの向上が得られる。ミツロウは脂肪酸を含むためカチオン活性剤とコンプレックスを形成し，吸着感，残り感を出せるが，すべり感が悪くなる傾向がある。ホホバ油は液状であるため，なめらかな感触が得られる。キャンデリラロウ，カルナウバロウ，コメヌカロウは高融点の固体油であるため，硬さを感じるためはりの出るタイプに適し，残り感も得られる。

ロウ類をリンスに配合する際、乳化がしにくい時やきめ細かい艶のあるクリームが作れない時には液状エステルを加えると乳化がよくなる。

3.3.7 炭化水素

炭化水素は、リンスに多く使われることが少なくなってきている。日本では植物油成分が好まれているためと思われる。炭化水素は酸化されにくくコストが安価のため、リンスには適した油性成分だと思う。炭化水素の分子量と感触の関係は、分子量が低いタイプは液状であるため軽い油性感、しっとり感が得られるがすべり感は劣る。高分子量のワックス状のタイプは、油性感は得られにくく、軽い感じのすべり感となるがシリコーンの様なつるっとした感触ではない。流動パラフィンが比較的多く使われ、軽い油性感が得られる。スクワランは両末端が分岐した炭化水素であるため、非常に軽い感触でリンスの感触向上にはあまり寄与しない。マイクロクリスタリンワックス、パラフィンワックスは、キャンデリラロウ、カルナウバロウと組み合わせて残り感を強く出せるが、指通りが引っかかりすべり感は劣る。これらは融点が高く、分子量が大きいため毛髪に吸着されやすいためと考える。ほかの液状油と組み合わせることですべり感をよくすることもできる。

3.3.8 高分子を配合する場合

高分子はクリームの安定剤、増粘剤として、安定性確保や感触向上のために配合される。粘度の低いリンスの場合、高温安定性を図るためヒドロキシエチルセルロース、カチオン化グアガム等が使われる。低粘度のクリームに高分子を安定剤として配合した場合、かえって高温時の安定性を損なうこともあるので十分な試験が必要である。

マーコートの配合

リンス等の洗い流す化粧品の使用感を向上させる成分として、ポリクオタニウム-10、マーコート（ルーブゾール㈱製）が有効である。ほかのカチオン化高分子との組み合わせですすぎ時、タオルドライ時の各工程それぞれの感触を変えることもできる。また、マーコートはリンス及び多剤式トリートメント、染毛剤、パーマネント・ウェーブ用剤の頭髪用製剤のすすぎ時から仕上がり時の感触を向上でき、各種高分子の化学構造から推測される性質を利用し、アニオン性活性剤、カチオン性活性剤、複数の高分子の組み合わせでコンプレックスを形成させ、感触をよくすることができ、目的、用途の選択が広い。

3級アミンを使用したリンスにマーコートを配合した場合の使用感評価試験を行った。いずれの3級アミンについてもマーコートを配合すると、ざらつき、引っかかりの改善ができ、マーコートの種類による使用感の違いが得られた（表7-8）。

第7章 化粧品処方の実践

表7-8 3級アミンと感触向上用高分子配合リンスの評価

基本処方	A		B	
Ingredient	％（100g）		％（100g）	
3級アミン	ステアリン酸ジメチルアミノプロピルアミド	2.5	ベヘニン酸ジメチルアミノプロピルアミド	2.5
親油型モノステアリン酸グリセリル		2.00		2.00
ベヘニルアルコール		4.00		4.00
ミリスチルアルコール		2.00		2.00
ダイマージリノール酸（フィトステリル／イソステアリル／セチル／ステアリル／ベヘニル）		0.20		0.20
コメサラダ油		2.00		2.00
エチルヘキサン酸セチル		4.00		4.00
使用感向上用高分子	n		n	
乳酸（90％）		1.00		1.00
精製水	to 100g		to 100g	

pH：3.0－5.0

使用感評価結果

A） 3級アミンがステアリン酸ジメチルアミノプロピルアミドの場合

高分子（純分）	配合量(n)	塗布時	濯ぎ時	タオルドライ	乾燥後
ヒドロキシエチルセルロース	0.70	伸びがよい。多少軽い質感。	なめらかで毛先までまとまる。	残留感が多少ある。中間部はひっかかる。	さらさらした仕上がり。毛先のまとまりが多少ない。
ポリクオタニウム-10	0.30	伸びがよいが柔らかい。一般的な質感。	なめらかで毛先までまとまる。	多少硬い質感。毛先はまとまる。	硬い質感のまま毛先のまとまりは多少ある。
マーコート100 (40%)	0.75	伸びがよいが柔らかい。	まとまりがあり、すべりもよい。	なめらかで手触りもよい。まとまりもある。	しっとりと質感が重すぎなくてよい。
マーコート280 (39%)	0.77	伸びがよい。なめらかな手触り。	柔らかい手触りと質感になる。	多少重い質感のまま、まとまりとなる。	しっとりと質感だが重すぎず、なめらかでよい。
マーコート295 (40%)	0.75	伸びがよいがなじむのに時間がかかる。	しっとりと多少重い質感になる。	重い質感のまますぎてしまう。	はり、こしが出てよい。
マーコート2001 (21%)	1.43	伸びがよいがなじむのに時間がかかる。	しっとりとした質感で毛先までまとまる。	しっとりとした質感で毛先までまとまる。	多少重すぎる感じがする。

B） 3級アミンがべへニン酸ジメチルアミノプロピルアミドの場合

高分子（純分）	配合量(n)	塗布時	濯ぎ時	タオルドライ	乾燥後
ヒドロキシエチルセルロース	0.70	硬いクリーム状。少し伸びにくい。	多少硬い質感と手触り。毛先までまとまり。	多少つっぱり感が出る。	硬い質感になる。さらさらの仕上がり。引っかかる。
ポリクオタニウム-10	0.30	伸びがよい。しっとりする。	毛先までまとまり、しっとりする。	多少ザラつきがある。	多少引っかかりがある。
マーコート100 (40%)	0.75	伸びがよい。しっとりする。	しっとりとして多少重い質感。	毛先までまとまりしっとりする。	多少硬い質感になる。なめらかさがある。
マーコート280 (39%)	0.77	多少硬く、伸びづらい。	多少硬い質感と手触り。	重い質感のまま、毛先はまとまる。	硬さと重さが残る。細い毛の人にはよい。
マーコート295 (40%)	0.75	多少硬く、伸びづらい。	多少つっぱり感がある。	つっぱり感が残る。	手触りはよいが、毛先がひっかかる。
マーコート2001 (21%)	1.43	多少硬く、伸びづらい。	重い質感。しっとりとまとまる。	多少つっぱり感が出るが、毛先はまとまる。	硬い質感になる。

いずれの3級アミンについてもマーコートを配合するとさらっとし、引っかかりの改善ができ、マーコート種類による使用感の違いが得られる。

第7章　化粧品処方の実践

3.3.9　リンスにグリコール類を配合する場合

　グリセリン，ジプロピレングリコールはクリームの安定性付与，クリームに艶を与える，塗布時の伸びをよくするといった場合に配合されることがある。プロピレングリコール，1,3-ブチレングリコール等も同様に使うことができるが，クリームの粘度が下がったり，感触が軽くなる傾向が見られる。ポリエチレングリコール，プロピレングリコールやその誘導体，グルコシド誘導体は塗布した時，髪をやわらかく感じさせることができる。

3.3.10　タンパク質，アミノ酸

　毛髪はケラチンタンパクであるので，傷んだ毛髪にタンパクを補給し補修する目的で各種のタンパク質を配合することが多い。配合する目的は毛髪の損傷防止，補修，修復であるが，配合量の多少により，タンパクの種類で使用感，感触に大きく影響を与えるものと与えないものがある。

　使われるタンパク源はコラーゲン，ケラチン，シルク，ダイズ等である。これらタンパク質には加水分解された様々な分子量の加水分解物があり，また，カチオン化，アシル化，シリル化されたものもある。

　アミノ酸類は，グリシン等中性アミノ酸，アルギニン等の塩基性アミノ酸，グルタミン酸，アスパラギン酸の酸性アミノ酸，ほかのアミノ酸のほとんどは水溶液にして簡単に加えられる。配合量が少量であれば感触に大きく影響を及ぼさない。

加水分解ケラチンを加える場合

　比較的分子量の低い加水分解ケラチンを加える場合，乳化終了後の低温で原液を直接加えてもエマルジョンを破壊することなく簡単に加えられる。一方分子量の高い加水分解ケラチンの場合，タンパク自体のアミノ酸組成がグルタミン酸を多く含むためアニオン性を呈し，カチオン性活性剤とのコンプレックスを生じてしまい，エマルジョンが破壊されクリームのきめが悪くなり，凝集を起こす。

　このような場合，塩化ステアリルトリメチルアンモニウムの水溶液にタンパク原液を加え，あらかじめコンプレックスを生じさせ，カチオン状態にした状態で加えるとどのようなタンパク質でもエマルジョンを壊すことなく添加できる。

ポリグルタミン酸，ポリアスパラギン酸の添加

　ポリグルタミン酸，ポリアスパラギン酸は酸性アミノ酸であり，アミノ酸のカルボキシル基残基が密になった高分子であるため，カチオン性活性剤も密に配向されるため，強い疎水性を示し，カチオン量を増やしてもコンプレックスが凝集してしまい配合することができない。

3.4　使用感，感触の評価と作りこみ

　リンスの使用感，感触は，実際に使った上で試験を行う。リンスの施術工程は，通常シャンプー後，リンスを手に取り，濡れた髪に塗布，伸ばし，洗い流し，タオルで拭き取り，ドライヤーで乾かす。すすぎ時，タオルドライ，仕上がり時（乾燥時）の各工程における使用感，感触を毛束，ウィッグ，人の頭髪を使って官能評価する。熟練すると細かな評価ができるようになる。試験評

価の方法について，工程ごとのおもな感触チェック項目を表7-9に示す。

表7-9　リンスの感触試験評価項目

工程	感触チェック項目	内容
塗布時	毛髪へのなじみ 塗布した時の延び ぬめり感，なめらかさ ソフト感／硬さ	クリームが毛髪につきやすいか 根元から毛先にかけて延びるか 毛髪にザラつきを感じないか クリームにより毛髪がやわらかくなったか
すすぎ時	濯ぎ時のぬめり感の持続 すべり感 ソフト感／硬さ	流している間なめらかな感じが継続するか すべり感，なめらかさがあるか やわらかく感じるか，硬く感じるか
タオルドライ	すべり感 ソフト感／硬さ しっとり感／さらさら感 悪い感じ 吸着感・残り感・かさつき	すべりが良くなめらかであるか やわらかく感じるか，硬く感じるか 油っぽく感じるか，感じないか 引っかかる感じ，ザラザラする感じがないか 油で覆われているような感じがあるか
仕上がり時 （乾燥時）	すべり感 ソフト感／硬さ しっとり感／さらさら感 吸着感・残り感・かさつき 均一性 まとまり感	すべり感，なめらかさがあるか やわらかく感じるか，硬く感じるか 水っぽくしっとりしているか，サラサラか 油で覆われているような感じがあるか 元から毛先にかけて同じ感触であるか 毛束が広がるか，広がらないか

　カチオン性活性剤の感触は，カチオン性活性剤の組み合わせにより様々な使用感を作りこむことができる。塩化ラウリルトリメチルアンモニウム，塩化セチルトリメチルアンモニウム，塩化ステリルトリメチルアンモニウム，塩化ベヘニルトリメチルアンモニウムとアルキル基が長くなると感触がサラサラ感からしっとり感へと変化する。塩化ラウリルトリメチルアンモニウムはリンスに向かない。ジアルキルタイプの塩化ジラウリルジメチルアンモニウム，塩化ジセチルジメチルアンモニウム，塩化ジステリルジメチルアンモニウムは，モノアルキルタイプと併用して感触向上ができる性質がある。対イオンの差異は，塩化物，臭化物，メトサルフェイトにより若干異なる。カチオン性活性剤の組み合わせによる感触を比較した結果を示す（表7-7，7-10）。

第7章　化粧品処方の実践

表7－10　感触の異なるリンスの処方と使用感

リンスのタイプ	コーティング なめらかで残り感を強く感じるタイプ	しっとり しっとり感が強くなめらかな使タイプ	すべる すべり感が強くなめらかなタイプ	さらさら 軽い感じのすべり感の強いタイプ	ハード すべり感があり毛髪にはりを感じるタイプ	ソフト なめらかでやわらかさ強く感じるタイプ
セトリモニウムクロリド（70%）	－－	－－	－－	－－	1.20	1.20
ステアルトリニウムクロリド（70%）	0.80	－－	1.80	1.80	1.80	－－
ベヘニルトリモニウムクロリド（80%）	1.60	2.80	－－	1.20	－－	1.80
ジココイルジモニウムクロリド（75%）	－－	－－	0.80	－－	－－	－－
ジステアルジモニウムクロリド（75%）	0.90	－－	－－	－－	－－	－－
ステアリン酸グリセリル	1.20	1.20	1.20	－－	－－	1.20
セタノール	4.80	4.20	5.60	4.80	4.80	4.60
ベヘニルアルコール	－－	0.60	－－	－－	－－	0.60
オレイルアルコール	－－	0.60	－－	－－	－－	－－
オクチルドデカノール	－－	－－	0.60	0.60	－－	－－
PEG（30）セチルエーテル	－－	－－	－－	－－	0.40	－－
マイクロクリスタリンワックス	2.40	－－	－－	－－	2.40	－－
パラフィン	－－	－－	－－	1.80	－－	－－
エチルヘキサン酸セチル	0.80	－－	1.20	1.20	1.20	－－
ヒマシ油	－－	1.20	－－	－－	－－	－－
オリーブ油	－－	－－	1.20	－－	－－	1.80
マカデミアナッツ油	－－	1.20	－－	－－	－－	1.80
ダイマージリノール酸ダイマージリノレイル	－－	0.40	－－	－－	－－	－－
ダイマージリノール酸ダイマージリノレイル，水添ロジン酸トリグリセリル	－－	－－	－－	－－	0.80	－－
プロピルパラベン	0.10	0.10	0.10	0.10	0.10	0.10
メチルパラベン	0.10	0.10	0.10	0.10	0.10	0.10
（アミノエチルアミノプロピルメチコン／ジメチコン）コポリマー	－－	0.80	0.80	－－	－－	0.80
ジメチコン10cs，ジメチコン（高重合，10%）	2.00	2.00	4.00	4.00	3.00	3.00
ジメトコン1000cs	1.00	1.00	1.00	1.00	1.00	1.00
精製水	to 100g	to 100g	to 100g	to 100g	to 100g	to 100g
塗布時 なじみ	やや良好	普通	良好	やや良好	普通	良好
塗布時 延び	やや良好	やや良好	良好	普通	普通	良好
塗布時 ぬめり	あまりない	ややあり	ぬめりあり	弱いぬめり	やや強いぬめり	強いぬめり
塗布時 すべり	少しざらつくが良い	少しざらつき，束感あり	良好	ややざらつきあり	ざらつきあり	良好
塗布時 ソフト	なし	くったり	くったり	ソフト感あり	ややくったり	くったり
濯ぎ時 ぬめりの持続（10回コームした場合）	3〜4回	2〜3回	1〜2回	1〜2回	2〜3回	3〜4回
濯ぎ時 すべり	やや良好	かなり良好	やや良好	やや良好	少しざらつく	良好
濯ぎ時 ソフト	しっとり	しっとり	ソフト	あまりない	なし	しなやか感
濯ぎ時 その他	コーティングあり	油性感がある	軽くすべる	軽い感じ	ハリ感がある	少しすべる
タオルドライ すべり	すべるがややざらつく	ややざらつくが良好。	やや良好	ざらつきあり，良くない	やや良好	良好
タオルドライ ソフト，硬さ	ややソフト	シフトあり	中間	ややソフト	しなやか	ソフト
タオルドライ しっとり，さらさら	しっとり	しっとり	ややしっとり	ややしっとり	ややしっとり	かなりしっとり
タオルドライ 吸着感	あり	ややあり	ややあり	なし	なし	僅かにあり
ドライ すべり	軽いすべり	やわらかいすべり	軽いすべり	適度なすべり	適度なすべり	良好
ドライ ソフト，硬さ	軽くソフト	やわらかいソフト	ソフト	やわらかいソフト	やや硬い	ふんわりとしたソフト
ドライ その他	コーティングあり	髪がまとまっている感じ	なめらかさがある	さらさら	髪1本1本がしっかりとしている感じ	髪がまとまっている感じ

155

また，油性成分の感触を決める因子は，アルキル基の構造による。分子量，アルキル基の長さが長くなるとしっとり感が向上し，分子中アルキル鎖の二重結合があると油性感，しっとり感が増す。複雑な分岐構造をもつものほど，しっとり感，吸着感が増す傾向がある。油性成分は多様な化学構造をもつため，組み合わせで目的の感触を検討することになる。表7-11にリンスの油性成分の感触をまとめた。

表7-11　リンスの油性成分の感触

ヒマシ油，植物油脂，ラノリン	しっとり感，油性感
液状植物油脂	ソフト感
シリコーン，直鎖-分岐型エステル	すべり感
シリコーン，直鎖-分岐型エステル，アミノ変性シリコーン	なめらかさ
モノステアリン酸グリセリン，グリコール類，ペースト状油脂	ぬめり感
ミツロウ，ステロール類誘導体，ラノリン，ダイマー酸エステル，高融点ワックス	吸着感
ミリスチン酸，ミリスチルアルコールのエステル，分岐をもつ比較的アルキル基の短いエステル	さらさら感
炭化水素，高融点固形物	軽い感触
高融点ロウ類，マイクロクリスタリンワックス	はり感，硬さ

リンスの使用感，感触は，人の手で感じる評価であることから試験時の状況により繰り返して複数の人で評価を行うことが必要である。試験毛髪は，一様なものの入手が難しく，また，損傷程度により感触が変化することが多く，試験毛髪の状態により結果が異なってくる。おおむね損傷の大きい毛髪ほど差異が見分けやすい。

試験方法が官能試験のため，個人差があり感じ方もさまざまである。また，個人の好みや個人の基準が一定でないため，感じ方，感触表現が異なる。使用者が一般人，美容師等のプロフェッショナルによっても評価結果が大きく変わり，一般の使用者とプロフェッショナルでは全く反対の結果が出ることもある。表現，表記について，各個人の傾向をつかんだ上で，それぞれの評価結果をまとめることが可能なかぎり客観的で正確な評価につながる。

第7章 化粧品処方の実践

3.5 使用感の異なるリンスの処方

基本処方を元に，使用感の様々なリンスの処方設計を紹介する。

コーティングーしっとりタイプのリンス

ステアルトリニウムクロリド，ベヘニルトリモニウムクロリドにジステアルジモニウムクロリドとダイマージリノール酸ダイマージリノレイル，水添ロジン酸トリグリセリルを添加することでしっとりしたなめらかなコーティング感が向上する（処方3-1）。

処方3-1　コーティングーしっとりタイプ　リンス

	Part	Ingredient	
1	A	ステアルトリニウムクロリド（70%）	0.80
2	A	ベヘニルトリモニウムクロリド（80%）	1.60
3	A	ジステアルジモニウムクロリド（75%）	0.90
4	A	セタノール	4.80
5	A	ステアリン酸グリセリル	1.20
6	A	マイクロキルスタリンワックス	2.40
7	A	パルミチン酸エチルヘキシル	0.80
8	A	ダイマージリノール酸ダイマージリノレイル	1.44
9	A	水添ロジン酸トリグリセリル	0.16
10	A	プロピルパラベン	0.10
11	A	メチルパラベン	0.10
12	B	ジメチコン 10cs, ジメチコン（高重合, 10%）	2.00
13	B	ジメチコン 1000cs	1.00
14	C	精製水	to 100g

DIRECTIONS：
① 1〜11を80℃に加温して溶解する（A）。
② 14を80℃に加温して，Aと混合して乳化する（A+C）。
③ 50℃以下まで冷却して，Bを加え，補水する（A+C+B）。

しっとりーソフトタイプのリンス

カチオン性活性剤はベヘニルトリモニウムクロリドを使い，高級アルコールは，オレイルアルコールとベヘニルアルコールを加え，しっとり感とやわらかさを強調できる（処方3-2）。

処方3-2　しっとりーソフトタイプ　リンス

	Part	Ingredient	
1	A	ベヘニルトリモニウムクロリド（80％）	2.80
2	A	セタノール	4.20
3	A	ステアリン酸グリセリル	1.20
4	A	パルミチン酸エチルヘキシル	0.80
5	A	オレイルアルコール	0.60
6	A	ベヘニルアルコール	0.60
7	A	マカデミアナッツ油	1.80
8	A	プロピルパラベン	0.10
9	A	メチルパラベン	0.10
10	B	（アミノエチルアミノプロピルメチコン／ジメチコン）コポリマー	0.80
11	B	ジメチコン10cs，ジメチコン（高重合，10％）	2.00
12	B	ジメチコン1000cs	1.00
13	C	精製水	to 100g

DIRECTIONS：
① 1〜9を80℃に加温して溶解する（A）。
② 13を80℃に加温して，Aと混合して乳化する（A＋C）。
③ 50℃以下まで冷却して，10〜12を加え，補水する（A＋C＋B）。

第7章　化粧品処方の実践

すべるタイプのリンス

ジココイルジモニウムクロリドとステアルトリニウムクロリドを組み合わせることですべり感を強く感じさせる（処方3-3）。

処方3-3　すべるタイプ　リンス

	Part	Ingredient	
1	A	ジココイルジモニウムクロリド（75％）	0.80
2	A	ステアルトリニウムクロリド（70％）	1.80
3	A	ステアリン酸グリセリル	1.20
4	A	セタノール	5.60
5	A	オリーブ油	1.20
6	A	オクチルドデカノール	0.60
7	A	エチルヘキサン酸セチル	1.20
8	A	プロピルパラベン	0.10
9	A	メチルパラベン	0.10
10	B	（アミノエチルアミノプロピルメチコン／ジメチコン）コポリマー	0.80
11	B	ジメチコン 10cs，ジメチコン（高重合，10％）	3.00
12	B	ジメチコン 1000cs	1.00
13	C	精製水	to 100g

DIRECTIONS：
① 1～9を80℃に加温して溶解する（A）。
② 13を80℃に加温して，Aと混合して乳化する（A＋C）。
③ 50℃以下まで冷却して，10～12を加え，補水する（A＋C＋B）。

さらさらタイプのリンス

ステアルトリニウムクロリド，ベヘニルトリモニウムクロリドの組み合わせに，油性成分のパラフィン，オクチルドデカノールを加え，軽いさらさら感になるようにする（処方3-4）。

処方3-4　さらさらタイプ　リンス

		Ingredient	％（100g）
1	A	ステアルトリニウムクロリド（70％）	1.80
2	A	ベヘニルトリモニウムクロリド（80％）	1.20
3	A	ステアリン酸グリセリル	1.20
4	A	セタノール	4.80
5	A	パラフィン	1.80
6	A	オクチルドデカノール	0.60
7	A	ミリスチン酸イソプロピル	1.20
8	A	プロピルパラベン	0.10
9	A	メチルパラベン	0.10
10	B	ジメチコン10cs，ジメチコン（高重合，10％）	3.00
11	B	ジメチコン1000cs	1.00
12	C	精製水	to 100g

DIRECTIONS：
① 1～9を80℃に加温して溶解する（A）。
② 12を80℃に加温して，Aと混合して乳化する（A＋C）。
③ 50℃以下まで冷却して，10, 11を加え，補水する（A＋C＋B）。

第7章　化粧品処方の実践

ハードタイプのリンス

セトリモニウムクロリドとステアルトリニウムクロリドを組み合わせ，パラフィン，ダイマージリノール酸ダイマージリノレイル，水添ロジン酸トリグリセリルの添加，アミノ変性シリコーンを配合しないことで硬さを感じさせ，すべり感を維持する（処方3-5）。

処方3-5　ハードタイプ　リンス

		Ingredient	
1	B	セトリモニウムクロリド（70％）	1.20
2	A	ステアルトリニウムクロリド（70％）	1.80
3	A	セタノール	4.80
4	A	セテス-30	0.40
5	A	パラフィン	2.40
6	A	ダイマージリノール酸ダイマージリノレイル	0.72
7	A	水添ロジン酸トリグリセリル	0.08
8	A	エチルヘキサン酸セチル	1.20
9	A	プロピルパラベン	0.10
10	A	メチルパラベン	0.10
11	A	ジメチコン10cs，ジメチコン（高重合，10％）	3.00
12	B	ジメチコン1000cs	1.00
13	C	精製水	to 100g

DIRECTIONS：
① 1～11を80℃に加温して溶解する（A）。
② 13を80℃に加温して，Aと混合して乳化する（A＋C）。
③ 50℃以下まで冷却して，12を加え，補水する（A＋C＋B）。

なめらかタイプのリンス

セトリモニウムクロリドとステアルトリニウムクロリドを組み合わせ，オリーブ油，ダイマージリノール酸ダイマージリノレイル，水添ロジン酸トリグリセリルの添加，アミノ変性シリコーンを配合することでなめらかさが強く感じられ，すべり感もよい（処方3-6）。

処方3-6　なめらかタイプ　リンス

		Ingredient	
1	A	セトリモニウムクロリド（70％）	1.20
2	A	ベヘニルトリモニウムクロリド（80％）	1.80
3	A	ステアリン酸グリセリル	1.20
4	A	セタノール	4.80
5	A	オリーブ油	1.80
6	A	ダイマージリノール酸ダイマージリノレイル	0.54
7	A	水添ロジン酸トリグリセリル	0.06
8	A	エチルヘキサン酸セチル	1.20
9	A	ラノシン	0.60
10	A	プロピルパラベン	0.10
11	B	メチルパラベン	0.10
12	B	（アミノエチルアミノプロピルメチコン／ジメチコン）コポリマー	0.80
13	B	ジメチコン10cs，ジメチコン（高重合，10％）	3.00
14	B	ジメチコン1000cs	1.00
15	C	精製水	to 100g

DIRECTIONS：
① 1～10を80℃に加温して溶解する。
② 15を80℃に加温して，Aと混合して乳化する（A＋C）。
③ 50℃以下まで冷却して，11～14を加え，補水する（A＋C＋B）。

第7章　化粧品処方の実践

4　スキンクリーム

　スキンクリームは，顔，手，全身の各部位に使われる肌ケア製品で，剤型は，クリーム状，乳液状，ジェル状となる。目的は，肌荒れ対策，保湿の確保，しみ・美白対策，紫外線防御等多岐にわたる。クリームの使用感，使用目的の基礎になる油性成分は，炭化水素，天然油脂，エステル，高級アルコール等が配合される。目的の使用感が「しっとり」か「さらさら」かに合わせて成分を選択する。

　スキンクリームの処方の組み方は，目的の使用感に合わせて油性成分，保湿剤として多価アルコールを選択し，乳化剤としてはノニオン性活性剤・脂肪酸が主であり，脂肪酸の中和のためのアルカリ剤を使う。安定性を確保するために高分子が配合される。

　クリームの使用感には油性成分，乳化剤，高分子，多価アルコール等基剤成分とそれらから造られる剤型，粘度が影響する。感触と粘度は，油性成分と活性剤のアルキル基の構造によって推測できる。

　スキンクリームに使う油性成分と活性剤のアルキル基の構造が使用感におよぼす影響を以下説明し，高分子，多価アルコールの使用方法について述べるとともに，有用成分，コンセプト成分について解説する。

4.1　スキンクリームの構成成分

　スキンクリームを構成する成分は，油性成分，界面活性剤，脂肪酸，アルカリ剤，保湿成分，高分子である。

　油性成分は，クリームのしっとり，またはさらさらの感触を作り出すために配合される。このためには油性成分の検討を一番先に行うのが一般的である。油性成分は炭化水素，エステル，高級アルコール等を主に検討する。油性成分は，炭化水素，エステル，脂肪酸，高級アルコール等の融点の高低及び極性の大小を考慮して少なくとも4点は選ぶ。ステアリン酸等の脂肪酸はクリームの形態，有用成分などpHの影響があり，アルカリ剤の種類の検討も必要である。保湿成分は，多価アルコール，糖類等を使用感（しっとり，またはさらさら）によって選択する。高分子は，クリームの安定性を確保するためには必要であるが，クリームの性状，外観，粘度等に影響を及ぼすため十分な検討を要する。

4.2　油性成分の検討

　クリームのしっとりまたはさらさらの感触を作り出すには油性成分の検討を一番先に行う。油性成分は炭化水素，エステル，高級アルコール等を主に検討する。天然植物油脂は酸化されやすいため可能な限り配合を避ける。

　感触をさらさらにする場合，炭化水素はスクワラン，軽質流動イソパラフィンなどの比較的分子量の小さい分岐型を用い，エステルはエチルヘキサン酸セチル，ミリスチン酸イソプロピル等の脂肪酸またはアルコールのどちらかが分岐型の液状エステルを選ぶ。高級アルコールについて

はミリスチルアルコール，イソステアリルアルコールを選ぶ（処方4-1（a））。逆に重い感じのしっとり感を求められるときは，炭化水素は流動パラフィンを使用し，エステルは比較的分子量の大きい液状のイソステアリン酸セチル，トリオクタノイン等を選び，セタノール，ステアリルアルコールを配合する（処方4-1（b））。すべり感，つるつる感のないさっぱりした感触を求める場合は，パラフィンワックス，パルミチン酸パルミチル，ミリスチン酸ミリスチル，ステアリン酸ブチル等の固体油性成分に液状油の一部を置き換える。（処方4-1（c））。

処方4-1 スキンクリーム（油性成分の選択による感触の比較）

(a) さっぱりしたクリーム　(b) しっとりしたクリーム
(c) べとつきのない，すべらないクリーム

	Part	Ingredient	(a) % (100g)	(b) % (100g)	(c) % (100g)
1	A	ステアリン酸	5.60	5.60	5.60
2	A	ミツロウ	−	−	1.20
3	A	ステアリン酸グリセリル	1.20	−	1.20
4	A	パルミチン酸セチル	−	−	2.40
5	A	エチルヘキサン酸セチル	2.40	4.80	−
6	A	ミリスチルアルコール	0.60	−	1.60
7	A	セトステアリルアルコール	1.80	−	−
8	A	ベヘニルアルコール	−	2.40	3.60
9	A	スクワラン	0.60	2.40	0.60
10	A	トコフェロール	0.10	0.10	0.10
11	A	ジメチコン 6cs	1.20	1.20	1.20
12	A	ステアリン酸PEG-40	1.20	1.20	1.20
13	A	ステアリン酸PEG-25	0.40	0.40	0.40
14	A	メチルパラベン	0.20	0.20	0.20
15	A	プロピルパラベン	0.10	0.10	0.10
16	中和	10%水酸化ナトリウム	2.00	2.00	2.00
17	B	カルボキシビニルポリマー	0.20	0.20	0.20
18	B	キサンタンガム	0.10	0.10	0.10
19	B	グリセリン	3.00	4.00	2.00
20	B	BG	3.00	3.00	2.00
21	B	精製水	76.30	72.30	74.30

DIRECTIONS：
① 1〜15を80℃に加温して均一に溶解する（A）。
② 21に17を分散，80℃に加湿し，18を19, 20に分散したものを加え均一に溶解する（B）。
③ 17〜20にAを加えて，16を加え乳化する（A＋B）。
④ 冷却後，補水する。

第 7 章　化粧品処方の実践

　油性成分がクリームの粘度に与える影響は，脂肪酸と高級アルコールが大きく，ステアリル基，セチル基は粘度を高める。粘度を高くしたい場合はステアリン酸，セタノールの配合量を増やす。粘度を下げたい場合は，セタノール，ステアリルアルコールを少なくするか，オクチルドデカノール，イソステアリルアルコールを配合する。炭化水素，エステル類がクリームの粘度に及ぼす影響は小さい。

　クリームの高温安定性には，ミリスチルアルコール，セタノール，ステアリルアルコール，ベヘニルアルコール等の飽和高級アルコールを配合した方がよい。ステアリン酸でも安定性の向上が図れる。

　天然油脂を配合する場合，なるべくヨウ素価の低いものを選び，配合量は低く抑える。脂肪酸をアルカリ剤で中和するクリームは，pH が中性から弱アルカリ性になるため，天然油脂は pH が高いと酸化されやすく変臭の原因となる。可能な限り pH を低くすることが必要である。この対策として酸化防止剤のビタミン E，レシチン等の添加という手段があるが，pH が高いため酸化防止の効果はあまり期待できない。

4.3　乳化剤の選択

　クリームに使われるノニオン活性剤はソルビタン系またはポリグリセリン系，ポリオキシエチレン脂肪酸エステル，ポリオキシエチレンアルキルエーテル，ショ糖エステル等を使う方法がある。ノニオン活性剤の HLB 値による組み合わせは HLB の 15 以上，10 前後，8 以下の 3 種の組み合わせで乳化剤とするとよい。また，ポリオキシエチレン硬化ヒマシ油，ポリオキシエチレンオレイン酸ソルビット等との併用もできる。クリームの性状，使用感等の目的に応じて活性剤の種類の組み合わせを検討する。

　ポリオキシエチレンを親水基とするノニオン活性剤の温度の影響は，ポリオキシエチレン鎖は温度が高くなると酸素原子の間隔が広がり，炭素原子が表面に現れ，疎水性となって界面活性力が低下してしまうことである。乳化剤としての機能を失い，高温時の安定性が損なわれ，クリームの粘度低下と分離を生じる。この現象はポリオキシエチレン鎖固有の曇点として現れ，ポリオキシエチレン鎖の欠点である。ただし，ノニオン性活性剤は高温では活性剤としての働きは悪くなるが，低温では乳化剤として有効である。乳化剤の組み合わせを以下にまとめる。

4.3.1　脂肪酸とノニオン性活性剤

　脂肪酸とノニオン性活性剤との組み合わせは，一般的によく行われる方法である。脂肪酸は，ステアリン酸が多く使われる。ステアリン酸はアルカリでの部分中和で石鹸を作り，乳化剤となる。アルカリ剤として水酸化ナトリウム，水酸化カリウム，トリエタノールアミンを使うことになるので弱アルカリ性のクリームとなる。脂肪酸塩は温度が高くなると粘度が下がり分離等の安定性が損なわれることがあるため，セタノールまたはベヘニルアルコールを増粘剤として配合する。

　ノニオン性活性剤は，ソルビタン脂肪酸エステル系，ポリオキシエチレン脂肪酸エステル系，

ポリオキシエチレングリセリン脂肪酸エステル系，ポリオキシエチレンアルキルエーテル系等が使われる。

　ステアリン酸とポリオキシエチレンステアリン酸の組み合わせは，乳化が良好で艶のある外観のクリームをつくりやすい。また，最適 HLB の範囲も広く，油性成分の種類，極性が多少変わっても HLB の補正をせずに良好な乳化ができる。ただし，アルキル基がステアリン酸のため粘度の低いクリームは作りづらい。

　ステアリン酸とポリオキシエチレンソルビタンとソルビタン脂肪酸エステルのノニオン性活性剤の組み合わせが従来から行われ，油性成分を同一の場合，活性剤のアルキル基を変えることで粘度調整と使用感を自由にすることができる。粘度調整は，アルキル基がオレイル酸の場合，粘度が低くなり，ステアリル基の場合粘度が高くなる（処方4-2）。

処方4-2　クリーム（ソルビタン性活性剤のアルキル基の違いによる粘度の比較）

	Part	Ingredient	%（100g）	%（100g）	%（100g）	%（100g）
1	A	ステアリン酸	5.40	5.40	5.40	5.40
2	A	エチルヘキサン酸セチル	4.00	4.00	4.00	4.00
3	A	パルミチン酸セチル	0.80	0.80	0.80	0.80
4	A	スクワラン	1.80	1.80	1.80	1.80
5	A	ベヘニルアルコール	2.40	2.40	2.40	2.40
6	A	ポリソルベート80	2.40	-	2.40	-
7	A	ポリソルベート60	-	2.40	-	2.40
8	A	オレイン酸ソルビタン	0.80	0.80	-	-
9	A	ステアリン酸ソルビタン	-	-	0.80	0.50
10	A	ジメチコン6cs	0.80	0.50	0.50	0.50
11	A	メチルパラベン	0.20	0.10	0.10	0.10
12	A	プロピルパラベン	0.10	0.10	0.10	0.10
13	A	グリセリン	2.40	3.00	3.00	3.00
14	中和	10%水酸化ナトリウム	2.00	2.00	2.00	2.00
15	B	精製水	to 100g	to 100g	to 100g	to 100

粘度：NO.4 12rpm，30sec.	7000	8000	10000	13500
pH	7.20	7.20	7.20	7.20

DIRECTIONS：
① 1～13を80℃に加温して均一に溶解する（A）。
② 15を80℃に加温する（B）。
③ BにAを加えて，14を加え乳化する。
④ 冷却後，補水する。

第7章 化粧品処方の実践

4.3.2 アニオン性活性剤とノニオン性活性剤

各種アニオン性活性剤とポリオキシエチレン系ノニオン性活性剤の組み合わせ方法である。アニオン性活性剤としてはセチル硫酸ナトリウム，ミリストイルメチルタウリンナトリウム，セチルメチルタウリンナトリウム，ステアロイル乳酸ナトリウム等でラウリル，ココイル基は使用しないためC16，C18のアルキル基の活性剤の種類は少ない（処方4-3）。ノニオン性活性剤は脂肪酸との組み合わせの場合と同じように対応すればよいが，ステアリン酸を使った場合と比較するとクリームのきめ，艶が悪くなることがある。この場合，モノステアリン酸グリセリン，オレイン酸ソルビタン，ステアリン酸ソルビタンを少量加えることで解決できる。特にポリオキシエチレンセチルエーテルを用いた場合にクリームの艶がなくなることが多い。

処方4-3 クリーム（アニオン性活性剤とノニオン性活性剤の組み合わせ）

	Part	Ingredient	％（100g）
1	A	ステアロイル乳酸ナトリウム	4.00
2	A	エチルヘキサン酸セチル	4.00
3	A	セタノール	6.00
4	A	スクワラン	1.00
5	A	ステアリン酸PEG-15グリセリル	2.00
6	A	ステアリン酸グリセリル	1.00
7	A	ジメチコン6cs	1.00
8	A	メチルパラベン	0.20
9	A	プロピルパラベン	0.10
10	中和	10％水酸化カリウム	1.00
11	B	BG	2.00
12	B	グリセリン	4.00
13	B	キサンタンガム	0.20
14	B	精製水	to 100g

粘度	高い
感触	すべりが持続する
pH	6.40

DIRECTIONS：
① 1～9を80℃に加温して均一に溶解する（A）。
② 11，12に13を分散後，14を加え80℃に加温して溶解する（B）。
③ AとBを混合後，10を加え乳化する（A+B）。
④ 冷却後，補水する。

最近では，食品添加物だけでクリームを作る要求もあり，この場合，ステアリル乳酸ナトリウムとショ糖エステルで乳化することもできる（処方4-4）。

167

処方4-4　食品添加物の活性剤を使ったクリーム
（ステアリル乳酸ナトリウムとショ糖エステル）

	Part	Ingredient	％（100g）
1	A	キサンタンガム	0.20
2	A	ステアリルスクロース*	1.20
3	A	グリセリン	2.00
4	A	BG	2.00
5	B	ステアリル乳酸ナトリウム	0.60
6	B	ステアリン酸グリセリル	2.40
7	B	ベヘニルアルコール	0.80
8	B	エチルヘキサン酸セチル	3.00
9	B	ゴマ油	1.20
10	B	トコフェロール	0.10
11	B	ジメチコン 6cs	1.20
12	B	メチルパラベン	0.20
13	B	プロピルパラベン	0.10
14	pH	50％乳酸	
15	A	精製水	85.00

DIRECTIONS：
① 1,2を3,4に分散後，15に加え80℃に加温し溶解する（A）。
② 5～13を80℃に加温して溶解する（B）。
③ AをBに加え乳化する（A＋B）。
④ 45℃に冷却する。
⑤ 14でpH調整後，補水する。

SPECIFICATIONS：
　pH：5.0-6.0
＊サーフホープC-1816（三菱フーズ）
（注）ステアリルスクロースは，油相に均一に分散または溶解できにくく固まりになりやすい。

4.3.3　ノニオン性活性剤

　有用成分，有効成分を配合するため，pHの低いクリームを作らなければならない場合，ステアリン酸，カルボキシビニルポリマーの中和に水酸化ナトリウム，水酸化カリウム，トリエタノールアミンを使わなければならず，pH7以下にしにくい。アニオン性活性剤を使用できないこともあり，ノニオン性活性剤だけでクリームを作らなければならない。ポリオキシエチレン系ノニオン性活性剤でクリームを作る場合，高温安定性が損なわれるため，キサンタンガム，（アクリレーツ／メタクリル酸アルキル（C10-30））クロスポリマー等の併用が有効である（処方4-5）。

第7章 化粧品処方の実践

処方4−5 酸性クリーム(キサンタンガムとソルビタン性活性剤を使った低pHのクリーム)

	Part	Ingredient	%(100g)
1	A	ベヘニルアルコール	4.00
2	A	ミリスチルアルコール	2.00
4	A	オクチルドデカノール	1.00
5	A	スクワラン	1.00
6	A	エチルヘキサン酸セチル	5.00
7	A	ポリソルベート60	0.80
8	A	ステアリン酸グリセリル	2.00
9	A	オレイン酸ソルビタン	0.60
10	A	メチルパラベン	0.20
11	A	プロピルパラベン	0.10
12	後添	1%ヒアルロン酸ナトリウム	0.50
13	B1	キサンタンガム	0.30
14	B1	BG	6.00
15	B1	グリセリン	3.00
16	B2	クエン酸	0.30
17	B2	クエン酸ナトリウム	0.10
18	B3	精製水	73.10

DIRECTIONS：
① 1〜11を80℃に加温して均一に溶解する(A)。
② 13を14, 15に分散する(B1)。
③ 18に16, 17を溶解後, B1を加え80℃に加温する(B2+B1)。
④ AとBを混合して乳化する(A+B)。
⑤ 冷却後, 12を加え, 補水する。
SPECIFICATIONS：
　　pH：4.0−5.0

4.4 高分子の添加

　乳化剤のみでクリームを作った場合, 高温時粘度が低下し分離が起こり, 安定性が損なわれることが多い。そのため, カルボキシビニルポリマー, キサンタンガム, ポリアクリル酸, (アクリレーツ/メタアクリル酸アルキル(C10-30))クロスポリマー等の高分子はクリームの安定剤として配合される。高分子は温度による粘度変化が少なく, エマルジョンを安定化できる。使用感については, なるべく重くなったり, べとついたり, 塗擦した時カスが生じないものを選ぶ(処方4−6)。

処方 4-6 クリーム（ノニオン性活性剤乳化と高分子安定剤）

	Part	Ingredient	%（100g）	%（100g）
1	A	カルボキシビニルポリマー	0.80	-
2	A	（アクロイルジメチルタウリンアンモニウム／VP）コポリマー*	-	1.00
3	A	グリセリン	3.00	3.00
4	A	1,3-ブチレングリコール	3.00	3.00
5	B	ポリソルベート60	1.20	1.20
6	B	オレイン酸ソルビタン	0.40	0.40
7	B	スクワラン	2.40	2.40
8	B	ホホバ油	0.40	0.40
9	B	オクチルドデカノール	0.60	0.60
10	B	ベヘニルアルコール	0.80	0.80
11	B	エチルヘキサン酸セチル	1.20	1.20
12	B	トコフェロール	0.10	0.10
13	B	1,2-ペンタンジオール	0.90	0.90
14	B	カプリル酸グリセリル	0.90	0.90
15	後添	ヒアルロン酸ナトリウム液（1%）	2.00	2.00
16	C	10%水酸カリウム	3.00	-
17	A	精製水	to 100g	to 100g

DIRECTIONS：
① 17に1または2を攪拌しながら加え完全に分散後，3,4を加え70℃に加温する（A）。
② 5～14を70℃に加温して均一にする（B）。
③ AにBを加え，Cをを加え乳化にする（A＋B＋C）。
④ 15を加え，補水する。

SPECIFICATIONS：
　　pH：6.0-8.0
＊ Aristoflex ACV（クライアントジャパン㈱）

4.5 多価アルコールの選択

　クリームの性状を構成する成分中，保湿成分として多価アルコールは重要な成分である。グリセリン，1,3-ブチレングリコール，プロピレングリコールを比較すると，化粧水で使われるのと同様にグリセリンがもっともしっとり感が得られ，1,3-ブチレングリコールが次にしっとり感が強く，プロピレングリコールは軽い感じとなる。また，イソプレングリコールは，1,3-ブチレングリコールに比べすべり感が得られる。ポリオキシブチレンポリオキシエチレンポリオキシプロピレングリセリルエーテルは疎水性を有するアルキレンオキシド誘導体で，従来のグリコール類と異なった保湿性があり，なめらかな使用感が得られる。

第7章 化粧品処方の実践

4.6 粘度の低いクリームを作る場合

　粘度が低く流動性が保たれる乳液を作る場合，ステアリン酸の配合量を少なく，ノニオン性活性剤で油性成分を乳化するようにする。全体的に油性成分の配合量は少なくし，スクワラン，オクチルドデカノールを配合し粘度下げるとともに，経時での粘度上昇を防ぎ流動性を確保する。高温度での安定性を図るためにキサンタンガムまたは低粘度のカルボキシビニルポリマーを必ず使う。また，高分子乳化剤の低粘度タイプの（アクリル酸／メタアクリル酸アルキル（C10-30））クロスポリマーを使用し，活性剤を少量に抑え軽い使用感の乳液を作ることもできる。中和のアルカリ剤は粘度が高くなりにくい水酸化カリウムまたはトリエタノールアミンがよい（処方4-7）。

処方4-7　乳液（粘度の低いクリーム）

	Part	Ingredient	%（100g）	%（100g）
1	A	ステアリン酸	3.00	3.00
2	A	ステアリン酸グリセリル	1.20	1.20
3	A	エチルヘキサン酸セチル	3.60	3.60
4	A	スクワラン	1.20	1.20
5	A	ベヘニルアルコール	0.80	0.80
6	A	オクチルドデカノール	0.60	0.60
7	A	ステアリン酸PEG-40	0.60	0.60
8	A	ステアリン酸PEG-25	0.20	0.20
9	A	ジメチコン6cs	0.80	0.80
10	A	メチルパラベン	0.10	0.10
11	A	プロピルパラベン	0.10	0.10
12	B	アクリレーツ／アクリル酸アルキル（C10-30）クロスポリマー	0.20	-
13	B	キサンタンガム	-	0.20
14	B	BG	5.00	5.00
15	中和	10%水酸化カリウム	1.80	1.60
16	B	精製水	to 100g	to 100g

① 1〜11を70℃に加温して均一に溶解する（A）。
② 12（または13）を14に分散後，16に加え70℃に加温し溶解する（B）。
③ AをBに加え，15を加え乳化する（A+B）。
④ 45℃に冷却する。
⑤ 15でpH調整後，補水する。

4.7 ゲル状クリームを作る場合

　高粘度タイプのカルボキシビニルポリマーを1％前後配合し，乳液の場合と同様に活性剤，油性成分を少なくした組み合わせにする。キサンタンガムを少量併用してゲルをなめらかに弾力ある性状にすることもできる。カルボキシビニルポリマーの中和は，粘度を高くする場合は水酸化

ナトリウムを使い，粘度を低くする場合は水酸化カリウムまたはトリエタノールアミンを使う。油性成分，活性剤は少量配合し，使用感に合わせた選択を行い，グリコール類も使用感に合わせる（処方4-8）。

処方4-8　ジェルクリーム（高分子を使った軽い使用感のクリーム）

	Part	Ingredient	％（100g）
1	A	カルボキシビニルポリマー	0.80
2	B	グリセリン	4.00
3	B	キサンタンガム	0.10
4	C	グリチルリチン酸ジカリウム	0.10
5	C	ベタイン	0.50
6	C	トレハロース	0.10
7	D	BG	4.00
8	D	1,2-ペンタンジオール	0.90
9	D	カプリル酸グリセリル	0.90
10	D	PEG-60 水添ヒマシ油	0.60
11	D	スクワラン	1.20
12	D	エチルヘキサン酸セチル	0.40
13	D	トコフェロール	0.10
14	D	ジラウロイルグルタミン酸リシンナトリウム（30％）	0.10
15	E	ヒアルロン酸ナトリウム液（1％）	2.00
16	E	PCA-ナトリウム	0.50
17	F	10％水酸カリウム	6.00
18	A	精製水	to 100g

DIRECTIONS：
① 18に1を攪拌しながら加え完全に分散後，70℃に加温する（A）。
② 2に3を分散する（B）。
③ 7〜14を70℃に加温して均一にする（D）。
④ AにBを加え，Cを溶解後，D，Eを加え均一にする（A＋B＋C＋D＋E）。
⑤ Fを加え中和しゲル化する。補水する（A＋B＋C＋D＋E＋F）。

SPECIFICATIONS：
　　pH：6.0-8.0

4.8　マッサージクリームを作る場合

　マッサージクリーム等すべり感があり，なめらかさと塗布性が持続するクリームを作る場合は，固体油性成分，融点が高い成分を少なく，液状油性成分を多く配合し，全体的に油性成分量を多くする。流動パラフィン，植物油脂を多く配合することで塗擦の滑らかさが持続する。また，ジメチルポリシロキサンの50-1000csを配合することも有効である（処方4-9）。

第7章 化粧品処方の実践

処方 4-9　マッサージクリーム（なめらかなすべりが持続するクリーム）

	Part	Ingredient	％（100g）
1	A	ステアリン酸	4.00
2	A	モノステアリン酸グリセリル	2.00
3	A	セタノール	6.00
5	A	エチルヘキサン酸セチル	4.00
6	A	ミネラルオイル	12.00
7	A	オレイン酸ソルビタン	1.00
8	A	ポリソルベート80	2.00
9	A	ステアリン酸グリセリル	4.00
10	A	ジメチコン 50cs	1.00
11	A	メチルパラベン	0.20
12	A	プロピルパラベン	0.10
13	C	10％水酸化カリウム	1.00
14	B	BG	1.00
15	B	グリセリン	6.00
16	B	キサンタンガム	0.20
17	B	ソルビトール（70％）	4.00
18	B	精製水	to 100g

粘度	高い
感触	すべりが持続する
pH	6.40

DIRECTIONS：
① 1〜12を80℃に加温して均一に溶解する（A）。
② 14, 15に16を分散後, 18に加え80℃に加温して溶解後, 17を加える。
③ AとBを混合後, Cを加え乳化する（A＋B＋C）。
④ 冷却後, 補水する。

SPECIFICATIONS：
　　　pH：6.0 – 8.0

5　頭髪用化粧品

　頭髪用化粧品は，頭髪のケア，手触り感の改善，スタイリング等目的が多岐にわたり，剤型も液状から固形まで多種ある。その種類は，ヘアミスト，ヘアクリーム，ワックス，スタイリング剤，ヘアオイル等である。使用目的，剤型により構成される成分は異なるが，配合される成分はすべての活性剤，油性成分，高分子，グルコール類が対象である。ヘアミストは，カチオン性活性剤とグリコール類が主である。ヘアクリームは，油性成分，シリコーンと乳化剤として脂肪酸，アニオン性活性剤を使ったアニオン系タイプまたはカチオン性活性時剤を使ったカチオン系タイプのいずれかである。いずれも乳化のためにノニオン性活性剤が併用されることが多い。ワックスは，ロウ類，マイクロクリスタリンワックス，脂肪酸，ノニオン性活性剤，グリコール類であり，セット性，スタイリング性を必要とする時は高分子を配合する。スタイリング剤は，セット性を有する高分子を配合し，ジェル状から液状である。ヘアオイルは，シリコーンを主とし，植物油脂等を微量配合するタイプと植物油脂，炭化水素を主とするタイプがある。

　頭髪用化粧品は，トリートメント効果を求め，毛髪損傷の修復，補修を目的とする場合は，アミノ酸，加水分解タンパク，セラミド類，保湿成分，ステロール類等を配合し，これらの成分の毛髪への浸透，吸着させることに加え使用感が重視される。スタイリング，セット性を目的とする場合は，セット性高分子または高融点ワックス等を配合し，手触り，べたつき等について注意を要する。

　頭髪用化粧品は，直接毛髪に塗布して使用するため，配合する成分の感触がダイレクトである。そのため油性成分，界面活性剤，グリコール類，高分子等，配合する個々の成分の感触を知らなければならない。各成分の感触は，アルキル基の種類，官能基，化学構造により決定する。詳細は第2章を参照いただきたい。

5.1　クリーム状

　処方5-1は，軽い感じの仕上がりのヘアクリームで，ステアリン酸とノニオン性活性剤であるモノステアリン酸ポリオキシエチレングリセリルの組み合わせで乳化する従来からある方法である。ステアリン酸の中和に使用するアルカリ剤の種類により外観，粘度の調整ができる。使用感はしっとり感のある感触となり，カチオン性活性剤を使っていないため，なめらかなやわらかい感触は得られにくい。

第7章　化粧品処方の実践

処方 5-1　軽い仕上がりのヘアクリーム

	Part	Ingredient	％（100g）
1	A	モノステアリン酸 PEG-15 グリセリル	0.50
2	A	ステアリン酸	4.00
3	A	ステアリン酸グリセリル	1.00
4	A	ミリスチルアルコール	2.00
5	A	イソステアリン酸フィトステリル	0.20
6	A	PEG-5 ダイズステロール	0.50
7	A	エチルヘキサン酸セチル	4.00
8	A	スクワラン	1.00
9	A	エチルヘキシルグリセリン	0.20
10	A	カプリル酸グリセリル	0.50
11	A	3-メチル-1,3-ブチルジオール	3.00
12	B	10％水酸化カリウム	1.00
13	B	精製水	to 100g

DIRECTIONS：
　① 1～11 を 80℃に加温し溶解する（A）。
　② 13 を 80℃に加温して 11 を加える（B）。
　③ AとBを混合して乳化する（A＋B）。
　④ 45℃まで冷却して，補水する。

SPECIFICATIONS：
　　pH：6-7.5

　処方 5-2 はしっとり感と流動性のあるヘアローションで，リン酸エステル型のアニオン性活性剤であるジセチルリン酸，セチルリン酸を使ったヘアクリームである。ただし乳化助剤に少量のノニオン性活性剤を配合した方が乳化がしやすく，艶のある外観のクリームとなる。この活性剤とコレステロール，水添レシチンの組み合わせで液晶乳化が作れる。使用感はステアリン酸の石鹸乳化と異なり非常になめらかである。このヘアローションはしっとりしたなめらかな仕上がりとなる。油成分を乳化した従来からあるクリームタイプとアニオン性活性剤とノニオン性活性剤の組み合わせで乳化したタイプは pH を低くすることもできる。

175

処方 5-2　ヘアローション（しっとり感と流動性のあるヘアクリーム）

	Part	Ingredient	%（100g）
1	A	ステアリン酸 PEG-40	0.40
2	A	BG	3.00
3	A	セトステアリルアルコール	1.20
4	A	ステアリン酸グリセリル	0.80
5	A	ジセチルリン酸，セチルリン酸，セトステアリルアルコール（*1）	3.20
6	A	コレステロール	0.20
7	A	メチルパラベン	0.10
8	A	プロピルパラベン	0.10
9	A	エチルヘキサン酸セチル	2.40
10	A	スクワラン	1.20
11	A	オクチルドデカノール	0.40
12	A2	水添レシチン	0.20
13	B	10%水酸化カリウム	1.20
14	C	シリコーンエマルジョン（*2）	5.00
15	pH	50%乳酸	
16	B	精製水	to 100g

DIRECTIONS：
① 1～11 を 80℃に加温溶解後，乳化直前に 12 を加える（A）。
② 16 を 80℃に加温して 13 を加える（B）。
③ A と B を混合して乳化する（A＋B）。
④ 45℃まで冷却して，14 を加え，15 で pH 調整後，補水する（A＋B＋C）。

SPECIFICATIONS：
　　pH：4-6

　処方 5-3 は，シリコーンをノニオン性活性剤を主体にアニオン性活性剤を組み合わせ，シリコーンに相溶性のよい分岐型のエステルと高級アルコールを極性の継ぎ成分として少量配合して，乳化を容易にし，製剤の安定性を向上させたクリームである。
　シリコーン乳化剤を使った乳化方法で作られる。安定性を確保するために若干のポリオキシエチレンセチルエーテルを併用する。シリコーン乳化剤はポリオキシエチレン，ポリオキシンプロピレン等各種あるが，ラウリル等のアルキル基のついたタイプを使うと乳化が容易になる。使用感は，配合されるシリコーン，エステル，グリコール類の種類で変化をつけられる。本処方では，シリコーンの使用感を得るだけではなく，ダイマージリノール酸ダイマージリノレイル，水添ロジン酸トリグリセリルのエステル（VA／クロトン酸）とコポリマーアンモニウムのセット樹脂でスタイリングができるようにしてある。

第7章 化粧品処方の実践

処方5-3　ヘアクリーム（シリコーンを多く配合し，すべり感が良好でまとまりのあるスタイリングができる仕上げ剤）

	Part	Ingredient	% (100g)
1	A	セテス-40	0.80
2	A	セテス-2	0.40
3	A	PEG-12 ジメチコン	0.60
4	A	ラウリル PEG／PPG-30／10 ジメチコン，DPG（*3）	4.00
5	A	ダイマージリノール酸ダイマージリノレイル，水添ロジン酸トリグリセリル（*4）	6.00
6	A	シクロペンタシロキサン，ジメチコノール（高重合；10％）（*5）	30.00
7	A	シクロペンタシロキサン	30.00
8	B	トリエタノールアミン	0.90
9	B	（VA／クロトン酸）コポリマーアンモニウム（*6）	4.00
10	C	メチルパラベン	0.20
11	C	PG	0.80
12	D	メチルイソチアゾリノン（10％）	0.10
13	B	精製水	22.20

DIRECTIONS：

　ホモミキサー，ディスパーを使用
① 1～4を50℃に加温して溶解後，5～7を分散均一にする（A）。
② 13に9を加え撹拌しながら8を加え，70℃に加温して溶解する（B）。
③ 10を11に溶解する（C）。
④ AとBとCと12を混合して乳化する。
⑤ 40℃まで冷却し，CとDを加えて補水する（A＋B＋C＋D）。

　処方5-4は，シリコーンをポリオキシエチレンセチルエーテルとポリオキシエチエレンラウリルエーテル酢酸ナトリウムで乳化したジェル状の仕上げ剤である。ポリオキシエチレンアルキルエーテルのアルキル基を変えることで前記の通り粘度を低くしたり，使用感を変えることができる。

177

処方 5－4　シリコーンジェル（透明感のある外観のジェル）

	Part	Ingredient	% (100g)
1	A1	セテス－2	1.50
2	A1	セテス－20	4.50
3	A1	イソステアリルアルコール	1.00
4	A1	エチルヘキサン酸アルキル（C14－18）	4.00
5	A1	ネオペンタン酸イソデシル	4.00
6	A2	シクロメチコン，ジメチコン（高重合10%）（*7）	30.00
7	A2	ジメチコン50cs	10.00
8	A2	シクロペンタシロキサン	20.00
11	B1	プロピレングリコール	0.80
12	B1	メチルパラベン	0.10
13	B1	プロピルパラベン	0.10
14	B2	グリセリン	6.00
15	B2	ラウレス－4酢酸ナトリウム（30%）	8.00
16	B2	安息香酸ナトリウム	0.20
17	B2	精製水	9.80
		合計	100.0

DIRECTIONS：

　ホモミキサー，ディスパーを使用
① 1～5を75℃に加温して均一にして後，6～8を加える（A）。
② 11に12,13を加え，加温して溶解後，14～16,17を加え75℃に加温する（B）。
③ Aを高速撹拌しながらBを徐々に加える。補水はしない。

　シリコーンは水との相溶性が極めて悪く安定なジェルを作りにくいが，分岐型のネオペンタン酸イソデシルを加え，イソステアリルアルコール等の分岐型高級アルコールも加えることで乳化しやすくなり安定性も向上する。シリコーンと相溶性のよいエステル，高級アルコールを配合することで乳化が容易になり，耐温度安定性，経時安定性もよくなる。
　使用感においては，配合する油性成分の感触が直接現れる。洗い流さないタイプなので中粘度，低粘度のジメチルポリシロキサンを配合するとしっとりタイプになり，高重合ジメチルポリシロキサンとジメチルシクロペンタシロキサンを配合すると，軽い感触となる。また，配合するエステル，分岐型高級アルコールの感触も大きく影響する。これらの使用感は前記の通りである。
　処方5－5は，アクリル酸アニオン系の高分子のカルボキシビニルポリマー等でゲル状クリームにしたものである。カルボキシビニルポリマーとアルキル基をもつ高分子乳化剤系ポリマーと（アクリル酸／メタアクリル酸アルキル（C10－30））クロスポリマーを使い，活性剤を使わないクリームの調整方法である。

第7章　化粧品処方の実践

処方5-5　ジェル状クリーム（高分子乳化剤を使ったすべり感のある仕上げ剤）

	Part	Ingredient	%（100g）
1	A	（アクリレーツ／アクリル酸アルキル（C10-30））クロスポリマー	0.30
2	A	カルボマー	0.40
3	A	グリセリン	3.00
4	B	プロピレングリコール	2.00
5	B	メチルパラベン	0.10
6	B	PEG-60硬化ヒマシ油	0.10
7	B	フェノキシエタノール	0.50
8	B	ラウロイルグルタミン酸ジ（フィトステリル／オクチルドデシル）	0.05
9	B	トコフェロール	0.05
10	B	エタノール	5.00
11	C	PEG-12ジメチコン	0.50
12	C	ジメチコン1000cs	3.00
13	C	ジメチコン50cs	1.00
14	D	グルタミン酸ナトリウム	0.10
15	D	アルギニン	0.10
16	D	EDTA-2ナトリウム	0.10
17	D	10％水酸化カリウムでpH調整	1.40
18	A	精製水	to 100g

DIRECTIONS：
① 1,2を18に分散後,3を加え均一にする（A）。
② 4に5,6を加温して溶解し,7,8,9を加え,10を加え均一にする（B）。
③ 11～13を均一に混合する（C）。
④ 14～16を17に溶解する（D）。
⑤ AにBを加え,次にCを加え均一に混合後,Dを加えゲルを作る（A＋B＋C＋D）。
⑥ pH調整後,補水する。

SPECIFICATIONS：
　　　　pH：5.5-7.0

　活性剤を使用していないため使用感に重さはなく,軽くさっぱりとした感触となる。耐温度安定性においては,高分子のため温度変化により粘度の変動は少なくなる。使用感は,アニオン系の活性剤を使いカチオン性活性剤を使わないため,しっとり感が強く,やわらかさを出しにくいが,シリコーン等を使うことで,すべり感を出すことはできる。

　配合する油性成分についてはシリコーン,エステル等目的に合わせて使い分ける。また,グリコール類も同様である。ノニオン性活性剤とアニオン性活性剤の組み合わせで,シリコーンを多く含んだすべり感と艶を与えるジェル状の製剤にも応用できる。また,天然植物油脂は,製品のpHが比較的高くなることが考えられるので,配合には十分な検討が必要となる。

5.2 カチオントリートメント

処方5-6は，塩化ステアリルトリメチルアンモニウムと少量のPEG（20EO）ステアリルエーテル等のノニオン性活性剤を乳化剤にしたヘアートリートメントである。洗い流さないタイプの頭髪用化粧品には，塩化ステアリルトリメチルアンモニウムが一番好まれる。塩化セチルトリメチルアンモニウムは軽い感じになり，塩化ベヘニルトリメチルアンモニウムは重くなりやすい。

処方5-6　洗い流さない流動性ヘアトリートメント（軽いさらさらタイプ：ボトル対応）

	Part	Ingredient	％（100g）
1	A	ステアトリモニウムクロリド（70%）	1.80
2	A	セタノール	1.80
3	A	ミリスチルアルコール	0.40
4	A	ミリスチン酸エチルヘキシル	0.80
5	A	イソステアリルアルコール	0.40
6	A	スクワラン	0.20
7	A	プロピルパラベン	0.10
8	A	メチルパラベン	0.10
9	A	ステアレス-20	0.20
10	C	シリコーンエマルジョン	10.00
11	C	ポリクオタニウム-64（*8）	0.10
12	pH	乳酸（50％希釈液）	
13	B	グアーヒドロキシプロピルトリモニウムクロリド	0.20
14	B	グリセリン	2.00
15	B	PG	3.00
16	B	精製水	to 100g

DIRECTIONS：
① 1～9を80℃に加温して，均一にする（A）。
② 13を14，15に分散後，16に加えて80℃に加温して溶解する（B）。
③ AとBを混合して乳化する（A+B）。
④ 45℃まで冷却して10，11を加え，12でpH調整後，補水する（A+B+C）。

SPECIFICATIONS：
　　pH：4.0-6.0

　軽い感じに仕上げるには，セタノール以外に高級アルコールをミリスチルアルコール，イソステアリルアルコール，オクチルドデカノール等併用し，高重合ジメチルポリシロキサンとジメチルシクロペンタシロキサンのシリコーンを配合する。中粘度のジメチルポリシロキサンを配合すると油性感のある重い感じになる。エステルも使用感に影響を与えるので，アルキル基の構造を考えて必要に応じて配合する。高級アルコールを減らして粘度を下げる場合は，高温時の安定性

第7章 化粧品処方の実践

が損なわれるためカチオン化グアガムの配合が有効である。また，天然油脂は，製品のpHを低くすることで配合できる。

経時でのクリームの粘度上昇とクリームの流動性を確保するためにイソステアリルアルコール，スクワランを配合する。処方5-6のように粘度の低いタイプのクリームにシリコーンを配合する場合は，オイルタイプのジメチルポリシロキサンなどはクリームに分散ができないため，シリコーンエマルジョンを用いる。

処方5-7は，塩化ステアリルトリメチルアンモニウムと各種カチオン性活性剤を組み合わせで乳化するヘアートリートメントで，毛髪表皮の修復と保護をコンセプトとする場合にふさわしい処方である。

製剤の乳化剤の構成は，カチオン性活性剤で乳化してクリームを作ることが基本である。塩化ステアリルトリメチルアンモニウムだけでなく，クオタニウム-91，イソアルキル（C10-40）アミドプロピルエチルジモニウムエトサルフェート，ベヘントリモニウムメトサルフェート，ステアラミドプロピルジメチルアミンも使用可能である。

オタニウム-91は毛髪の保護，イソアルキル（C10-40）アミドプロピルエチルジモニウムエトサルフェートはキューティクルの修復を目的に考えると都合がよい。3級アミンであるステアリルジメチルアミドアミンは，塩化ステアリルトリメチルアンモニウムとの組み合わせで配合している。アニオン性に傾いた髪の傷んだ部分に吸着しやすくなると考えられる。

使用感は，高重合ジメチルポリシロキサンとアモジメチコンですべり感を得て，ミリスチルアルコール，ミリスチン酸イソプロピルで軽い感触となる。

毛束の広がりを抑え軽いスタイリングを作りやすくするためにダイマージリノール酸ダイマージリノレイル，トリ水添ロジン酸グリセリル，ポリクオタニウム-11を配合する。

処方5-8は，トウモロコシタンパクであるゼインを配合したヘアートリートメントである。ゼインのようにアニオン性が強く，水に溶解しないタンパク質をカチオンクリームに配合するには技術がいる。ゼインはプロピレングリコール，ジプロピレングリコールと水の混合物に溶解しやすく，溶解後塩化ステアルトリモニウムでコンプレックスを形成させカチオン性にすることでカチオンクリームに均一に加えることができる。「加水分解ケラチンを加えるときの注意点」（第3章3.3.9　たんぱく質，アミノ酸)」も参照いただきたい。

スタイリングをしやすくするためにはダイマー酸エステルを加えることで毛束の広がりを抑えることができる。ダイマー酸エステルは粘度と粘着性が高く，べとつく油性成分であるためである。この性質がそのままクリームに現れるのではなく，ほかの油性成分と組み合わせることでべとつきはなくなる。

処方5-7　さらさらタイプの軽い仕上げ剤（カチオン性活性剤を用いたクリーム状製剤）

	Part	Ingredient	%(100g)	%(100g)	%(100g)	%(100g)
1	A	ステアリルトリモニウムクロリド（70%）	3.00	3.00	3.00	2.80
2	A	クオタニウム-91，セテアリルアルコール，セトリモニウムメトサルフェート（*9）	-	0.50	-	-
3	A	ベヘントリモニウムメトサルフェート，イソアルキル（C10-40）アミドプロピルエチルジモニウムエトサルフェート，セトステアリルアルコール（*10）	-	-	0.50	-
4	A	ステアラミドプロピルジメチルアミン	-	-	-	0.50
5	A	ステアリン酸グリセリル	1.00	1.00	1.00	1.00
6	A	セタノール	3.00	3.00	3.00	3.00
7	A	ミリスチルアルコール	1.00	1.00	1.00	1.00
8	A	ダイマージリノール酸ダイマージリノレイル，トリ水添ロジン酸グリセリル（*4）	1.00	1.00	1.00	1.00
9	A	ミリスチン酸イソプロピル	1.00	1.00	1.00	1.00
10	A	メチルパラベン	0.10	0.10	0.10	0.10
11	A	プロピルパラベン	0.10	0.10	0.10	0.10
12	A	PG	2.00	2.00	2.00	2.00
13	C	ジメチコン（高重合10%），シクロメチコン（*7）	8.00	8.00	8.00	8.00
14	C	アモジメチコン，ステアリルトリモニウムクロリド，ジココイルジメチルアンモニウムクロリド（*1）	0.60	0.60	0.60	0.60
15	C	ポリクオタニウム-11（*12）	2.00	2.00	2.00	2.00
16	pH	50%乳酸	0.10	0.10	0.10	0.30
17	B	精製水	to 100g	to 100g	to 100g	to 100g

使用感	塗布時	しっとりして，すべりが軽い。	しっとりして，すべりが軽い。	ややしっとりして，すべりがよい。	しっとりして，すべりがやや重い。
	仕上がり時	軽い感じで毛束感がある。	しっとりして毛束感がある。	しっとりと柔らかくして，毛束感がある。	軽くしっとりなめらかで，毛束感がある。

DIRECTIONS：
① 1～12を80℃に加温する（A）。
② 17を80℃に加温する（B）。
③ AとBを混合して乳化する（A+B）。
④ 45℃まで冷却して13～15を加え，16でpH調整後，補水する（A+B+C）。

SPECIFICATIONS：
　　　pH：4.0-5.0

第7章 化粧品処方の実践

処方5-8 スタイリングと毛髪の補修を目的とするトリートメント（ゼイン配合：チューブ対応）

	Part	Ingredient	%(100g)	%(100g)	%(100g)
1	A	ステアリルトリモニウムクロリド（70%）	2.00	2.00	2.00
2	A	セタノール	3.00	3.00	3.00
3	A	ステアリン酸グリセリル	0.80	0.80	0.80
4	A	エチルヘキサン酸セチル	1.80	1.80	1.80
5	A	オクチルドデカノール	0.20	0.20	0.20
6	A	プロピルパラベン	0.10	0.10	0.10
7	A	メチルパラベン	0.10	0.10	0.10
8	A	ダイマージリノール酸ダイマージリノレイル，トリ水添ロジン酸グリセリル（*4）	1.80	-	-
9	A	ダイマージリノール酸ダイマージリノレイルビス（べヘニル／イソステリル／フィチステリル）（*13）	-	1.80	1.80
10	C1	PG	1.00	1.00	1.00
11	C1	セトリモニウムクロリド（70%）	0.20	0.20	0.20
12	C2	精製水	1.00	1.00	1.00
13	C3	ゼイン，PG，水（*14）	1.00	1.00	-
14	C3	加水分解ケラチン液（*15）	-	-	1.00
15	D	シリコンエマルジョン（*2）	5.00	5.00	5.00
16	B	50%クエン酸ナトリウム液	0.10	0.10	0.10
17	B	精製水	81.90	81.90	81.90

DIRECTIONS：
① 1～9を80℃に加温して溶解にする（A）。
② 10, 11を混合して均一にした後，12を加え，13, 14を徐々に加える（C）。
③ 17を80℃に加温して16を加え，Aと混合して乳化する（B＋A）。
④ 45℃以下まで冷却して，Cを加え，Dを加え，補水する（B＋A＋C＋D）。

SPECIFICATIONS：
　　pH：5.0-6.0

　カチオン高分子乳化剤でカチオン性活性剤を使わずにクリームを作ることもできる。高分子を使うため温度変化による粘度の増減が小さい（処方5-9）。油性成分を自由に配合でき，耐温度性もよく，粘度変化が小さい。粘度調整はカチオン化高分子の増減でできる。セット性のある高分子を加えてもなめらかな手触りが得られる。

処方5-9　なめらかに仕上がるスタイリング剤（高分子乳化剤とセット性高分子を配合したヘアクリーム）

	Part	Ingredient	%（100g）	%（100g）
1	A	ポリクオタニウム-37, ジ（カプリル酸/カプリン酸）PG, PPG-1 トリデセス, (C10,11) パラフィン, オレイン酸ソルビタン（*16）	1.60	1.60
2	A	オリーブ油	0.50	0.50
3	A	PCA ジメチコン	1.00	1.00
4	A	シクロメチコン	6.00	6.00
5	C	ペンチレングリコール	0.80	0.80
6	C	フェノキシエタノール	0.50	0.50
7	C	PG	2.00	2.00
8	C	ポリブチレングリコール-3PEG／PPG-8／5 グリセリン	1.00	1.00
9	D	（メタクロイルオキシエチルカルボキシベタイン／メタクリル酸アルキル）コポリマー（*17）	5.00	－
10	D	ポリクオタニウム-11（*12）	－	5.00
11	pH	乳酸ナトリウム	0.20	－
12	B	ラフィノース	0.20	0.20
13	B	ベタイン	0.20	0.20
14	B	精製水	to 100g	to 100g

使用感	しっとりした感じで毛先の収まりがよい。	毛先の収まりがよく、弱くなった毛が強くなった感じになった。

DIRECTIONS：
① 1～4 を均一にする（A）。
② 12, 13 を 14 に加え約 50℃ に加温して溶解する（B）。
③ 5～8 を均一にする（C）。
④ B に A を加え均一にした後、C, 9, 10 を加え均一にする（B＋A＋C＋D）。
⑤ 11 で pH 調整後、補水する。

SPECIFICATIONS：
　　pH：3.8-4.6

第7章 化粧品処方の実践

5.3 ヘアワックス

処方5-10は，ロウ，マイクロクリスタリンワックス等高融点油性成分を使ったスタイリングができる頭髪用化粧品である。

マイクロクリスタリンワックスの融点が88℃の場合，セット性は強くなるが毛髪表面を樹脂で覆うような感じになり指に毛髪が吸着するような手触りですべり感は悪くなる。79℃の場合は吸着する感じはやや弱くなり，すべり感があり，セット性も十分得られる。70℃ではセット性は弱くなり吸着感も弱くなめらかさがでてくる。

マイクロクリスタリンワックスの代わりにパラフィンワックスを用いた場合はセット性は弱くなりシットリしたなめらかさが出てしまい，ワックス感よりクリーム感となる。

処方5-10　ヘアワックス（マイクロクリスタリンワックスの融点の違いと使用感の比較）

	Part	Ingredient	%（g）	%（g）	%（g）	%（g）
1	A	マイクロクリスタリンワックス（mp：88℃）	3.50	–	–	–
2	A	マイクロクリスタリンワックス（mp：79℃）	–	3.50	–	–
3	A	マイクロクリスタリンワックス（mp：70℃）	–	–	3.50	–
4	A	パラフィンワックス（mp：69℃）	–	–	–	3.50
5	A	キャンデリラワックス	3.50			
6	A	ヒドロキシステアリン酸	6.00			
7	A	セテス-2	6.00			
8	A	セテス-7	2.00			
9	A	セテス-30	1.00			
10	A	エチルヘキサン酸セチル	8.00			
11	A	セタノール	4.00			
12	A	プロピルパラベン	0.10			
13	A	メチルパラベン	0.30			
14	A	1,3-ブチレングリコール	2.00			
15	A	ジメチコン 100cs	1.00			
16	B	安息香酸ナトリウム	0.20			
17	B	10%水酸化ナトリウム	2.40			
18	B	乳酸ナトリウム	1.20			
19	B	精製水	58.80			

DIRECTIONS：
　① 1〜15を85℃に加温して溶解する（濁る）。
　② 16，17，18を19に80℃に加温して溶かす（B）。
　③ AとBを混合して乳化し，補水する。

SPECIFICATIONS：
　　　　pH：6.5-7.5

5.3.1 ヘアワックスの硬さ・pHの調整

ワックス製剤の硬さはヒドロキシステアリン酸を使い方による。性状を固形ワックス状にするタイプとステアリン酸を使うクリームタイプがある（処方5-11）。ヒドロキシステアリン酸は液状油性成分をゲル化する。また，高融点のワックス成分を配合するため，性状がワックスになる。

製造方法によっても製品の性状が変わってくる。乳化後，70℃くらいで容器の充填し冷却すると硬いワックス状となるが，45℃まで冷却して容器に充填した場合，やわらかいクリームとなる。性状をより硬くする方法は，水酸化ナトリウムの量を減らし，pHを下げることである。

pHの調整は水酸化ナトリウムのみを使った場合，緩衝力が弱いためわずかの量の水酸化ナトリウムでpHが大きく変化すため，乳酸ナトリウムを配合するとpHの調整が容易になる。

処方5-11　ヘアワックス（ステアリン酸とヒドロキシステアリン酸の性状の違い）

	Part	Ingredient	％（100g）	％（100g）
1	A	マイクロクリスタリンワックス（88℃）	3.50	3.50
2	A	キャンデリラロウ	3.50	3.50
3	A	ヒドロキシステアリン酸	6.00	－
4	A	ステアリン酸	－	6.00
5	A	セテス-2	6.00	6.00
6	A	セテス-7	2.00	2.00
7	A	セテス-30	1.00	1.00
8	A	エチルヘキサン酸セチル	8.00	8.00
9	A	セタノール	4.00	4.00
10	A	プロピルパラベン	0.10	0.10
11	A	メチルパラベン	0.30	0.30
12	A	BG	2.00	2.00
13	A	ジメチコン100cs	1.00	1.00
14	B	安息香酸ナトリウム	0.20	0.20
15	B	10％水酸化ナトリウム	2.40	2.40
16	B	乳酸ナトリウム	1.20	1.20
17	B	精製水	to 100g	to 100g
		pH	7.00	7.00
		性状	ワックス状	クリーム状

DIRECTIONS：
① 1～13を85℃に加温して溶解する（濁る）（A）。
② 14～16を17に加え80℃に加温して溶かす（B）。
③ AとBを混合して補水する。

SPECIFICATIONS：
　　pH：6.5-7.5

5.3.2　ヒドロキシステアリン酸を配合した場合の高温安定性

　ヒドロキシステアリン酸を使ったヘアワックスは高温安定性に欠点がある。ノニオン性活性剤の組み合わせとそのHLBによっては分離がみられる。ヒドロキシステアリン酸はステアリン酸と異なりアルカリ剤との石鹸状態でも乳化剤として働かず，液状油性成分のゲル化剤であるため40℃で液状油成分にヒドロキシステアリン酸が溶解するためと考えられる。この欠点を解決するためには高モルのPEGノニオン性活性剤を加えることで安定性を向上できる。PEGが30モル以上のノニオン性活性剤を加えることが必要である。

5.3.3　セット性高分子を含まないハードワックス

　高融点ワックスとセット性高分子，エステルを組み合わせたセット力の極めて高いヘアワックスである。セット性高分子を配合しているためべとつきが強くなるが，セット性は強くなる。セット性高分子を含まず高融点ワックス類の性質を利用してスタイリングするタイプとセット性高分子を加え，よりハードな強さを求めたタイプがある。ただし後者は，セット性高分子を配合しているためべとつきが強くなる（処方5-12）。

5.3.4　エステルによる使用感の調整

　エステルを変えることで使用感が変わる。エチルヘキサン酸セチルとエチルヘキサン酸（C14-18）アルキルではエチルヘキサン酸セチルの方がすべり感が強くなり，セット力はコハク酸オクチルがもっとも強い。エイコセン酸カプリリルもセット力はある。コハク酸オクチルに固体エステルを加えると分子量が大きくなるにつれてすべり感は弱くなるが硬い感触となる。いずれも使用感は吸着が強く残り重い感じになるが，配合されるエステルを変えることでより軽い使用感に変えられる（処方5-13）。

5.3.5　粘度の低い女性向けヘアワックス

　性状は，固形ワックス状または硬いクリームになるが，使用者が女性である場合は，指が汚れることと爪の間にワックスが入り込むことから粘度の低いタイプが好まれるようになってきた。（アクリレーツ/メタアクリル酸アルキル（C10-30））クロスポリマーとポリオキシエチレンセチルエーテルで乳化したヘアワックスでは流動性が持続し，セット性高分子を加えることでスタイリングができる（処方5-14）。

処方 5-12　アップスタイル用ヘアワックス（ハードな強さをいかし，髪を持ち上げるスタイルにする）

	Part	Formula No. Ingredient	1278FI-7 %（100g）	1278FI-8 %（100g）	1278FI-9 %（100g）	1278FI-10 %（100g）
1	A	ベヘニルアルコール	2.00	2.00	2.00	2.00
2	A	セタノール	3.00	3.00	3.00	3.00
3	A	ヒドロキシステアリン酸	4.00	4.00	4.00	4.00
4	A	ステアリン酸グリセリル	2.00	2.00	2.00	2.00
5	A	マイクロクリスタリンワックス 155F	3.00	3.00	3.00	3.00
6	A	コメヌカロウ	2.00	2.00	2.00	2.00
7	A	ダイマージリノール酸ダイマージリノレイル，水添ロジン酸トリグリセリル（*4）	2.00	2.00	2.00	2.00
8	A	テトラオクタン酸ペンタエリスリチル	6.00	6.00	6.00	6.00
9	A	ステアロイル乳酸ナトリウム	0.80	0.80	0.80	0.80
10	A	エチルヘキシルグリセリル，カプリル酸グリセリル（*18）	0.80	0.80	0.80	0.80
11	a2	(アクリル酸アルキル／オクチルアクリルアミド) コポリマー（*19）	-	4.00	-	-
12	a3	PG	4.00	4.00	4.00	4.00
13	B	ステアリン酸スクロース（*20）	2.00	2.00	2.00	2.00
14	D	アクリル酸アルキルコポリマー TEA（*21）	-	-	10.00	-
15	D	(アクリル酸アルキル／ジアセトンアクリルアミド) コポリマー AMP（*22）	-	-	-	10.00
16	D	ジメチコン（高重合10%），シクロメチコン（*7）	4.00	4.00	4.00	4.00
17	D	ジメチコン 10cs	1.00	1.00	1.00	1.00
18	C	10%水酸化ナトリウム	0.60	5.00	0.60	0.60
19	B	精製水	52.80	74.40	74.40	74.40

	粘度		クリーム	ワックス状	クリーム	クリーム
	塗布時の感触		伸びが良く塗布し易い	伸びが良く塗布し易い	多少油っぽい。伸びは良い	伸びが良く塗布し易い
使用感	セット力		弱い	セット力は多少出るが持続性がない。	アップする時，つやがほしい場合は良い。多少油っぽい	セット力もまああるのでアップする時使用できる
	べたつき感の有無		有り	有り	有り	有り

DIRECTIONS：
① 1～10 を 80℃に加温し溶解後，11 を分散後，12 を加えて溶解する（A）。
② 13 を 19 に加え 80℃に加温し溶解する（B）。
③ A を B に加えた後，18 を加え乳化する（A＋B＋C）。
④ 45℃に冷却後，14～17 を加え，補水する（A＋B＋C＋D）。

SPECIFICATIONS：
　　pH：6.0-7.0

第7章 化粧品処方の実践

処方5-13 ヘアワックス（エステルによる使用感の違い）

	Part	Ingredient	% (g)						
1	A	セテス-2	6.00						
2	A	セテス-7	2.00						
3	A	セテス-30	1.00						
4	A	ステアリン酸	5.00						
5	A	マイクロクリスタリンワックス70℃	3.00						
6	A	キャンデリラロウ	3.00						
7	A	ステアリルアルコール	3.00						
8	A	エチルヘキサン酸セチル	10.00	−	−	−	−	−	−
9	A	エチルヘキサン酸ミリスチル	−	10.00	−	−	−	−	−
10	A	コハク酸ジオクチル	−	−	10.00	−	6.00	6.00	6.00
11	A	エイコセン酸カプリリル	−	−	−	10.00	−	−	−
12	A	ミリスチン酸ミリスチル	−	−	−	−	4.00	−	−
13	A	パルミチン酸セチル	−	−	−	−	−	4.00	−
14	A	ステアリン酸ステアリル	−	−	−	−	−	−	4.00
15	A	プロピルパラベン	0.10						
16	A	メチルパラベン	0.20						
17	A	BG	3.00						
18	A	ジメチコン100cs	1.00						
19	pH	乳酸（50%） pH調整	1.00						
20	B	水酸化ナトリウム	0.50						
21	B	精製水	to 100g						

使用感	塗布時の感触	手のひらでさらっとなめらか	手のひらでさらっと軽い	手のひらでねっとり重い	手のひらでねっとりすべりが弱く重いしっとり	手のひらでねっとりやや硬さがありややすべる	手のひらでねっとり硬さがありやすべる	手のひらでねっとり硬さがありやすべる
	セット力	もっとも弱い	弱い	ある	ややある	やや弱い	弱い	弱い
	べたつき感の有無	ない	ない	ある	ややある	わずかにある	わずかにある	わずかにある
	感触	もっともすべる，軽い感じ	軽くすべり，さらさら	しっとりして，重いすべり	すべりが弱く，重いしっとり	すべりはやや弱く，やや硬い	すべりは弱く硬い感じ	すべりはわずかにあるが，硬い感じ

DIRECTIONS：
① 1～18を約80℃に加温して，溶かす（A）。
② 21を約80℃に加温して20を溶解する（B）。
③ AとBを混合して乳化させ，45℃に冷却する。
④ 19でpHを調整後，補水をする。

処方5-14　ローション状ヘアワックス（流動性のあるヘアワックス）

	Part	Formula No. Ingredient	0738FI-1 ％（100g）	0738FI-2 ％（100g）	0738FI-3 ％（100g）	0738FI-4 ％（100g）
1	A	キャンデリラワックス	1.50	1.50	1.50	1.50
2	A	マイクロクリスタリンワックス 155F	0.50	0.50	0.50	0.50
3	A	エチルヘキサン酸セチル	6.00	6.00	6.00	6.00
4	A	ホホバ油	0.10	0.10	0.10	0.10
5	A	セテス-25	1.20	1.20	1.20	1.20
6	A	セテス-7	0.40	0.40	0.40	0.40
7	A	セテス-2	0.80	0.80	0.80	0.80
8	A	プロピルパラベン	0.10	0.10	0.10	0.10
9	A2	ジメチコン(高重合10％)，シクロメチコン（*7）	3.00	3.00	3.00	3.00
10	C	メチルパラベン	0.20	0.20	0.20	0.20
11	C	フェノキシエタノール	0.60	0.60	0.60	0.60
12	C	BG	3.00	3.00	3.00	3.00
13	C	エタノール	3.00	3.00	3.00	3.00
14	C	（VA／クロトン酸）コポリマーアンモニウム（*6）	－	1.00	－	－
15	D	ポリウレタン-14，アクリレーツコポリマーAMP 他（*23）	－	－	4.00	－
16	D	アクリル酸アルキルコポリマー TEA（*21）	－	－	－	3.00
17	pH	10％水酸化カリウム	0.80	0.80	0.80	0.80
18	B	（アクリレーツ／アクリル酸アルキル(C10-30)）クロスポリマー	0.30	0.30	0.30	0.30
19	B	精製水	to 100g	to 100g	to 100g	to 100g

粘度		ややプリン状／低い	プリン状／高い	低粘性	乳液状
使用感	塗布時の感触	のび非常によく，手残りもない	のびは良く，手残りもややある	のびは非常によく，手残りもない	のびやや悪く手残りもある
	セット力	ほとんどない	ややある	ある	ややある
	ツヤ	ややある	僅かにある	ややある	ほとんどない
	べたつき感の有無	ある	ある	ある	ややある
	感触	なめらかな軽い感じ	柔らかい感じ	やや軽い感じ	やや重い感じ

DIRECTIONS：
① 1～8を80℃に加温して溶解後，乳化直前に9を分散する（A）。
② 18を19に分散後，80℃に加温して，均一にする（B）。
③ 10を11～13に溶解し，14を加える（C）。
④ AとBを混合した後，17を加え乳化する。
⑤ 45℃まで冷却後，C，15，16を加える（A+B+C+D）。
⑥ pH調整後，補水する。

SPECIFICATIONS：
　　　pH：6.0-7.5

第7章 化粧品処方の実践

5.4 ジェル状

ジェル状の頭髪用化粧品は，おもにカルボキシビニルポリマーを増粘剤にする場合が多い。ほかの増粘剤を選ぶ場合は，塗擦による高分子のヨレがでないものを探すことである。また，増粘剤により作られるジェルの性状は，流動性やチキソトロピック性になる。

ジェル状の頭髪用化粧品の目的は，セット力のある高分子を配合したスタイリングで，ハードセットを目的とした場合と，油性成分，各種加水分解タンパク，アミノ酸類を配合したトリートメントを目的とする場合の2つに分類できる。セット力のある高分子は，ノニオン，アニオン，カチオン，両性タイプ等多種あり，ハードセットからやわらかいタイプまで目的に合わせ選択する。セット性高分子の種類による使用感の違いは，表7-12にまとめる。

表7-12 各種セット性高分子を配合したカルボマーのジェルの比較

A　基本処方

		基本成分	PVP/VA（*1）
		セット性高分子配合量	X
1	A	クエン酸	0.20
2	A	カルボマー	0.60
3	A	精製水	70.00
4	A	EDTA-2ナトリウム	0.10
5	B	プロピレングリコール	4.00
6	B	メチルパラベン	0.20
7	B	プロピルパラベン	0.05
8	B	PEG-10メチルエーテルジメチコン	0.80
9	C	エタノール	6.00
10	C	10％水酸化カリウム	4.00
11	pH	10％水酸化カリウム又は10％クエン酸	
12		精製水	to 100g

DIRECTIONS：
① 1を3に溶解後，2を徐々に加え均一に分散後，4を溶解する（A）。
② 5に6，7を加え60℃に加温して溶解後，8を加える（B）。
③ セット性高分子を9で溶解または希釈してから10を加え均一にする（C）。
④ AにBを加え，Cを加え混合する。11でpH調整後，補水する（A+B+C）。

SPECIFICATIONS：
　　　pH：6.0-7.5

B セット性高分子による性状・使用感の違い

セット性高分子	配合量 %(100g)	pH	外観	塗布感	セット力	使用感 毛束感	ベタつき
PVP／VA*1	4.00	6.9	透明ローション状	のびが良い	ない	ない	ベタつく
PVP*2	2.00	6.2	透明ゲル状	のびが良い	ややある	ある	ベタつかない
ポリクオタニウム-11*3	10.00	7.2	透明ゲル状	のびが良い	非常にある	ややある	ややベタつく
(ビニルメチルエーテル／マレイン酸エチル) コポリマー*4	4.00	6.9	透明ローション状	のびが良い	ややベタつく	ややある	ある
(メタクロイルオキシエチルカルボキシンベタイン/メタクリル酸アルキル) コポリマー*5	6.70	7.4	凝集物	―	―	―	―
(アクリル酸アルキルアミド／オクチルアクリルアミド) コポリマー*6	2.00	6.5	白色ゲル状	のびが良い	ある	ある	わずかにベタつく
(オクチルアクリルアミド／アクリル酸ヒドロキシプロピル/メタクリル酸ブチルアミノエチル) コポリマー*7	2.00	6.3	白色ゲル状	のびが良い	ある	ある	ややベタつく
(VA／クロトン酸) コポリマーアンモニウム*8	2.00	6.3	透明ローション状	のびが良い	わずかにある	ない	ややベタつく
Polyurethane-14 AMP-Acrylates Copolymer*9	6.80	6.3	白色ゲル状	のびが良い	ややある	わずかにベタつく	ある
アクリル酸アルキルコポリマー AMP*10	5.00	6.5	白色ゲル状	のびが良い	ある	ある	わずかにベタつく
ポリクオタニウム-49*11	4.00	7.0	透明ゲル状	のびが良い	ある	ある	ベタつかない
ポリメタクリロイルエチルベタイン*12	6.70	6.4	凝集物	―	―	―	―
アクリル酸アルキルコポリマー AMP*13	5.00	6.3	白色ゲル状	のびが良い	ある	ややある	わずかにベタつく

*1 PVP／VA E-735 (50%)　ISP　PVP／VA
*2 PVP K30 (100%)　ISP　PVP
*3 ガフカット 755 (20%)　ISP　ポリクオタニウム-11 [ビニルピロリドン・N,N-ジメチルアミノエチルメタクリル酸共重合体ジエチル硫酸塩液]
*4 ガントレット SP-215 (50%)　ISP　(ビニルメチルエーテル／マレイン酸エチル) コポリマー
*5 ユカホーマー R205S (30%)　三菱化学　(メタクロイルオキシエチルカルボキシンベタイン／メタクリル酸アルキル) コポリマー
*6 AMPHOMER V-42 (100%)　Akzonobel　(アクリル酸アルキルアミド／オクチルアクリルアミド) コポリマー
*7 AMPHOMER 28-4910 (100%)　Akzonobel　(オクチルアクリルアミド／アクリル酸ヒドロキシプロピル/メタクリル酸ブチルアミノエチル) コポリマー
*8 Resyn 28-2930 (100%)　Akzonobel　(VA／クロトン酸) コポリマーアンモニウム
*9 Dynam X (28%)　Akzonobel　Polyurethane-14 AMP-Acrylates Copolymer
*10 アニセット KB-100H (40%)　大阪有機　アクリル酸アルキルコポリマー AMP
*11 ウェットレジン (50%)　大阪有機　ポリクオタニウム-49 [メタクロイルエチルベタイン，メタクリル酸 PEG-9 及び塩化メタクリロイルエチルトリメチルアンモニウムの共重合体]
*12 Plascize L-401 (30%)　互応化学工業　ポリメタクリロイルエチルベタイン
*13 Plascize L-8011 (40%)　互応化学工業　アクリル酸アルキルコポリマー AMP

第7章　化粧品処方の実践

　カルボキシビニルポリマーはアニオン性であるが，カチオン系高分子を配合できる場合もある。また，両性系の高分子であっても配合できない場合がある。処方5-15は，（オクチルアクリルアミド／アクリル酸ヒドロキシプロピル／メタクリル酸ブチルアミノエチル）コポリマーとノニオン系の（ビニルピロリドン／VA）コポリマー，ポリビニルピロリドンの2種のセット性高分子でセット性を強くしたタイプで，処方5-16は，カチオンタイプのセット性のある透明仕上げ剤の処方である。

処方5-15　透明セットジェル

	Part	Ingredient	%（100g）	%（100g）	%（100g）
1	A	コハク酸ジエトキシエチル	2.00	2.00	2.00
2	A	BG	2.00	2.00	2.00
3	A	エチルアルコール（95%）	7.00	7.00	7.00
4	A	メチルパラベン	0.10	0.10	0.10
5	A	プロピルパラベン	0.05	0.05	0.05
6	A	（オクチルアクリルアミド／アクリル酸ヒドロキシプロピル／メタクリル酸ブチルアミノエチル）コポリマー（*24）	4.00	4.00	4.00
7	A	（ビニルピロリドン／VA）コポリマー（*25）	－	2.40	－
8	A	ポリビニルピロリドン	－	－	1.20
9	B	精製水	to 100g	to 100g	to 100g
10	中和	TEA	2.00	2.00	2.00
11	C	（アクリレーツ／イタコン酸ステアレス-20）コポリマー（*26）	7.00	7.00	7.00
12	C	精製水	16.00	16.00	16.00

	セット力	弱い	強い	有り
使用感	感触	ややベタつくが気にならないレベル。	乾くまでかなりベタつく。乾くとかなりパリパリしている。	ほとんどなし～ややベタつく。乾いてもパリパリ感はないが独特の感触が残る。

DIRECTIONS：
　① 1～8を均一にする（A）。
　② 11を12で希釈する（B）。
　③ Aを9に加えてからBを加え，撹拌しながらCを徐々に加え，透明ジェルを作る（A＋B）。
SPECIFICATIONS：
　　pH：7-8

処方5-16 ヘアエッセンス（カチオンタイプのセット性のある透明仕上げ剤）

	Part	Ingredient	Formula No. % (100g)	% (100g)	% (100g)	% (100g)
1	A	BG	3.00	3.00	3.00	3.00
2	A	ポリブチレングリコール－3PEG／PPG-8／5グリセリン	2.00	2.00	2.00	2.00
3	A	ペンチレングリコール	1.00	1.00	1.00	1.00
4	A	塩化ステアリルトリメチルアンモニウム(70%)	0.50	0.50	0.50	0.50
5	A	ポリオキシエチレン(60E.O.)硬化ヒマシ油	0.20	0.20	0.20	0.20
6	A2	香料	0.10	0.10	0.10	0.10
7	C	(オクチルアクリルアミド／アクリル酸ヒドロキシプロピル／メタクリル酸ブチルアミノエチル)コポリマー(＊27)	－	5.00	－	－
8	C	ポリクオタニウム－11(＊12)	－	－	5.00	－
9	C	(ビニルピロリドン／VA)コポリマー(＊25)	－	－	－	5.00
10	C	ココアミドプロピルPG－ジモニウムクロリドリン酸(＊33)	0.50	0.50	0.50	0.50
11	C	エタノール	4.00	4.00	4.00	4.00
12	B	クエン酸	0.20	0.20	0.20	0.20
13	B	アルギニン	0.10	0.10	0.10	0.10
14	B	アミノコート	0.30	0.30	0.30	0.30
15	B	クレアチン	0.10	0.10	0.10	0.10
16	B	ポリクオタニウム－67(＊28)	0.30	0.30	0.30	0.30
17	B	精製水	87.70	82.70	82.70	82.70
		pH	5.6	5.8	5.7	5.4

外観		透明ローション状	透明ローション状	透明ローション状	透明ローション状
使用感	塗布時	ぬめりがある。	ぬめりがあるが、ややすべりが良い。	ぬめりがあるが、ややすべりが良い。	ぬめりがあるが、ややすべりが良い。
	乾燥後	やわらかくしっとり感がある。やや油性感があり、ややすべりが良い。	ややすべりが悪くベタつく。油性感がある。	ベタつきが少なく、すべりが良い。	すべりが悪くベタつく。

DIRECTIONS：
① 1～5を60℃に加温して6を加える（A）。
② 12～16を粉体混合し、17に加え50℃に加温、溶解して粘性液にする（B）。
③ BにAを加え、7～11それぞれを加え補水する（B＋A＋C）。

SPECIFICATIONS：
    pH：5-6

5.4.1 セラミド，アミノ酸類，加水分解タンパクの配合

　トリートメント目的には，油性成分が配合されることが多いため目的に合わせ選択し，有用成分としてセラミド，アミノ酸類，加水分解タンパクを配合することが多い。

　処方5-17は，ドライの仕上がり時，艶の出る仕上げ剤である。ダイマージリノール酸ダイマージリノレイル，水添ロジン酸トリグリセリルと高重合ジメチルポリシロキサンの組み合わせ

第7章 化粧品処方の実践

処方5-17 ジェル剤型の仕上げ剤（ドライで艶の出る仕上げ剤）

	Part	Formula No. Ingredient	1210FI-10 ％（100g）	1210FI-12 ％（100g）
1	A	PCAイソステアリン酸PEG-60水添ヒマシ油	0.90	0.90
2	A	PG	3.00	3.00
3	A	ジプロピレングリコール	2.00	2.00
4	A	マカデミアナッツ脂肪酸フィトステリル	0.05	0.20
5	A	トコフェロール	0.05	-
6	A	シクロヘキサン-1,4-ジカルボン酸ビスエトキシジグリコール（*29）	1.00	-
7	A	オクチルドデカノール	-	0.50
8	A	ダイマージリノール酸ダイマージリノレイル，水添ロジン酸トリグリセリル（*4）	-	2.00
9	A	ステアリン酸グリセリル	-	0.50
10	A	ベンジルアルコール	0.20	0.20
11	B	カルボキシビニルポリマー	0.95	0.95
12	C	ベタイン	0.50	0.50
13	D	エタノール	18.00	18.00
14	D	ポリクオタニウム-61他（*30）	0.20	0.20
15	D	ヒアルロン酸ヒドロキシプロピルトリモニウム（*37）	3.00	3.00
16	D	PCA-ナトリウム	0.50	0.50
17	D	乳酸ナトリウム	0.10	0.10
18	D	水添ポリイソブテン，高重合ジメチルポリシロキサン（*31）	-	12.00
19	pH	10％水酸化ナトリウム	3.80	3.80
20	B	精製水	65.75	51.65

性状			透明ジェル	白色ジェル
使用感		塗布時の伸び	さらっとして伸びが良い	ややしっとりして伸びが良い
		艶	艶がしっかり出る	艶がしっかり出る
		まとまり感，毛束感	毛先のまとまりが出る	毛先のまとまりが出る
		感触	やわらかい感じでさらさら	しっとりとすべる

DIRECTIONS：
① 1～10を60℃に加温して溶解する（A）。
② 20に11を分散する（B）。
③ Bに12を加えてからAを加える（A＋B＋C）。
④ 13～18を加え，19でpH調整後，補水する（A＋B＋C＋D）。

SPECIFICATIONS：
　　pH：6-7

で艶がでる。また，ダイマージリノール酸ダイマージリノレイル，水添ロジン酸トリグリセリルは，スタイリング性のよいエステルである。シクロヘキサン-1,4-ジカルボン酸ビスエトキシジグリコールとPCAイソステアリン酸PEG-60水添ヒマシ油の組み合わせで比較的少量の活性剤で極性の高い油性成分を可溶化できる。

　処方5-18は，透明ゲル状のヘアトリートメントで，(アクロイルジメチルタウリンアンモニウム／VP)コポリマーは，ソフトなゲルを作り，感触は配合した成分の特長を生かすようになり，それ自体の感触はあまり感じない。

処方5-18　透明トリートメントゲル

	Part	Ingredient	％（100g）
1	A	メチルパラベン	0.20
2	A	プロピルパラベン	0.05
3	A	イソプレングリコール	3.00
4	A	PEG-4	2.00
5	A	ホホバワックスPEG-80	0.50
6	A	（アクロイルジメチルタウリンアンモニウム／VP）コポリマー（*32）	1.20
7	C	ジラウロイルグルタミン酸リシンナトリウム（30％）	0.20
8	C	PCA-ナトリウム	3.00
9	D	ポリクオタニウム-64（*8）	0.30
10	D	精製水	5.00
11	B	アスパラギン酸	0.30
12	B	グルタミン酸	0.30
13	B	EDAT-4ナトリウム	0.10
14	B	クエン酸ナトリウム	0.20
15	B	精製水	83.65
		合計	100.00
	性状		透明ソフトジェル
	使用感		なめらかな非常に軽い感じ

DIRECTIONS：
　① 1～5を50℃に加温して溶解し，6を分散する（A）。
　② 9を10で希釈する（D）。
　③ 11～14を15に溶解する（B）。
　④ Bに撹拌しながらAを徐々に加え完全に溶解しゲルを作る。
　　7，8，Dを加え，補水する（A+B+C+D）。

SPECIFICATIONS：
　　pH：5.9-6.9

第7章 化粧品処方の実践

処方5-19は，やや HLB の高いポリオキシエチレンノニオン系エーテルの水とのゲル化する性質を利用した粘度の高い透明ゲル状の整髪剤である。PEG（40E.O.）硬化ヒマシ油と PEG（40E.O.）セチルエーテルで透明にゲル化したものである。ノニオン活性剤，プロピレングリコール，水の配合比でゲル状となる。使用感はやや重めであるが，艶が出てしっとりしたまとまりのあるスタイリングができる。

処方5-19　グロス（艶のでる透明ワックス）

	Part	Ingredient	%（100g）
1	A	PEG-40 水添ヒマシ油	16.00
2	A	セテス-40	16.00
3	A	PG	8.00
4	A	ヘキシルデカノール	4.00
5	A	ホホバ油	0.20
6	A	ペンチレングリコール	2.00
7	A	フェノキシエタノール	0.80
8	A	塩化ステアリルトリメチルアンモニウム（70%）	2.00
9	B	精製水	51.00

DIRECTIONS：
① 1～8を75℃に加温する（A）。
② 9を75℃に加温する（B）。
③ 熱いうちに容器に充填する。

5.5　液状ヘアミスト
5.5.1　ヘアケアタイプのヘアミスト

ヘアミストは，塩化ステアリルトリモニウムと多価アルコールで液状の製剤が多く，油性成分は含まないことが多いが，液状油性成分とセトステアリルアルコール等の高級アルコールをポリオキシエチレンセチルエーテルとポリオキシエチレンポリオキシプロピレンセチルエーテル，塩化ステアリルトリモニウムで乳化した液状乳化物とアミノ変性シリコーンエマルジョンの組み合わせのヘアミストである。油性成分とアミノ変性シリコーンに損傷毛に対応した補修を目的とするヘアミストに適している（処方5-20）。

処方 5-20　ヘアケアタイプのヘアミスト（乳濁状で損傷毛対応）

	Part	Ingredient	%（100g）
1	A	セトステアリルアルコール	0.30
2	A	セテス-2	0.20
3	A	PPG-4セテス-10	1.50
4	A	ホホバ油	0.50
5	A	ステアリルトリモニウムクロリド（70%）	1.00
6	A	BG	2.00
7	A	フェノキシエタノール	0.50
8	A	メチルパラベン	0.10
9	B	アモジメチコン，塩化ステアリルトリメチルアンモニウム，塩化ジココイルジメチルアンモニウム（*6）	2.00
10	B	ポリクオタニウム-64（*8）	0.50
11	pH	50%乳酸 or 乳酸ナトリウム	
12		精製水	to 100g

		外観	乳濁液状
使用感	感触		なめらかなすべり感がある
	ベタつき		若干あり
	セット性		なし

DIRECTIONS：
① 1〜8 を 80℃に加温して均一にする（A）。
② 12 を 80℃に加温して，A を加え，乳化（350rpm，20分）する（A）。
③ 45℃まで冷却して，9，10 を加え，11 で pH 調整後，補水する（A＋B）。

SPECIFICATIONS：
　　pH：4.5-6.0

5.5.2　セット性のあるヘアミスト

セット性を必要とする場合はジェル状のタイプと同様にセット性高分子を配合する。使用感は，なめらかな手触りとべたつかずさらさらした感触が要求される。すなわち，スタイリングを要求され，かつセット性高分子を配合してもべとつきのないことが重要である。

塩化ステアリルトリモニウムとセット性高分子の組み合わせのヘアミストである。全成分の配合量が多くなるとベタつきがでてくるので配合量は低く抑える。また，グリコールの感触が直接現れるため多価アルコールの感触をおさえておきたい（詳細は第3章 多価アルコール参照）（処方 5-21）。

第7章　化粧品処方の実践

処方5-21　セット性のあるヘアミスト（軽いタイプ）

	Part	Ingredient	%（100g）
1	A	PG	3.00
2	A	メチルパラベン	0.10
3	A	ステアリルトリモニウムクロリド（70%）	0.50
4	A	PEG-60水添ヒマシ油	0.20
5	A	ポリビニルピロリドン	0.50
6	B	ココアミドプロピルPG-ジモニウムクロリドリン酸（*33）	0.50
7	B	（メタクロイルオキシエチルカルボキシベタイン／メタクリル酸アルキル）コポリマー（*17）	7.00
8	B	（メタクリル酸グリセリルアミドエチル／メタクリル酸ステアリル）コポリマー他（*34）	0.30
9	A	精製水	to 100g

	外観	透明液状
	セット性	弱い
	ベタつき	なし
使用感	まとまり	あり
	感触	塗布時軽いすべり，さらさらの仕上がり

DIRECTIONS：
　① 1～5を70℃に加温して混合均一にした後，9を加え透明液にする（A）。
　② 6～8を加え均一にした後，補水する（A＋B）。

SPECIFICATIONS：
　pH：6.0-7.0

5.5.3　透明ハードミスト（セット剤）

　プロパンガスを噴射剤としたエアゾールのハードセットスプレーをポンプ式のディスパンサー容器で対応できるミストタイプのセット剤である。イソデドデカンとエタノールをプロパンの噴射剤の代わりに使い，素早く乾燥できる。イソデドデカンとエタノールは相溶性は悪いがイソステアリルアルコールとアジピン酸ジイソプロピルを配合することで，炭化水素からエタノールの極性の異なる成分を一つの相にできる（処方5-22）。

処方 5-22　透明ハードセットミスト（エアゾールと同等のセット性）

	Part	Formula No. Ingredient	1159FI-10 % (100g)
1	A	ポリウレタン-14, アクリレーツコポリマー AMP（*23）	4.00
2	A	（アクリル酸アルキル／ジアセトンアクリルアミド）コポリマー AMP（*35）	9.00
3	A	イソステアリルアルコール	5.00
4	A	アジピン酸ジイソプロピル	2.00
5	A	精製水	0.10
6	A	ステアリトリモニウムクロリド（70%）	0.30
7	B	エタノール	79.40
8	B	ゲラニオール	0.10
9	B	フェネチルアルコール	0.10
10	C	イソドデカン	16.00

外観		透明液状
使用感	感触	なめらかさがある
	ベタつき	あり
	セット性	強い

DIRECTIONS：
① 1～5を加温して溶解後, 6を加え均一にする（A）。
② AにBを加える（A+B）。
③ Cを加える（A+B+C）。

　セット性高分子はカチオン活性剤と混合出きる（アクリル酸アルキル／ジアセトンアクリルアミド）コポリマーAMPを選び，アニオン性高分子（ポリウレタン-14/アクリル酸AMP）コポリマーを組み合わせて配合してハードセット性をだす。塩化ステアリルトリメチルアンモニウムを配合することで従来のハードセットスプレーにはみられないなめらかな手触りが得られる。

表 7-13　ヘアミスト（セット性高分子とカチオン性活性剤の組み合わせ）

A　基本処方

	配合成分	配合量 % (100g)
1	セット性高分子	X
2	1,3-ブチレングリコール	3.00
3	コハク酸ジエトキシエチル	3.00
4	塩化ステアリルトリメチルアンモニウム（70%）	1.00
5	精製水	24.00
6	乳酸	0.10
7	エタノール	to 100g

第7章 化粧品処方の実践

B セット性高分子による性状・使用感の違い

セット性高分子 検討成分	セット性 高分子配合量	エタノール	pH	粘度	特長	塗布時	セット力 強5>1弱	毛束のまとまり まとまる5>1広がる	べたつき感 有5>1無	感触
(メタクリロイルオキシエチルカルボキシベタイン／メタクリル酸アルキル) コポリマー*14	10.00	90.00	5.00	透明液状		わずかにひっかかりがある	やや弱い 2	広がる 2	有る 3	しっとりしてなめらか
(アクリル酸アルキル／ジアセトンアクリルアミド) コポリマー*15	6.00	94.00	7.50	透明液状		ひっかかりがない	ややまとまる 4	ややまとまる 4	やや有る 2	なめらかさがなくぱさつく
Polyurethane-14 AMP-Acrylates Copolymer*9	10.00	90.00	7.30	透明液状	カチオンとコンプレックスを生じる（アルコールが少ないと濁る）	ひっかかりがあり かさつく	ある 3	ややまとまる 4	強い 4	重くしっとりしてなめらか
PVP／VA*1	6.00	94.00	4.10	透明液状		なめらかさがあり ひっかかりがない	やや弱い 2	やや広がる 3	有る 3	軽い感じ
(ビニルメチルエーテル／マレイン酸ブチル) コポリマー*4	6.00	94.00	3.80	透明液状	アルカリ中和では なくカチオン性活性剤で中和。水で希釈すると析出	伸びが悪いがひっかかりがない	非常に強い 5	まとまりが良い 5	非常に強い 5	すべり感が悪くある一番強い
(オクチルアクリルアミド／アクリル酸ヒドロキシプロピル／メタクリル酸ブチルアミノエチル) コポリマー*7	10.00	90.00	5.50	微濁液状	カチオンとコンプレックスを生じる（アルコールが少ないと濁る）	すべりが良くひっかかりがない	強い 4	ややまとまる 4	わずかに有る 1	なめらかさがありべり感
(メタクリロイルオキシエチルカルボキシベタイン／メタクリル酸アルキル) コポリマー*5	10.00	90.00	6.70	透明液状		ひっかかりがない	ある 3	まとまる 4	強い 4	軽い感じでもわずかにかさつく
ポリクオタニウム-11*3	15.00	85.00	5.70	透明粘性	粘度が高いためくメミスト不可	なめらかさがあり ひっかかりがない	強い 4	まとまる 3	わずかにある 1	軽い感じでもわずかになめらかさがある
ポリクオタニウム-16*17	7.50	92.50	4.40	透明液状		なめらかさがあり ひっかかりがない	ある 3	まとまる 3	殆どない 0 (手にについてもべとつきがない)	なめらかさがありべり感
ポリクオタニウム-55*18	30.00	70.00	4.20	透明粘性	粘度が高いためくメミスト不可	なめらかさがあり ひっかかりがない	非常に強い 5	ややまとまる 3	やや強い 4	しっとりしたなめらかさのある感
ポリクオタニウム-49*11	6.00	94.00	5.50	透明液状		わずかにかさつくひっかかりがない	殆どない 0	広がる 1	やや有る 2	なめらかで柔らかいべり感

使用感

*14	RAM レジン 3000 (30%)	大阪有機	(メタクロイルオキシエチルカルボキシベタイン／メタクリル酸アルキル) コポリマー
*15	プラスサイズ L-53P	互応化学工業	(アクリル酸アルキル／ジアセトンアクリルアミド) コポリマー AMPD
*9	Dynam X (28%)	Akzonobel	ポリウレタン-14 と AMP–Acrylates Copolymer
*1	PVP/VA E-735 (50%)	ISP	PVP／VA
	ガントレットSP-215 (50%)	ISP	(ビニルメチルエーテル／マレイン酸ブチル) コポリマー
*4	AMPHOMER 28-4910 (100%)	Akzonobel	(オクチルアクリルアミド／アクリル酸ヒドロキシプロピル／メタクリル酸ブチルアミノエチル) コポリマー
*7	ユカホーマー R205S (30%)	三菱化学	(メタクロイルオキシエチルカルボキシベタイン／メタクリル酸アルキル) コポリマー
*5	ガフカット 755 (20%)	ISP	ポリクオタニウム-11 [ビニルピロリドン・N, N-ジメチルアミノエチルメタクリレート-1-ビニル-2-ピロリドンコポリマー]
*3	Luviquat FC550 (40%)	BASF	ポリクオタニウム-16 [3-メチル-1-ビニルイミダゾリニウムクロライド・ビニルピロリドンコポリマー]
*17	Styleze W-10 (10%)	ISP	ポリクオタニウム-55 [(ビニルピロリドン／ジメチルアミノエチルメタクリルアミド／塩化メタクリルアミドプロピルラウリルジメチルアンモニウム) コポリマー]
*18			
*11	ウェットレジン (50%)	大阪有機	ポリクオタニウム-49 [メタクロイルブチルベタイン・メタクリル酸PEG-9及び塩化(メタクリルエチルトリメチルアンモニウム) トリモニウムの共重合体]

201

5.5.4　カチオン性活性剤不使用のヘアローション

　カチオン性活性剤を使用しないシロキクラゲ多糖体，ヒアルロン酸ナトリウム，ヒアルロン酸ヒドロキシプロピルトリモニウム，ポリグルタミン酸ナトリウムの保湿性高分子を配合した仕上げ剤である。ココイルグルタミン酸 TEA やジラウロイルグリタミン酸リシンナトリウム等のアニオン性活性剤と PCA－ナトリウムの三者の組み合わせで保湿性が強く，軽い仕上がりが特徴である。保湿，シットリ感をコンセプトにしたヘアローションである。使用感は保湿性高分子の種類で異なる。塩化ステアリルトモニウム等のカチオン活性剤と異なる使用感が得られるヘアローションである（処方 5-23）。

5.6　ヘアオイル

　シリコーンを主成分し，すべり感が強く，なめらかな手触りのある油性成分のみで構成されたオイル状の仕上げ剤である。高重合ジメチルポリシロキサンとジシクロペンタシロキサンに微量の植物油脂を配合したものである。

　シリコーンの感触は，メチルポリシロキサンの分子量で決まる。粘度が 100cs 以下では軽い油性感となり，3500cs 以下は油性感が強く感じられ，これより高い粘度はすべり感が強く感じられるようになる。高重合の場合は油性感がなくなりすべり感がより強くなる。ジメチコノール，高重合メチポリシロキサンの感触の差異はない（処方 5-24）。

　（ジメチコン／ビニルジメチコン）クロスポリマーを配合しシリコーンオイルに若干粘度を高くしたタイプである。製剤の粘度は，高重合メチポリシロキサンの配合量で決まるが，さらに粘度高くしたい場合は（ジメチコン／ビニルジメチコン）クロスポリマーを配合する（処方 5-25）。

第7章 化粧品処方の実践

処方5-23 透明ヘアローション（化粧水タイプ）

	Part	Ingredient	%（100g）	%（100g）	%（100g）	%（100g）
1	A	BG	4.00	4.00	4.00	4.00
2	A	フェノキシエタノール	0.80	0.80	0.80	0.80
3	A	PEG-60水添ヒマシ油	0.30	0.30	0.30	0.30
4	A	メチルパラベン	0.10	0.10	0.10	0.10
5	A	シロキクラゲ多糖体（*36）	0.04	-	-	-
6	C	ヒアルロン酸ナトリウム（1％液）	-	4.00	-	-
7	C	ヒアルロン酸ヒドロキシプロピルトリモニウム（*37）	-	-	4.00	-
8	C	ポリグルタミン酸（*38）	-	-	-	4.00
9	C	PCA-ナトリウム	1.00	1.00	1.00	1.00
10	C	ジラウロイルグルタミン酸リシンナトリウム（30％）	0.50	0.50	0.50	0.50
11	C	ココイルグルタミン酸TEA（30％）	0.50	0.50	0.50	0.50
12	pH	乳酸	0.12	0.12	0.11	0.11
13	B	クエン酸ナトリウム	0.20	0.20	0.20	0.20
14	B	精製水	88.48	88.48	88.49	88.49

	塗布時	わずかにすべり感があり，吸着感もある	しっとりしわずかにぬめり感がある	すべり感としっとり感がある。	しっとりした感じで，軽いすべり感がある
使用感	毛束のまとまり，広がり	まとまる	まとまる	まとまる	まとまる
	しっとり感／さらさら感	しっとり	しっとり	しっとり	しっとり
	すべり感	ある	わずかにある	軽いすべり感	軽いすべり感
	べたつき感	なし	なし	なし	なし
	感触	わずかにかさつき軽い感じのすべり感	なめらかですべり感がある	なめらかでソフトですべり感がある	しっとりして軽いすべり感

DIRECTIONS：
① 1～4を加温して均一に溶解する（A）。シロキクラゲ多糖類はAに分散する。
② 13を14に溶解する（B）。
③ BにAを加え，Cを加え均一にする（B＋A＋C）。
④ 12でpH調整後，補水する。

SPECIFICATIONS：
　　　　pH：5.5-6.5

処方 5-24　ヘアオイル（シリコーンを配合したすべり感の強い仕上げ剤）

	Part	Ingredient	%（100g）	%（100g）	%（100g）
1		シクロペンタシロキサン，ジメチコノール（高重合10%）（*5）	30.00	-	27.00
2		シクロメチコン，ジメチコン（高重合10%）（*7）	-	30.00	-
3		ジメチコン 100cs	-	-	3.00
4		シクロメチコン	69.96	69.96	69.96
5		トコフェロール	0.01	0.01	0.01
6		ホホバ油	0.01	0.01	0.01
7		スクワラン	0.01	0.01	0.01
8		ラウロイルグルタミン酸ジ（フィトステリル／オクチルドデシル）	0.01	0.01	0.01
使用感　塗布時			つるっとしたすべり感	つるっとしたすべり感	重い感じのすべり感

DIRECTIONS：
① 1～8を均一にする。

処方 5-25　仕上げ剤（シリコーンを配合した粘性タイプ）

	Part	Ingredient	%（100g）
1		シクロメチコン，ジメチコン（高重合10%）（*7）	30.00
2		シクロメチコン	55.80
3		（ジメチコン／ビニルジメチコン）クロスポリマー，シクロメチコン（*39）	5.00
4		エチルヘキサン酸ミリスチル	2.00
5		イソノナン酸イソトリデシル	6.00
6		スクワラン	0.20
7		マカデミアナッツ油	0.20
8		イソステアリルアルコール	0.80
使用感　塗布時			軽いすべり感でさらさら
ドライ時			良くすべり，ほど良いしっとり感

DIRECTIONS：
① 1～8を均一にする。

第7章　化粧品処方の実践

シリコーン以外の油性成分を加える場合は，シリコーンに任意に混合できる分岐型エステルのエチルヘキサン酸（C14-18）アルキル，イソノナン酸イソトリデシル等を配合することで極性の高い油性成分も加えることができる。

5.6.1　シリコーンを使用しないヘアオイル

シリコーン類を一切使わずシクロペンタシロキサンの代わりにイソドデカンを使ったものも考えられる。各種油性成分を配合でき，液状となる。水添（スチレン／イソプレン）コポリマーで粘度をだしている。天然油脂，エステルで構成されるオイルは油性感が強くしっとりと重くなる使用感になるため，イソドデカンを使い軽いしっとり感に改良したものである（処方5-26）。

処方5-26　オイルトリートメント（代替シリコンタイプ）

	Part	Ingredient	％（100g）
1		コレステロール	0.05
2		オオムギエキス，ビャクダンエキス，キハダ樹皮エキス（＊40）	0.02
3		ラウロイルグルタミン酸ジ（フィトステリル／オクチルドデシル）	0.02
4		トコフェロール	0.05
5		スクワラン	0.20
6		マカデミアンナッツ油	0.20
7		オリーブ油	0.20
8		ホホバ油	0.20
9		水添ポリデセン，水添（スチレン／イソプレン）コポリマー（＊41）	20.00
10		イソステアリン酸PG	4.00
11		エチルヘキサン酸セチル	24.00
12		イソドデカン	51.06

DIRECTIONS：
　①　1～12を均一にする。

6 油性成分を主体とする化粧品

　油性成分を主体とする化粧品は，クレンジングオイル，自己乳化タイプの入浴剤，ボディー用のマッサージオイル，ヘアオイル，口紅のスティックタイプ，固形タイプ等が考えられる。油性成分を主体とし，水をほとんど加えない，もしくは，まったく水を加えない化粧品がある。構成される成分は，炭化水素，天然油脂，ロウ，エステル，高級アルコールの油性成分を主成分としてノニオン性活性剤を組み合わせる。色素，香料，目的成分を加え，各種の化粧品が作られる。水が含まれても微量である。処方の組み立て方は，油性成分の中から極性と融点の異なる成分を複数組み合わせ，ノニオン性活性剤のHLBを油性成分に合わせ配合することである。ノニオン性活性剤の組み立てには，ほかの化粧品とは異なるテクニックが必要になり，難易度は高い。

6.1 製剤設計の特徴とテクニック

　油性成分を主体とする化粧品には，固形，液状，ペースト状の製剤があり，性状が長期，経時に安定で，温度変化に対しても性状が大きく変化しないことが必要である。しかし，水が含まれず油性成分と活性剤から構成される製剤は，微妙なバランスの違いで分離や，液状油が固体表面に析出する「汗かき現象」が発生してしまうことが多い。その大きな原因としては，

・活性剤と油性成分の相溶性が悪い
・油性成分の温度による粘度や性状の変化が大きい
・油性成分の融点の差異

の3つが考えられる。

　配合する成分の極性を調べ，相溶性をよくすることで，分離や汗かき現象といった問題を解決することができる。たとえば，主成分となる油性成分が，流動パラフィンとセタノールの場合は，無極性・液状の流動パラフィンと，極性の高い固体のセタノールでは均一に安定に混合できずに分離してしまう。そのため，第一に検討することは，この両者の相溶性を向上させて均一にさせることである。両者の極性の間にあるエステルを加えることで均一にできる。

　固形，液状，ペースト状と製剤ごとに，各極性成分を融点で選択することになる。液状の場合は，すべて液状成分を使う必要がある。固形，ペースト状の製剤は，テクスチャー，粘度，塗布性を考え，液状，固体成分を混ぜて検討する。

　活性剤を加える必要がある場合はHLBの低いノニオン性活性剤の配合が必須となる。HLBの高い活性剤，アニオン，カチオン，両性のイオン性活性剤を加える場合は，性状の安定性を確保するのが困難になる。そのため，場合によっては微量の水，エタノールを加えることでW／Oエマルジョンを作り，油性成分に水，アルコールを可溶化する，といったプロセスを踏むことで安定な製剤が作ることができる。

第7章 化粧品処方の実践

6.2 性状が液状の化粧品

　クレンジングオイル，自己乳化型バスオイル，マッサージオイル等は，流動パラフィン，植物油脂を主体である製剤であり，乳化のためのノニオン性活性剤が必要である。これらを均一にするためには，それぞれの中間に位置する液状エステル，液状高級アルコールのオクチルドデカノール，またはイソステアリルアルコール，オレイルアルコールとオレイル，またはイソステアリル基をもつノニオン性活性剤の配合が必要となる。

6.2.1 クレンジングオイル

　メイク落としを目的とした透明液状の油性成分とノニオン性活性剤で構成されるオイル状の製剤である。メークアップされ，肌からファンデーション，口紅等に配合されている油性成分を溶解し，色素，粉末無機物を浮き上がらせ，拭き取るか洗い流すことを目的とする。

　構成される成分は，流動パラフィン，天然油脂，エステル，液状高級アルコールにノニオン性活性剤を加えた液状オイルである。

　主成分である液状油性成分の違いによりノニオン活性剤のHLBを変えなければならない。流動パラフィンを主体とする場合はHLBを比較的低くして，液状植物油脂を主体とする場合はHLBを高くする。バランスが取れていない場合，製剤の分離，白濁がみられる。液の分離を防ぎ性状を安定に保つには主成分と活性剤の間の極性をつなぐためのエステル，高級アルコール，低HLBノニオン活性剤の配合が必須となる。水で洗い流すこともあるので活性剤の比率は高くする。処方6-1は，テトラオレイン酸ソルベス-30と流動パラフィンを主にしたタイプのバスオイル処方である。

処方6-1　クレンジングオイル

	Ingredient	%（100g）	%（100g）
1	ミネラルオイル	64.90	59.90
2	オリーブ油	−	16.00
3	マカデミアンナッツ油	10.00	0.50
4	ホホバ油	−	0.50
6	オクチルドデカノール	10.00	−
7	イソステアリルアルコール	−	8.00
8	テトラオレイン酸ソルベス-30	15.00	15.00
9	天然ビタミンE	0.10	0.10
	合計（g）	100.00	100.00
	外観	黄色透明	黄色透明

DIRECTIONS：
　① 1〜9を均一にする。

6.2.2　バスオイル

　お湯に入れると白濁する自己乳化型の透明液状製剤である。油性成分は，天然油脂主体とする場合，酸化され匂いが強くなるため，流動パラフィンを主体とした方がよい。油性成分をノニオン性活性剤で乳化するため，40℃くらいの温度で乳化するように処方を組み立てる。クレンジングオイルと同様に流動パラフィン，天然油脂にエチルヘキサン酸セチル等の液状エステルとオクチルドデカノール等の液状高級アルコールを加え乳化しやすくする。テトラオレイン酸ポリオキシエチレンソルビットを主にオレイン酸ソルビタンを加えた乳化剤を使い，流動パラフィンとコメヌカ油ではHLBが異なるため，テトラオレイン酸ポリオキシエチレンソルビットのHLBを油性成分に合わせる。オクチルドデカノールとエチルヘキサン酸セチルを加え，製剤の相溶性をよくし，水に加えた時の自己乳化が速やかにできるようにした処方で湯に加えると濁るバスオイルである。（処方6-2）。

処方6-2　バスオイル

	Ingredient	％（100g）	％（100g）
1	流動パラフィン	65.00	-
2	コメヌカ油	-	65.00
3	エチルヘキサン酸セチル	5.00	5.00
4	オクチルドデカノール	10.00	10.00
5	オレイン酸ソルビタン	-	6.00
6	テトラオレイン酸ソルベス-30	20.00	-
7	テトラオレイン酸ソルベス-60	-	14.00
	合計（g）	100.00	100.00

外観	無色透明液状	黄色透明液状
お湯に分散	白く濁る	白く濁る

DIRECTIONS：
　①　1〜7を均一にする。

6.2.3　マッサージオイル

　バスオイル同様に液状油性成分とノニオン性活性剤の透明液状のオイルである。マッサージを継続するため，なめらかなすべり感が得られるように油性成分を選び，ノニオン性活性剤のHLBを低くし，配合量も低くすることで，自己乳化の必要はいらない。洗い流さず，拭き取り施術も考えられることから，べたつかずしっとりとなるように油性成分を選択する。また，HLBの低いオレイン酸ソルビタン等を配合し，乳化助剤として洗い流す場合に落ちやすくすることも必要である。

　処方6-3は，なめらかさが持続するオイル，経時で酸化されにくく変臭しにくい油性成分を選択する。マッサージ用のオイルであるため自己乳化の必要がないので，前記のバスオイル，ク

第7章　化粧品処方の実践

処方 6-3　ボディ用マッサージオイル

	Ingredient	%（100g）
1	ミネラルオイル	75.00
2	オリーブ油	4.00
3	エチルヘキサン酸セチル	4.00
4	オクチルドデカノール	8.00
5	テトラオレイン酸ソルベス-30	3.00
6	オレイン酸ソルビタン	6.00
	合計（g）	100.00

DIRECTIONS：
① 1〜6を均一にする。

レンジングオイルのように界面活性剤の配合量を多くする必要はない。

6.3　固形，スティック状化粧品

　ロウ類，高融点炭化水素，エステル等の油成分と低HLBのノニオン性活性剤からなる固体，テック状に形成された容器に充填される。酸化鉄，色素，顔料，粉体成分が均一に分散されるためにノニオン性活性剤が配合される。また，皮膚に塗布するときの伸びと均一性，塗布後のなじみ感が継続性をよくするために必要である。

6.3.1　コンシーラー

　酸化鉄，酸化チタン，タルク，マイカ等の粉末成分を均一に製剤に配合し，肌に均一に薄く塗布することが求められる。製剤が固形となるため高融点の炭化水素，ロウ類を伸ばす方法は，融点の高低差のある油成分の配合で製剤の硬さを調節することとなる。ノニオン性活性剤は，イソステアリル基を使うことで匂い，使用感をできるだけ軽くするようにする。

　処方6-4は，ロウ類と炭化水素，低HLBノニオン活性剤に酸化鉄を加えた処方である。皮膚への伸びと均一塗布性が必要で，酸化鉄と酸化チタンによる被覆性が重要である。また，温度による分離等の安定性と粘度変化を可能な限り小さくするために，高融点と液状油及び極性の大小を組み合わせた処方である。

処方 6−4　コンシーラー

	Part	Ingredient	％（100g）
1	A	キャンデリラワックス	8.00
2	A	ミツロウ	6.00
3	A	ベヘニルアルコール	1.80
4	B	イソステアリン酸ポリグリセリル−2	16.20
5	B	ステアリン酸 PEG−5 グリセリル	5.40
6	B	パルミチン酸ソルビタン	1.20
7	B	シア脂	0.40
8	B	ワセリン	7.20
9	B	ミネラルオイル	7.20
10	B	エチルヘキサン酸アルキル（C14−18）	22.22
11	B	トコフェロール	0.10
12	C	黒酸化鉄	0.36
13	C	黄酸化鉄	0.72
14	C	赤酸化鉄	1.60
15	C	酸化 Ti	16.20
16	C	タルク	5.40
		合計（g）	100.00

硬さ	硬い
塗布性	良好
染まり具合	良好
外観	固形

DIRECTIONS：
① 1〜11 を 80℃に加温して溶解する（A＋B）。
② 12〜16 をに加え，よく混合均一にする（C）。
③ 高温で容器に流し込み，冷却する。

6.3.2　スティック状製剤

　カルナウバロウ，ミツロウ，ベヘニルアルコールと低 HLB ノニオン活性剤を基剤とする固体のスティック状製剤である。ヘア用染毛料として酸化鉄で着色する。毛髪に塗布する時の伸びと付着性を高融点油成分とノニオン活性剤で調整する。

　処方 6−5 は，スティック状ヘアカラーである。口紅のようなスティック状の一時染毛料である。白髪を隠したい部分に直接塗りつけ，一回のシャンプーで色が落とせる。高融点成分を多く配合し，ステック状に形成でき，極性の異なる高融点油成分を組み合わせることで高温度による粘度低下を防ぎ，液状油の析出，分離がない。伸び，塗布性が良ことと使用感が可能な限り軽くべとつかないことが必要である。

第7章　化粧品処方の実践

処方6-5　スティック状ヘアカラー

	Part	Ingredient	％（100g）	％（100g）
1	A	カルナウバロウ	12.00	12.00
2	A	マイクロクリスタリンワックス	4.00	4.00
3	A	ミツロウ	8.00	8.00
4	A	ベヘニルアルコール	2.15	2.15
5	B	イソステアリン酸ポリグリセリル-2	24.00	24.00
6	B	ステアリン酸PEG-5グリセリル	4.00	4.00
7	B	ステアリン酸ソルビタン	1.00	1.00
8	B	ミネラルオイル	8.00	8.00
9	B	ミリスチン酸オクチルドデシル	16.00	16.00
10	B	メチルフェニルポリシロキサン	6.00	6.00
11	B	トコフェロール	0.05	0.05
12	C	黒酸化鉄	6.00	9.00
13	C	赤酸化鉄	2.40	1.20
14	C	黄酸化鉄	2.40	0.60
15	C	タルク	4.00	4.00
		合計（g）	100.00	100.00

色	茶	黒
硬さ	適	適
塗布性	適	適
染まり具合	適	適
外観	固形	固形

DIRECTIONS：
① 1〜11を80℃に加温して溶解する（A＋B）。
② 12〜15を加え，よく混合均一にする（A＋B＋C）。
③ ろ過し，高温で容器に流し込み，冷却する。

6.3.3　練り香水

　練り香水は，精油または香料を固形にしたもので，目的部位に塗布する。高融点成分と液状油性成分の配合比を検討して塗布しやすい硬さに調整する。高融点油性成分としてキャンデリラワックス，ミツロウ，ベヘニルアルコールが使われ，低HLBノニオン性活性剤の組み合わせで作られる。基剤は，コンシーラー，スティック製剤と似た成分で構成される。極性の異なる高融点油成分を組み合わせることで高温度による粘度低下を防ぎ，液状油の分離がないことが重要である（処方6-6）。

処方6-6　精油入りバーム（練り香水）

	Part	Ingredient	%（100g）
1	A	キャンデリラロウ	8.00
2	A	ミツロウ	6.00
3	A	シア脂	2.00
4	A	ベヘニルアルコール	1.50
5	A	イソステアリン酸ポリグリセリル-2	20.00
6	A	ステアリン酸PEG-15グリセリル	5.00
7	A	ステアリン酸ソルビタン	1.50
8	A	POE-60硬化ヒマシ油	2.00
9	A	ミリスチン酸オクチルドデシル	20.00
10	A	トコフェロール	0.10
11	A	コメヌカ油	32.30
12	B	ラベンダー油	0.80
13	B	ユーカリ油	0.40
14	B	ローズマリー油	0.40
		合計（g）	100.00

DIRECTIONS：
① 1～11を80℃に加温して溶解する（A）。
② 12～14を加え均一にする（A+B）。
③ 高温で容器に流し込み，冷却する。

6.3.4　固形ヘアワックス

　高融点炭化水素のポリエチレンを使ったセット性のある固形ヘアワックスである。ポリエチレンとエステルの組み合わせでセット性，使用感を変えられる。処方例では水を加え，W/Oエマルジョンにしてある。ポリエチレンとダイマージリノール酸ダイマージリノレイルをスタイリング成分とし，エステルを変えることでベタつき等使用感に変化がつけられる（処方6-7）。

第7章　化粧品処方の実践

処方6-7　クレイスタイリングヘアワックス

		Formula No.	0509FI-7	0509FI-8
	Part	Ingredient	%（100g）	%（100g）
1	A	ワセリン	43.50	43.50
2	A	カオリン	1.00	1.00
3	A	二酸化チタン	0.50	0.50
4	A	タルク	5.00	5.00
5	B	ミツロウ	19.00	19.00
6	B	ポリエチレン	5.00	5.00
7	B	ダイマージリノール酸ダイマージリノレイル	5.00	5.00
8	B	エチルヘキサン酸ミリスチル	5.00	-
9	B	コハク酸ジオクチル	-	5.00
10	B	オレイン酸PEG-6	2.00	2.00
11	B	PEG-20硬化ヒマシ油	4.00	4.00
12	C	精製水	10.00	10.00
		合計（g）	100.00	100.00

性状	ワックスの硬さ	硬い	硬い
感触	ベタつき	ややベタつく	ベタつく
	セット性	やや強い	強い

DIRECTIONS：
① 1に2～4を加え均一にした後，80℃に加温して均一にする（A）。
② 次に，5～11を加え溶解し，Cを加え，良く攪拌し均一にして容器に充填する（A+B+C）。

6.3.5　プロテクトクリーム

　ヘアカラー，パーマをかける時のフェイスラインの皮膚を保護するために使われるワセリンを主成分にしたペースト状のクリームである。ヘアカラー，パーマネントウェーブ用剤の液が皮膚に付着した際，肌を覆い薬剤が直接肌に付着しないようにするクリームである。
　融点の異なる炭化水素とエステル，セタノールを主に低HLB活性剤で作られる。高温度と経時での油性成分が分離しない組み合わせである。厚く均一に塗布でき，拭き取りが可能な柔らかなクリームとなっている（処方6-8）。

処方6-8　プロテクトクリーム

	Ingredient	% (100g)	% (100g)
1	マイクロクリスタリンワックス	16.00	6.00
2	ミネラルオイル	24.00	-
3	ワセリン	-	36.00
4	エチルヘキサン酸セチル	36.70	34.70
5	トコフェロール	0.10	0.10
6	セタノール	16.00	16.00
7	ステアリン酸ソルビタン	4.80	4.80
8	ポリソルベート80	0.80	0.80
9	ポリソルベート65	1.60	1.60
	合計（g）	100.00	100.00

性状	硬いクリーム	ゲルっぽいやわらかいクリーム

DIRECTIONS：
① 1〜7を80℃に加温して溶解後，8, 9を加える。

第7章　化粧品処方の実践

7　化粧水

化粧水は，保湿成分を使い，肌に保湿感を与え，やわらげる，ハリを出す，艶を与える，なめらかにする，しっとりするといった使用感が得られるように処方を組み立てる。また，美白，アンチエイジング，しわ対策等の効果を求めるものもある。ビタミンC誘導体等を配合した美白効果，発酵エキス類はアンチエイジング，しわ対策として配合される。この場合は医薬部外品となる。セラミド類，ビタミン類，ステロール類，植物抽出液等の効能をもつ成分を配合することも多々ある。

7.1　化粧水の使用感

化粧水の使用感は，保湿成分の組み合わせと配合量でおおむね決まる。グリセリンはしっとり感がやや重く，1,3-ブチレングリコールは，やや軽い感じとなる。これら成分のほかトレハロース，ラフィノース，マンニット等の糖類はさらさらとした使用感となる。

7.2　成分の安全性と安定性

化粧水は，匂い，皮膚刺激について注意を要する。特に防腐剤，油性成分は，安全性データの確認のほかに，出来上った製剤での安全性の確認を要する。見落としがちな例としてエタノールは，配合量が多くなると刺激が現れる。また，加水分解タンパク等は原料自体に特有の匂いがあるため配合量を多くできないこともある。透明製剤に植物抽出液を配合する場合，経日で沈殿を生じることがあるので安定性試験で確認の必要がある。

7.3　化粧水の性状と構成成分

化粧水の性状は，透明液状，透明粘性状，乳白色が考えられる。透明液状の場合，油性成分は配合されることは少なく，配合する場合は極性を有する液状油性成分を可溶化するためにノニオン性活性剤を多く配合し，1,3-ブチレングリコール等のOH基をもつグリコール類を多く配合する必要となる。ステロール，油性ビタミン等の極性の高い油性成分は，高モルと低モルのノニオン性活性剤と1,3-ブチレングリコールを多く配合し，水相の極性を下げ，可溶化ができる。エタノールも可溶化に有効である。

透明粘性の場合は，カルボキシビニルポリマー，アクリル酸ナトリウム等で粘度をだす方法がよい。使用感に大きく影響を与えず，塗布感がなめらかでよい。油性成分を配合する場合は，乳白状となる。乳化剤が多く配合されると重くしっとりとなる傾向がある。PEG硬化ヒマシ油等使用感に影響が少ないノニオン性活性剤を選択する。

7.3.1　ビタミンを可溶化した化粧水

極性の高い油性成分であるビタミンA，Eを可能なかぎり活性剤の量を少量で可溶化するには，HLBの高いPEG-60硬化ヒマシ油とPEG-7グリセリルココエート等のHLBの低いノニオン性活性剤を組み合わせることで可溶化ができる（処方7-1）。

処方7-1　ビタミンA，Eを可溶化した化粧水

	Part	Ingredient	% (100g)
1	A	PEG/PPG/ポリブチレングリコール 8/5/3 グリセリン	4.00
2	A	メチルパラベン	0.10
3	A	プロピルパラベン	0.05
4	A	グリセリン	5.00
5	A	PEG-60 硬化ヒマシ油	0.60
6	A	PEG-7 グリセリルココエート	0.30
7	A	トコフェロール	0.10
8	A	ビタミンA油	0.10
9	C	セージエキス	0.10
10	C	ジオウエキス	0.10
11	B	グリチルリチン酸2カリウム	0.10
12	B	乳酸ナトリウム	0.20
13	B	クエン酸ナトリウム	0.20
14	B	精製水	89.05

DIRECTIONS：
① 1に2，3を加温して溶解後，4～8を均一にする（A）。
② 精製水に11～13を溶解する（B）。
③ AとBを混合する（A＋B）。
④ 9，10を加え補水する（A＋B＋C）。

　アスコルビン酸リン酸マグネシウムを溶解するにはクエン酸と併用する。pHは弱アルカリ性となる（処方7-2）。

7.3.2　発酵エキス類を配合した化粧水

　サッカロミセス／オオムギ種子発酵エキス，乳酸球菌培養液，加水分解酵母エキスを配合し，アンチエイジング，しわを伸ばす効果を目的とする（処方7-3）。

第 7 章　化粧品処方の実践

処方 7－2　ビタミン C を配合した化粧水

	Part	Ingredient	%（100g）
1	A	BG	4.00
2	A	ペンチレングリコール	1.20
3	A	フェノキシエタノール	0.60
4	A	グリセリン	4.00
5	B	リン酸アスコルビン酸 Mg	1.00
6	B	クエン酸ナトリウム	0.50
7	C	クチナシエキス	0.30
8	C	クララエキス	0.30
9	C	乳酸桿菌/セイヨウナシ果汁発酵液	0.30
10	C	ラフィノース	0.50
	B	精製水	to 100g
		pH	8.00

DIRECTIONS：
① 1～4 を均一にする（A）。
② 精製水に 5, 6 を溶解する（B）。
③ B に A を加え，7～10 を加え，補水する（B＋A＋C）。

処方 7－3　発酵エキス類を配合した化粧水

	Part	Ingredient	%（100g）
1	A	BG	5.00
2	A	グリセリン	5.00
3	A	ペンチレングリコール	0.80
4	B	乳酸ナトリウム	0.20
5	C	カワラヨモギエキス，チョウジエキス他*	1.00
6	C	サッカロミセス／オオムギ種子発酵エキス	0.50
7	C	乳酸球菌培養液	0.50
8	C	加水分解酵母エキス	0.50
9	C	メマツヨイグエキス	0.10
10	C	乳酸桿菌／ブドウ果汁発酵液	0.10
11	pH	乳酸	
12	A	精製水	to 100g

DIRECTIONS：
① 12 に 1, 2, 3 を加える（A）。
② A に 4 を溶解する（A＋B）。
③ 5～10 を加える（A＋B＋C）。
④ 11 で pH 調整後，補水する。

SPECIFICATIONS：
　　　　pH：4.5－5.5
*　SY プランテックス KN（阪本薬品工業㈱）

7.3.3　保湿力のある高分子を配合し，使用感を高めた化粧水

　ポリ－γ－グルタミン酸ナトリウム，シロキクラゲ多糖類，ヒアルロン酸ナトリウムの保湿性の高い高分子とPCA－ナトリウム，ジラウロイルグリタミン酸リシンナトリウムを組み合わせることですべり感のあるなめらかな使用感が得られる（処方7-4）。

処方7-4　保湿力のある高分子を配合した使用感のよい化粧水

	Part	Ingredient	%（100g）	%（100g）	%（100g）
1	A	カルボキシビニルポリマー	0.40	0.40	0.40
2	B	グリチルリチン酸2K	0.10	0.10	0.10
3	B	ベタイン	0.50	0.50	0.50
4	B	クエン酸ナトリウム	0.20	0.20	0.20
5	B	乳酸ナトリウム	0.40	0.40	0.40
6	C	BG	4.00	4.00	4.00
7	C	グリセリン	4.00	4.00	4.00
8	C	カプリリルグリコール	0.80	0.80	0.80
9	C	エチルヘキシルグリセリン	0.20	0.20	0.20
10	D	ポリ－γ－グルタミン酸ナトリウム（1％）[*1]	10.00	－	－
11	D	シロキクラゲ多糖類（1％）[*2]	－	10.00	－
12	D	ヒアルロン酸ナトリウム（1％）[*3]	－	－	10.00
13	E	PCA－ナトリウム	2.00	2.00	2.00
14	E	ジラウロイルグリタミン酸リシンNa（30％）	0.30	0.30	0.30
15	E	ポリメタクリルオキシエチルホスホリルコリン[*4]	0.20	0.20	0.20
16	pH	10％水酸化ナトリウム			
17	A	精製水	to 100g	to 100g	to 100g

DIRECTIONS：
① 1を17に分散する（A）。
② Aに2～5を加える（A＋B）。
③ 6～9を加える（A＋B＋C）。
④ 10～12を加え，13～15を加える（A＋B＋C＋D＋E）。
⑤ 16でpH調整後，補水する。

SPECIFICATIONS：
　　pH：6.0－7.0
[*1]　バイオPGAパウダー（一丸ファルコス㈱）
[*2]　Tremist TR（日本精化㈱）
[*3]　1％バイオヒアルロン酸ナトリウムPE－N（資生堂㈱）
[*4]　LIPIDURE®－PMB（日油㈱）

8 特定成分を配合しない化粧品

ポジティブリストに含まれる防腐剤を使用しない，シリコーンを配合しない化粧品とラウレス硫酸ナトリウム及びラウリル硫酸ナトリウムを配合しないシャンプー処方を示す。防腐剤とラウレス硫酸ナトリウム及びラウリル硫酸ナトリウム等を含まないことで，消費者，使用者に安全性等を訴求した化粧品として販売されている。

8.1 植物由来成分で構成される透明シャンプー

防腐剤に，エチルヘキシルグリセリン，グレープフルーツ種子エキスを使った。pH は 5.5 から 6 に調整する。

アニオン性活性剤にココイルグルタミン酸ナトリウム，増粘剤にラウリルグルコシドを使った処方で，カチオン化高分子にポリクオタニウム-10 の代わりにカチオン化グアガムを使い，コンディショニングを高めるためにステアラミドプロピルジメチルアミンの 3 級アミンを配合した（処方 8-1）。

処方 8-1　植物由来成分で構成される透明シャンプー

	Part	Ingredient	%（100g）
1	A	グアーヒドロキシプロピルトリモニウムクロリド	0.60
2	A	グリセリン	2.00
3	A	ベタイン	0.50
4	A	クエン酸ナトリウム	0.40
5	B	ステアラミドプロピルジメチルアミン	0.10
6	B	ココイルグルタミン酸2ナトリウム（30%）	24.00
7	B	コカミドプロピルベイン（30%）	12.00
8	B	ラウリルグルコシド（40%）	4.00
9	B	エチルヘキシルグリセリン	0.30
10	C	グレープフルーツ種子エキス	0.50
11	C	PCA-ナトリウム	0.50
12	D	オレンジ油	0.40
13	D	グレープフルーツ油	0.10
14	D	ユーカリ油	0.05
15	E	セージエキス	0.10
16	E	ラベンダーエキス	0.10
17	E	ローズマリーエキス	0.10
18	pH	50%クエン酸	
19	A	精製水	54.25

DIRECTIONS：
① 1を2に分散後,19に加え75℃に加温して透明に溶解後,3,4を溶解する（A）。
② Aに5～9を加え75℃に加温する（A＋B）。
③ A,Bを45℃まで冷却して,10～17を加える（A＋B＋C＋D＋E）。
④ 18でpH調整後,補水する。

SPECIFICATIONS：
　　　　pH：5.5-6.5

第7章　化粧品処方の実践

8.2 ラウレス硫酸ナトリウムを配合しないパールシャンプー

防腐剤にカワラヨモギエキス，チョウジエキスとフェノキシエタノールを使いpH5.5～6に調整する。ラウレス硫酸ナトリウムを配合しない場合，粘度が低く安定性が悪い。ジステアリン酸エチレングリコールと高級アルコールの組み合わせで高温安定性がよい。ラウロイルメチルアラニンナトリウムとココイルメチルタウリンナトリウムのアニオン性活性剤の組み合わせに3級アミンを加え，滑らかな感触が得られる。低温，高温での粘度安定性と経時安定性を確保するために2種のノニオン性活性剤を増粘剤として配合する（処方8-2）。

処方8-2　ラウレス硫酸ナトリウムフリー　パールシャンプー

	Part	Ingredient	%（100g）
1	A	ポリクオタニウム-10（高粘度・低アミ化）	0.50
2	B	ステアラミドプロピルジメチルアミン	0.60
3	B	セタノール	0.50
4	B	オレイルアルコール	0.30
5	B	ジステアリン酸エチレングリコール	2.00
6	B	コカミドMEA	3.00
7	B	コカミドメチルMEA	1.00
8	C	ラウロイルメチルアラニンナトリウム（27%）	12.00
9	C	ココイルメチルタウリンナトリウム（30%）	24.00
10	C	コカミドプロピルベタイン（30%）	9.00
11	D	フェノキシエタノール	0.70
12	D	オレンジ油	0.40
13	D	グレープフルーツ油	0.10
14	D	ラベンダー油	0.05
15	D	カワラヨモギエキス，チョウジエキス他*	0.50
16	pH	50%クエン酸	0.80
17	A	精製水	to 100g
		pH	5.80

DIRECTIONS：
① 精製水に1を分散後，75℃に加温して透明に溶解する（A）。
② Aに2～7を加え，75℃に加温して透明に溶解する（A＋B）。
③ 8～10を加え，45℃まで冷却する（A＋B＋C）。
④ 11～15を加える（A＋B＋C＋D）。
⑤ 15でpH調整後，補水する。
＊ SYプランテックスKN（阪本薬品工業㈱）

8.3 ビルトアップしないシャンプー

　防腐剤にペンチレングリコール，フェノキシエタノールを使った。ポリクオタニウム–10の代わりにカチオン化グアガムとポリクオタニウム–7を使い，継続使用でごわつきが出ないシャンプーである。なめらかで軽い使用感である（処方8–3）。

処方8–3　ビルトアップしないシャンプー

	Part	Ingredient	%（100g）
1	A	グアーヒドロキシプロピルトリモニウムクロリド	0.80
2	A	BG	3.00
3	A	ペンチレングリコール	1.50
4	A	クエン酸ナトリウム	0.40
5	A	ベタイン	0.50
6	B	ポリクオタニウム–7	1.00
7	B	ラウロイルメチルアラニンナトリウム（30%）	24.00
8	B	ココイルメチルタウリンナトリウム（30%）	8.00
9	B	コカミドプロピルベイン（30%）	9.00
10	B	コカミドメチルMEA	4.00
11	C	PEG–20ソルビタンココエート	1.20
12	C	ラベンダー油	0.08
13	C	オレンジ油	0.40
14	C	フェノキシエタノール	0.80
15	pH	50%クエン酸	0.60
16	A	精製水	44.72

DIRECTIONS：
　① 1を2,3に分散後，精製水に加え75℃に加温して溶解後，4,5を溶解する（A）。
　② Aに6～10を加える（A＋B）。
　③ 11～14を均一にする（A＋B＋C）。
　④ 50℃に冷却後，Cを加え，15でpH調整後，補水する。

SPECIFICATIONS：
　　　pH：6.0–6.5

第7章 化粧品処方の実践

8.4 特定成分を使用しないリンス

　防腐剤にカワラヨモギエキス，チョウジエキスとフェノキシエタノールを使った。乳化と使用感を得るのにステアラミドプロピルジメチルアミンとベヘントリモニウムクロリドまたはアルキル（C12, 14）オキシヒドロキシプロピルアルギニン HCl を使い，液状油成分を多く配合してできる限りなめらかでしっとりした使用感を得る（処方8-4）。

処方8-4　リンス

	Part	Ingredient	%（100g）	%（100g）
1	A	ステアラミドプロピルジメチルアミン	1.80	1.80
2	A	ベヘントリモニウムクロリド（80％）	0.80	−
3	A	アルキル（C12, 14）オキシヒドロキシプロピルアルギニン HCl（60％）	−	0.80
4	A	ステアリン酸グリセリル	1.20	1.20
5	A	セタノール	4.20	4.20
6	A	エチルヘキサン酸セチル	4.80	4.80
7	A	マカデミアンナッツ油	0.60	0.60
8	A	オクチルドデカノール	0.60	0.60
9	B	オレンジ油	0.70	0.70
10	B	カワラヨモギエキス，チョウジエキス他*	1.00	1.00
11	B	フェノキシエタノール	0.60	0.60
12	C	乳酸	0.60	0.60
13	C	精製水	83.10	83.10

DIRECTIONS：
① 1～8を80℃に加温して溶解する（A）。
② 13に12を加え，80℃に加温する（C）。
③ CにAを加え乳化する（C＋A）。
④ 45℃に冷却後，9～11を加え，補水する（C＋A＋B）。

SPECIFICATIONS：
　　　pH：3.0−5.0
　*　SY プランテックス KTB（阪本薬品工業㈱）

8.5 食品添加物の活性剤を使ったクリーム

ステアロイル乳酸ナトリウムとショ糖エステルを乳化剤としている。安定剤にキサンタンガムを使い，液状油成分の比率を高くし，なめらかさとしっとり感を良くする。防腐剤は，ステアリン酸を使わないためpHを6以下に設定できるカワラヨモギエキス，チョウジエキスを使用する（処方8-5）。

処方8-5 食品添加物の活性剤を配合したクリーム

	Part	Ingredient	％（100g）
1	A	キサンタンガム	0.20
2	A	ステアリルスクロース*1	1.20
3	A	グリセリン	2.00
4	A	BG	2.00
5	B	ステアロイル乳酸ナトリウム	0.60
6	B	ステアリン酸グリセリル	2.40
7	B	ベヘニルアルコール	0.80
8	B	エチルヘキサン酸セチル	3.00
9	B	ゴマ油	1.20
10	B	トコフェロール	0.10
11	B	1,2-ペンタンジオール	0.80
12	B	ジメチコン6cs	1.20
13	C	カワラヨモギエキス，チョウジエキス他*2	0.50
14	pH	50％乳酸	
15	A	精製水	84.00

DIRECTIONS：
① 1，2を3，4に分散後，15に加え80℃に加温し溶解する（A）。
② 5～12を80℃に加温して溶解する（B）。
③ AをBに加え乳化する（A+B）。
④ 45℃に冷却後，13を加える（A+B+C）。
⑤ 14でpH調整後，補水する。

SPECIFICATIONS：
　　pH 5.0-6.0
*1 サーフホープC-1816（三菱フーズ）
*2 SYプランテックスKN（阪本薬品工業㈱）

第7章 化粧品処方の実践

8.6 特定成分を使用しないジェルクリーム

高分子を使った軽い感じのクリーム。カルボキシビニルポリマーとキサンタンガムを増粘剤に使ったpH7前後の中性製剤である。防腐剤には，ペンチレングリコールとカプリン酸グリセリルを使用している（処方8-6）。

処方8-6　ジェルクリーム

	Part	Ingredient	％（100g）
1	A	カルボキシビニルポリマー	0.80
2	B	グリセリン	4.00
3	B	キサンタンガム	0.10
4	C	グリチルリチン酸ジカリウム	0.10
5	C	ベタイン	0.50
6	C	トレハロース	0.10
7	D	BG	4.00
8	D	ペンチレングリコール	1.20
9	D	カプリン酸グリセリル	0.90
10	D	PEG-60水添ヒマシ油	0.60
11	D	スクワラン	1.20
12	D	エチルヘキサン酸セチル	0.40
13	D	トコフェロール	0.10
14	E	ヒアルロン酸ナトリウム液（1％）	2.00
15	E	PCA-ナトリウム	0.50
16	pH	10％水酸化K	6.00
17	A	精製水	to 100g

DIRECTIONS：
① 17に1を撹拌しながら加え完全に分散する（A）。
② 2に3を分散する（B）。
③ 7～14を70℃に加温して均一にする（D）。
④ AにBを加え，Cを溶解後，D, Eを加え均一にする（A＋B＋C＋D＋E）。
⑤ 16を加え中和しゲル化し，補水する。

SPECIFICATIONS：
　　　　pH：6.0-8.0

参考資料

* 1　クロダホス SEC（クローダジャパン㈱）
* 2　BY22-034（東レ・ダウコーニング㈱）
* 3　BY25-339 Cosmetic Fluid（東レ・ダウコーニング㈱）
* 4　Lusplan DA-R（日本精化㈱）
* 5　1501Fluid（東レ・ダウコーニング㈱）
* 6　Resyn28-2930（アクゾノーベル㈱）
* 7　BY11-003（東レ・ダウコーニング㈱）
* 8　LIPIDURE®-C（日油㈱）
* 9　Crodazosoft DBQ（クローダジャパン㈱）
* 10　lncroquat Behenyl 18MEA（クローダジャパン㈱）
* 11　シリコン SM8904（東レ・ダウコーニング㈱）
* 12　Gafquat®775N（アイエスピー・ジャパン㈱）
* 13　PlandoI G（日本精化㈱）
* 14　フィトケラスターZ（一丸ファルコス㈱）
* 15　プロティキュートHγ（一丸ファルコス㈱）
* 16　TINOVIS® CD（BASF ジャパン㈱）
* 17　ユカホーマーR205S（三菱油化）
* 18　ニコガード 88（日光ケミカルズ㈱）
* 19　AMPHOMER V-42（アクゾノーベル㈱）
* 20　サーフホープ C-1816（三菱化学フーズ㈱）
* 21　アニセット KB-100H（大阪有機化学工業㈱）
* 22　Plascize L-8850（互応化学）
* 23　Dynam®X（アクゾノーベル㈱）
* 24　AMPHOMER SH30（アクゾノーベル㈱）
* 25　PVP/VA E-735（ISP Ltd.）
* 26　STRUCTURE 2001（アクゾノーベル㈱）
* 27　AMPHOMER 28-4910（Akzonobel）
* 28　Soft CAT Polymer SL-60（Amerchol Corporation）
* 29　NeoSolu®-Aqulio（日本精化㈱）
* 30　LIPIDURE®-NA（日油㈱）
* 31　BY22-320（東レ・ダウコーニング㈱）
* 32　Aristoflex ACV（クラリアントジャパン㈱）
* 33　Arlasilk Phospholipid CDM（クローダジャパン㈱）
* 34　CERACUTE®-V（日油㈱）
* 35　Plascize L-35P（互応化学）
* 36　Tremoist®-TP（日本精化㈱）
* 37　ヒアロベール（キユーピー㈱）
* 38　バイオ PGA 溶液 LB（一丸ファルコス㈱）

第 7 章　化粧品処方の実践

＊39　KSG－15（信越化学工業㈱）
＊40　BOIS Ⅱ（日光ケミカルズ㈱）
＊41　Pioner Gel 120PAO（alibaba）

索　　引

【あ】

(アクリル酸アルキル/ジアセトンアクリルアミド)
　コポリマーAMP ……………………………200
アクリレーツ/メタアクリル酸アルキル
　(C10－30))クロスポリマー ……168，169，187
アジピン酸ジイソプロピル……………………35
アボカド油……………………………………29
(アミノエチルアミノプロピル/ジメチコン)コポ
　リマー…………………………………………75
アミノ変性シリコーン…………………………75
アモジメチコン………………75，148，181
アラキルアルコール……………………………37
アルカノールアミド型…………………………60
アルキルグルコシド型…………………………61
アルキルリン酸エステル塩……………………46

【い】

イソステアリルアルコール
　………………38，141，147，164，165，
　　　　　178，180，199，207
イソステアリン酸…………………………39，60
イソステアリン酸イソステアリル………………35
イソステアリン酸セチル……………34，149，164
イソドデカン……………………………………27
イソノナン酸イソノニル………………………35
イソパラフィン…………………………………27
イソプレングリコール…………………………71

【え】

エチルヘキサン酸セチル
　………………………34，149，163，187，208
(エチルヘキサン酸/ベヘニン酸)ジペンタエリス

リチル……………………………………36
エチルヘキサン酸ミリスチル…………………34
エチル硫酸ラノリン脂肪酸アミノプロピルジメチ
　ルアンモニウム………………………………53
エチレンジアミン四酢酸塩……………………84
塩化ジアルキル(C12－18)ジメチルアンモニウム
　………………………………………………52
塩化ジココイルジメチルアンモニウム
　…………………………………52，53，146
塩化ジステアリルジメチルアンモニウム………52
塩化ジステアリルトリメチルアンモニウム……146
塩化ジセチルジメチルアンモニウム……………52
塩化ジセチルトリメチルアンモニウム…………146
塩化ジポリオキシエチレンオレイルメチルアンモ
　ニウム…………………………………………51
塩化ステアリルトリメチルアンモニウム
　………………50，51，52，53，143，146，
　　　　　　153，180，181，200
塩化ステアリルヒドロキシプロピルトリメチルア
　ンモニウム……………………………………51
塩化セチルトリメチルアンモニウム
　…………………………50，53，146，154，180
塩化ベヘニルトリメチルアンモニウム
　………………50，51，52，146，154，180
塩化ポリオキシエチレンベヘニルリルメチルアン
　モニウム………………………………………51
塩化ラウリルトリメチルアンモニウム…………50

【お】

(オクチルアクリルアミド/アクリル酸ヒドロキシ
　プロピル/メタクリル酸ブチルアミノエチル)
　コポリマー…………………………………193

索　引

オクチルドデカノール
　………38, 147, 160, 165, 171, 180, 207, 208
オリーブ油………………………29, 149, 162
オレイルアルコール
　………36, 37, 132, 146, 147, 158, 207
オレイン酸……………………………39, 46, 60
オレイン酸ソルビタン………………166, 167, 208
オレフィン（C14-16）スルホン酸ナトリウム
　……………………………………………135
オレフィンスルホン酸塩………………… 45

【か】

苛酷試験…………………………………101
加水分解ケラチン………………………153
加速試験…………………………………101
果糖………………………………………… 72
ガラクトース……………………………… 72
カルナウバロウ…………………………32, 33
カルボキシビニルポリマー
　………………………62, 168, 169, 171, 178,
　　　　　191, 193, 215, 225
カルボキシメチルセルロースナトリウム… 62, 69

【き】

キサンタンガム
　…………62, 66, 69, 168, 169, 171, 224, 225
キャンデリラワックス…………………32, 33
牛脂…………………………………………… 32
キレート剤…………… 25, 83, 84, 85, 101, 105

【く】

グアーヒドロキシプロピルトリモニウムクロリド
　………………………… 63, 66, 132, 222
クエン酸……………54, 83, 85, 122, 134, 216
クオタニウム―91………………………… 54

グリセリン………………… 28, 35, 57, 58, 71
グルコン酸………………………………… 85

【け】

化粧品基準…………… 7, 9, 10, 11, 12, 13, 17

【こ】

ココアミドプロピルベタイン…………… 129, 139
ココアミドジエタノールアミド……………132
ココアンホ酢酸ナトリウム…………… 129, 139
ココアンホジ酢酸2ナトリウム………………… 56
ココアンホジ酢酸ナトリウム………………… 56
ココイルアスパラギン酸トリエタノールアミン
　…………………………………………… 47
ココイルアスパラギン酸ナトリウム…… 47
ココイルグリシンナトリウム…………… 47
ココイルグルタミン酸カリウム………… 47
ココイルグルタミン酸トリエタノールアミン… 47
ココイルグルタミン酸ナトリウム……… 47
ココイルサルコシンナトリウム………… 48
ココイルメチルタウリンナトリウム
　………… 42, 45, 48, 132, 135, 136, 137
コハク酸ジ2-エチルヘキシル ………… 35
ゴマ油……………………………………… 29
コメヌカ油………………………… 29, 149, 208
コメヌカロウ……………………………32, 34
コロハヒドロキシプロピルトリモニウムクロリド
　……………………………………………132

【さ】

サフラワー油……………………………… 29
酸化防止剤………………………25, 29, 83, 105

【し】

ジエチレントリアミン五酢酸五ナトリウム…… 85

ジオレイン酸 PEG－120 メチルグルコース
　　……………………………120，123，133
紫外線吸収剤………9，10，17，20，25，77
シクロヘキサン－1,4－ジカルボン酸ビスエトキシ
　　ジグリコール………………………35，196
シジステアリン酸 PEG 型 ………………61
ジステアリン酸グリコール…………………132
ジステアリン酸ポリエチレングリコール
　　………………………………123，132
脂肪酸カリウム……………………………46
脂肪酸ナトリウム……………………41，46
（ジメチコン／ビニルジメチコン）クロスポリマー
　　……………………………………202
ジメチルシクロペンタシロキサン…74，178，180
ジメチルステアラミン………………………54
ジメチルポリシロキサン
　　………27，35，74，75，148，172，178，180
臭化ステアリルトリメチルアンモニウム………51
臭化セチルトリメチルアンモニウム…………50
ショ糖………………………58，60，61，72
ショ糖エステル型……………………………60
シロキクラゲ多糖類………………………218

【す】
水添（スチレン／イソプレン）コポリマー……205
水添ロジン酸トリグリセリル
　　………………157，161，162，176，194
スクワラン…………………27，59，69，71
ステアラミドプロピルジメチルアミン…………54
ステアリルアルコール………………………37
ステアリルジメチコン………………………75
ステアリルベタイン…………………………55
ステアリン酸
　　………29，32，33，39，46，54，58，72，
　　　　　117，118，120，163，165，166，
　　　　　167，168，171，174，224
ステアリン酸ステアリル……………………34
ステアリン酸ソルビタン…………………166，167
ステアリン酸ブチル…………………………34
ステアロイル乳酸ナトリウム…………167，224
スルホコハク酸ジオクチルナトリウム…………45
スルホコハク酸 PEG－5 ラウラミド 2 ナトリウム
　　……………………………………45
スルホコハク酸ラウリル 2 ナトリウム…………45
スルホコハク酸ラウレス 2 ナトリウム……45，138

【せ】
ゼイン………………………………142，181
セタノール……………………36，37，42
セチルジメチコン……………………………75
セチルメチルタウリンナトリウム……………167
セチル硫酸ナトリウム…………………44，167
セトリモニウムサッカリン……………………52
セレシン……………………………………28

【そ】
ソルビタン脂肪酸エステル…………………58，59
ソルビトール…………………………57，72

【た】
ダイズ油……………………………………29
ダイマージリノール酸（イソステアリル／フィト
　　ステアリル）………………………35
ダイマージリノール酸硬化ヒマシ油……………35
ダイマージリノール酸ダイマージリノレイル
　　………35，157，161，162，176，181，194，212
ダイマージリノール酸ダイマージリノレイルビス
　　（ベヘニル／イソステアリル／フィトステリル）
　　……………………………………36

索　引

【ち】
長期保存試験……………………………101

【つ】
椿油……………………………………… 29

【て】
テトラエチルヘキシル酸ペンタエリスリチル… 36
テトラオレイン酸ポリオキシエチレンソルビット型
　　………………………………………… 59
テトラデカン…………………………… 27

【と】
トウモロコシ油………………………… 29
ドデカン………………………………… 27
トリイソステアリン…………………… 35
トリエチルヘキサノイン……………… 35
トリ（カプリル酸／カプリン酸）グリセリル… 35
トレハロース…………………………… 72
豚脂……………………………………… 32

【な】
ナタネ油………………………………… 29

【に】
乳酸セチル……………………………… 35
乳糖……………………………………… 72

【ね】
ネオペンタン酸イソステアリル……… 35
ネオペンタン酸イソデシル………35, 178
ネオペンタン酸オクチルドデシル…… 35

【は】
パーシック油…………………………… 29

　
パーム核油………………………… 32, 41
パーム核油脂肪酸………………… 39, 60
パーム油………………………………… 32
麦芽糖…………………………………… 72
パルミチン酸……………… 29, 32, 39, 46, 60
パルミチン酸イソステアリル………… 35
パルミチン酸イソプロピル…………… 34
パルミチン酸エチルヘキシル………… 35
パルミチン酸セチル………………34, 149

【ひ】
ヒアルロン酸ナトリウム…………202, 218
ヒドロキシアルキル（C12－14）ヒドロキシエチ
　ルサルコシン……………………… 56
ヒドロキシエタンジホスホン酸……… 85
ヒドロキシエチルエチレンジアミン三酢酸三ナト
　リウム……………………………… 85
ヒドロキシエチルセルロース……… 62, 69
ヒドロキシステアリン酸……………186, 187
（ヒドロキシステアリン酸／イソステアリン酸）ジ
　ペンタエリスリチル……………… 36
（ヒドロキシステアリン酸／ステアリン酸／ロジン
　酸）ジペンタエリスリチル……… 36
ヒドロキシプロピルセルロース……… 62
ヒドロキシメチルプロピルセルロース……… 62
（ビニルピロリドン／VA）コポリマー……193
ヒマシ油………………………………… 32
ヒマワリ油……………………………… 29

【ふ】
フィチン酸……………………………… 85
ブドウ糖………………………………… 72
プロピレングリコール……………53, 70, 71

231

【へ】

- ヘキシルデカノール…………………………… 38
- ベヘナミドプロピルジメチルアミン…………… 54
- ベヘニルアルコール
  ……… 37, 146, 147, 158, 165, 210, 211
- ベヘニルジメチルアミン……………………… 54
- ベヘニン酸……………………………………… 39

【ほ】

- 防腐剤…………………… 9, 10, 13, 16, 25, 83
- ホホバ油………………………………… 32, 34
- ポリ-γ-グルタミン酸ナトリウム……………218
- ポリアクリル酸……………………………62, 169
- ポリアスパラギン酸……………………………153
- (ポリウレタン-14/アクリル酸AMP) コポリマー……………………………………200
- ポリオキシエチレラウリルエーテル硫酸ナトリウム……………………………………………… 44
- ポリオキシエチレン，ポリオキシプロピレンジメチルポリシロキサン………………………… 75
- ポリオキシエチレン・ポリオキシプロピレンアルキルエーテル型……………………………… 60
- ポリオキシエチレンアルキルエーテル型……… 60
- ポリオキシエチレン硬化ヒマシ油型…………… 59
- ポリオキシエチレン脂肪酸型…………………… 59
- ポリオキシエチレン脂肪酸グリセリル型……… 59
- ポリオキシエチレンソルビタン脂肪酸エステル
  ……………………………………………58, 59
- ポリオキシエチレンラウリルエーテル酢酸ナトリウム……………………………………………… 46
- ポリクオタニウム-7……… 132, 136, 137, 222
- ポリクオタニウム-10… 63, 69, 129, 132, 137, 150, 219, 222
- ポリクオタニウム-22………………………132
- ポリクオタニウム-39………………………132
- ポリクオタニウム-47………………………132
- ポリクオタニウム-52………………………132
- ポリクオタニウム-67……………………63, 132
- ポリグリセリン脂肪酸エステル型……………… 58
- ポリグルタミン酸………………………………153
- ポリソルベート60………………………………166
- ポリソルベート80……………………… 134, 166
- ポリビニルピロリドン…………………………193
- ポロキサマーn………………………………… 60

【ま】

- マーコート………………………………… 63, 66
- マイクロクリスタリンワックス
  ………………………… 27, 150, 174, 185
- マカデミアナッツ油……………………………149
- マンニトール…………………………………… 72
- マンノース……………………………………… 72

【み】

- ミリスチルアルコール………………………… 37
- ミリスチルベタイン…………………………… 55
- ミリスチン酸……………………………29, 39, 46
- ミリスチン酸イソプロピル…………………… 34
- ミリスチン酸エチルヘキシル………………… 35
- ミリストイルメチルタウリンナトリウム………167

【め】

- メチルセルローズ……………………………62, 120
- メチル硫酸ジココイルエチルヒドロキシエチルアンモニウム……………………………………… 53
- メチル硫酸ベヘニルトリメチルアンモニウム… 51
- メドフォーム油……………………………32, 149

【も】

- モノステアリン酸グリセリル…………………… 58

索　引

【や】
ヤシ油……………………………… 32，41，45，46
ヤシ油アルキル PG ジモニウムクロリドリン酸
　………………………………………………… 53
ヤシ油脂肪酸……………… 39，55，60，119，120
ヤシ油脂肪酸アミドプロピルベタイン………… 56
ヤシ油脂肪酸モノイソプロパノールアミド……133
ヤシ油脂肪酸モノエタノールアミド…… 120，133
ヤシ油ジメチルアミノ酢酸ベタイン…………… 55

【ら】
ラウラミドジエタノールアミド…………………132
ラウラミノプロピオン酸ナトリウム…………… 57
ラウリルアルコール……………………………… 37
ラウリルグルコシド……………………… 133，219
ラウリルジメチルアミノ酢酸ベタイン………… 55
ラウリルジメチルアミンオキシド……………… 57
ラウリルトリモニウムクロリド…………………139
ラウリルヒドロキシスルホベタイン…………… 56
ラウリルベタイン…………………………………129
ラウリルメチルタウリンナトリウム…………… 45
ラウリル硫酸アンモニウム………………… 43，44
ラウリル硫酸トリエタノールアミン……… 43，44
ラウリル硫酸ナトリウム……………… 43，44，45
ラウリン酸…………………………… 39，46，60
ラウリン酸アミドプロピルジメチルアミンオキシド
　…………………………………………………… 57
ラウリン酸アミドプロピルヒドロキシスルホベタイン
　…………………………………………………… 56
ラウリン酸アミドプロピルベタイン…………… 55

ラウロイルメチルアラニンナトリウム…… 48，137
ラノリン………………………………… 32，33，34

【り】
リノール酸アミドプロピル PG ジモニウムクロリドリン酸
　…………………………………………………… 53
流動パラフィン……………………… 27，59，69
リンゴ酸ジイソステアリル……………………… 35

【わ】
ワセリン…………………………………… 27，33

【アルファベット・数字・記号】
1,3-ブチレングリコール ……… 69，70，71，75
EDTA …………………………………………122
N-[3-アルキル（12,14）オキシ-2-ヒドロキシプロピル]-L-アルギニン塩酸塩 ………… 57
PCA イソステアリン酸ポリオキシエチレン硬化ヒマシ油型
　…………………………………………………… 59
PEG-20 ソルビタンココエート ……… 134，140
PEG/PPG-n/m コポリマー ………………… 60
PEG-3 ヤシ油脂肪酸アミド MEA 硫酸ナトリウム
　…………………………………………………… 44
pH 調整 ………………………………… 103，105
pH 調整剤 ………………………………… 25，83
POE オレイルアミン ……………………… 54
POE ステアリルアミン …………………… 55
POE ヤシ油アルキルアミン ……………… 54
αオレフィンオリゴマー…………………………… 27

233

岩田　宏　　　　　　　　Hiroshi Iwata

　1951年生まれ。城西大学理学部化学科卒業後，石鹸メーカー，化粧品原料メーカーを経て，化粧品コンサルタント会社に勤務。現在は，化粧品サンプル受託，OEM，コンサルタントの専門会社である株式会社恵理化を設立し，代表を務める。
　これまでに国内外20数社の化粧品会社の顧問を歴任し，約1500シリーズもの化粧品処方およびサンプルを作成，関連する研修・技術指導を年に50回程度こなしている。

化粧品技術者のための処方開発ハンドブック

2014年4月7日　第1刷発行

著　者	岩田　宏	(S0786)
発行者	辻　賢司	
発行所	株式会社シーエムシー出版	
	東京都千代田区神田錦町1-17-1	
	電話 03(3293)2061	
	大阪市中央区内平野町1-3-12	
	電話 06(4794)8234	
	http://www.cmcbooks.co.jp/	
編集担当	深澤郁恵／廣澤　文	

〔印刷　倉敷印刷株式会社〕　　　　　　　　Ⓒ H. Iwata, 2014
落丁・乱丁本はお取替えいたします。

本書の内容の一部あるいは全部を無断で複写(コピー)することは，法律で認められた場合を除き，著作者および出版社の権利の侵害になります。

ISBN978-4-7813-0935-4　C3047　¥30000E